Rationalität von Werturteilen im Naturschutz

Theorie in der Ökologie

Herausgegeben von Broder Breckling

Band 8

Frankfurt am Main · Berlin · Bern · Bruxelles · New York · Oxford · Wien

Katrin S. Romahn

Rationalität von Werturteilen im Naturschutz

PETER LANG
Europäischer Verlag der Wissenschaften

Bibliografische Information Der Deutschen Bibliothek
Die Deutsche Bibliothek verzeichnet diese Publikation in der Deutschen Nationalbibliografie; detaillierte bibliografische Daten sind im Internet über <http://dnb.ddb.de> abrufbar.

Zugl.: Kiel, Univ., Diss., 2002

Die Umschlagabbildung zeigt symbolhaft einen Bewertungsvorgang,
bei dem ein Sachmaßstab auf einen Wertmaßstab abgebildet wird,
sowie einen Schachbrettfalter (*Melanargia galathea*) in seinem Lebensraum.
Zeichnung: K. S. Romahn.
Die Zeichnung des Falters stellte freundlicherweise
Frau B. Holsten zur Verfügung.

D 8
ISSN 1615-374X
ISBN 3-631-50607-4
© Peter Lang GmbH
Europäischer Verlag der Wissenschaften
Frankfurt am Main 2003
Alle Rechte vorbehalten.

Das Werk einschließlich aller seiner Teile ist urheberrechtlich geschützt. Jede Verwertung außerhalb der engen Grenzen des Urheberrechtsgesetzes ist ohne Zustimmung des Verlages unzulässig und strafbar. Das gilt insbesondere für Vervielfältigungen, Übersetzungen, Mikroverfilmungen und die Einspeicherung und Verarbeitung in elektronischen Systemen.

www.peterlang.de

Meinem Vater Uwe Romahn.

Vorwort und Danksagung

Die vorliegende Arbeit entstand im Rahmen des DFG-Graduiertenkollegs „Integrative Umweltbewertung" an der Universität Kiel, einem interdisziplinären Projekt, an dem Hochschullehrer und Stipendiaten der Disziplinen Ökologie, Recht, Ökonomie und Philosophie teilnahmen. Sprecher des Kollegs war Herr Prof. Dr. Otto Fränzle. Mir als Biologin eröffnete das Graduiertenkolleg nicht nur die Chance, in die Denkwelt der anderen Disziplinen hineinzuschnuppern und meine „fachspezifische" Sicht um die Einsicht zu bereichern, dass man die für einen selbst als selbstverständlich geltenden Dinge auch ganz anders sehen kann. Vielmehr verdanke ich dem Kolleg auch die für mich persönlich wegweisende Erkenntnis, dass praktisch alle grundlegenden Probleme, mit denen sich Planerinnen und Gutachter herumschlagen, bereits seit langer Zeit und in vielfältiger Form im Rahmen der Rechtswissenschaften und der Philosophie diskutiert werden, was mich schließlich dazu ermutigt hat, Bewertungen im Naturschutz unter argumentationstheoretischen Gesichtspunkten zu untersuchen.

Herzlich danken möchte ich Herrn Prof. Dr. K. Dierßen, der mir bei der inhaltlichen Ausgestaltung der Arbeit große Freiräume eröffnete und mich jederzeit freundlich unterstützte. Ein besonderer Dank geht an Herrn Prof. Dr. O. Fränzle für seinen unermüdlichen Einsatz zugunsten des Kollegs und für die zahlreichen hilfreichen Anmerkungen zu meiner Arbeit. Ebenso möchte ich Herrn Dr. Jan Barkmann und Herrn Dr. Heinrich Reck für ihre Anregungen danken. Den zahlreichen Lehrenden und Gastreferenten des Graduiertenkollegs sowie den Kollegiatinnen und Kollegiaten Thomas Fels, Simone Graf, Markus Heid, Antje Hentschel, Christof Herzog, Bettina Matzdorf, Martina Mühl, Sonja Peterson, Barbara Semleit, Jacob Steiff und Daniel Stietenroth sei ebenfalls für interessante Diskussionen und Hinweise herzlich gedankt. Viele Mitarbeiterinnen und Mitarbeiter am Ökologiezentrum Kiel (z. B. Dr. Michael Breuer, Oliver Granke, Bettina Holsten, Dr. Kai Jensen, Dr. Achim Schrautzer, Dr. Werner Theobald, Dr. Michael Trepel) unterstützten mich in vielfacher Hinsicht. Die „Eidertal-Gruppe" ließ mich freundlicherweise ihre „Bewertungsdiskurse" miterleben. Mein Vater Uwe Romahn hat den Werdegang der Arbeit aus juristischer Sicht intensiv verfolgt und viele wertvolle Anregungen gegeben. Jan Jacob Kieckbusch, mein Lebensgefährte, unterstützte mich liebevoll und half mir über gelegentliche „Tiefpunkte" hinweg. Vielen Dank Euch allen!

Der DFG sei für die Förderung unseres interdisziplinären Projektes herzlich gedankt.

Inhaltsverzeichnis

1 Einleitung 13

   1.1 Naturschutzbewertung in der raumbezogenen Planung 13
   1.2 Problemaufriss und offene Fragen 16
   1.3 Bisheriger Schwerpunkt der Forschung und Wissensdefizite 23
   1.4 Gegenstand, Ziel und Vorgehensweise dieser Untersuchung 24

2 Bewertung und Rationalität – Begriffsklärung und theoretische Grundlagen ... 26

   2.1 Was ist eine Bewertung, was ist ein Werturteil? 26
   2.2 Was bedeutet „Rationalität" in Bezug auf Werturteile im Natur- und
       Umweltschutz? 27
       2.2.1 Erläuterung des zugrundegelegten Rationalitätsbegriffes 27
       2.2.2 Allgemeine Anforderungen an ein rationales Bewertungssystem 30
       2.2.3 Anforderungen an ein rationales Bewertungsverfahren 32
       2.2.3 Begründungen für Werturteile innerhalb der Theorie des rationalen
            Diskurses 33
       2.2.5 Die normative Richtigkeit von Werturteilen 36
           2.2.5.1 Die Naturschutz- und Umweltgesetzgebung als normative
                 Grundlage von Werturteilen im Umwelt- und Naturschutz 37
           2.2.5.2 Naturschutzbegründungen und das gesellschaftliche
                 Wertebewusstsein 38
           Exkurs: Der Naturalismus und der naturalistische Fehlschluss 40
           2.2.5.3 Das Problembewusstsein und die Seins-Sollens-Diskrepanz 43
       2.2.6 In welcher Weise fließt wissenschaftliches Wissen in die
            Herstellung von Bewertungsverfahren ein? 44
           2.2.6.1 Die Rationalisierungspräsumtion der Wissenschaften 44
           2.2.6.2 Wissenschaftliches Wissen als Stütze (backing) von Normen und
                 Bewertungsregeln 45
           2.2.6.3 Konditionalwissen und technische Normen als praktisches
                 Zweck-Mittel-Wissen 46

3 Der Bewertungsablauf: formale Aspekte 50

   3.1 Die Grundlagen eines Bewertungsvorgangs 50
       3.1.1 Die drei Komponenten eines eindimensionalen Bewertungsverfahrens 50
           3.1.1.1 Das Sachmodell 50
           3.1.1.2 Das Wertmodell: Formale Aspekte der Wertskalierung 52
       3.1.2 Darstellung des Bewertungsvorgangs als Subsumtion 54
       3.1.3 Der Typusbegriff in der Naturschutzbewertung: „offene"
            versus „geschlossene" Konstrukte 55
       3.1.4 Indikatoren und ihre Beziehung zu Definitionskriterien 60
       3.1.5 Der Unterschied zwischen Typus und Objekt 61

3.2 Der logische Ablauf eines Bewertungsvorgangs 63
   3.2.1 Der Subsumtionsvorgang 63
   3.2.2 Der logische Ablauf einer Bewertung als Subsumtionsvorgang
         und die interne Begründung 64
3.3 Messen und Bewerten 67
   3.3.1 Gleicher verfahrenslogischer Ablauf, aber doch ein kleiner
         Unterschied – Messen und Bewerten 67
   3.3.2 An welcher Stelle findet bei einem messanalogen Bewertungsvorgang
         die eigentliche Wertzuweisung statt? 71
   3.3.3 Messanaloge Bewertungsvorgänge in der Praxis 72
       3.3.3.1 Beispiel: Die gesetzlich geschützten Biotope 73
       3.3.3.2 Beispiel: Feststellung der Förderungswürdigkeit von
            Grünland im Rahmen des MEKA 79
   3.3.4 Sind intersubjektive Bewertungsverfahren denkbar, die keine
         numerisch repräsentierten Maßstäbe besitzen? 82

4 Versuch einer Verortung und Systematisierung von „Bewertungsproblemen"
bei der Anwendung vorhandener Verfahren 85

4.1 Herleitung der Grundkategorien 85
4.2 Zweifel an Subsumtion des Einzelfalls unter die Sachkategorie 88
4.3 Zweifel an Subsumtion des Einzelfalles unter die Wertkategorie 93
4.4 Zweifel an der Gültigkeit der Bewertungsregel 99
4.5 Zweifel an der generellen Gültigkeit von Bewertungsregeln sind
    nicht immer tiefgreifende Wertkonflikte! 110

5 Die Herstellung von Bewertungsverfahren: Grundlagen und Probleme 116

5.1 Herkunft und Wesen von Wertmaßstäben – „datengeleiteter" versus
    „leitbildbezogener" Ansatz 116
5.2 In welcher Weise sind Werturteile im Naturschutz auf
    Seinstatsachen bezogen? 122
   5.2.1 Das „Normale" und das „Machbare" im Naturschutz 122
   5.2.2 Das „Typische" im Naturschutz 128
5.3 Beispiel eines „datengeleiteten" Ansatzes:
    Die „Zustands-Wertigkeits-Relationen" nach Plachter 131
5.4 Wie „individuell" ist die Bewertung auf der Objektebene? Logische und
    inhaltliche Implikationen des „Typisierungsproblems" 134

6 Begründungen für Werturteile 138

6.1 Dezisionistische und positivistische Wertzuweisung versus begründete
    Wertzuweisung 138
6.2 Universalisierbarkeitsprinzip, Argumentationslastprinzip und
    Beharrungsprinzip 143

   6.3 Keine Regel ohne Ausnahme 145
   6.4 Einzelfallgerechtigkeit, Formalisierungsgrad und Handhabbarkeit –
        ein Spannungsfeld 147

7 „Offenere" Bewertungsverfahren.. 150

   7.1 Rettung fuzzy logic? 150
   7.2 Mantelskalen und die überlegte Spezifikation
        der Kriterien 151
   7.3 Werte entstehen in Relationen: Rechtsanwendung und Herstellung eines
        Bewertungsverfahrens mit Hilfe von Analogieschlüssen 158
   7.4 Interpretation der Norm und Konstruktion des Einzelfalles: der
        hermeneutische Zirkel 163
   7.5 Die Leitbildmethode als Spezialfall der „überlegten Spezifikation" 167

8 Intuitive Grundlagen, das Problem der kategorischen Begründungen und
    das Operationalisierungsproblem 174

   8.1 Intuitive Grundlagen von Bewertungen im Naturschutz 174
   8.2 Schwierigkeiten mit kategorischen Begründungen 178
   8.3 Fachtraditionen des Bewertens und deren grundlegende Wertintuitionen 179
   8.4 Probleme mit der Angemessenheit der Operationalisierung 182

9 Zusammenschau 189

10 Literaturverzeichnis 196

Abbildungsverzeichnis

Abb. 1: Einbindung der Bewertung in den Planungsablauf, nach Knospe (1998) 15
Abb. 2: Herstellung eines operationalisierten Sachmodells 51
Abb. 3: „Kreisdarstellung" nach Strombach (1970) 55
Abb. 4: Kennzeichnung des Typus „Hochmoore, intakt" 59
Abb. 5: Nutzwertanalyse 69
Abb. 6: Darstellung der Grundkategorien 87
Abb. 7: Darstellung und Differenzierung der Grundkategorie (a) 89
Abb. 8: Darstellung der Grundkategorie (b) 94
Abb. 9: Darstellung des Prinzips „Verfeinerung der Bewertungsregel und der Merkmalsklassen" 97
Abb. 10: Darstellung und Differenzierung der Grundkategorie (c) 101
Abb. 11: Einordnung und Darstellung der Kategorie (c.2) 106
Abb. 12: Bezugnahme auf empirische Daten oder gesetzte Grenz- und Orientierungswerte bei der Herstellung von Wertmaßstäben 118
Abb. 13: Amöbe-Diagramm nach Colijn (1989) 119
Abb. 14: Zustands-Wertigkeits-Relationen für die Bewertung von Magerrasen in Baden-Württemberg nach Beinlich et al. (1995) 133
Abb. 15: Wertprädikate wie „schützenswert" haben stets auch eine deskriptive Bedeutung. Zeichnung: B. Holsten 135
Abb. 16: Leitbildhierarchie nach Fürst & Kiemstedt (1989), aus Knospe (1998) 169
Abb. 17: Ablaufschema für eine „prozesshafte Leitbildentwicklung" nach Jessel (1998) 172

Tabellenverzeichnis

Tab. 1: Deutsche Brutvogelarten, die in ihrer Weltverbreitung auf Europa beschränkt sind, nach Flade (1998) 108
Tab. 2: Deutsche Brutvogelarten, die mit über 10% ihres europäischen Bestandes in Deutschland brüten und bei denen die deutsche Population die größte oder zweitgrößte in Europa ist, nach Flade (1998) .. 109
Tab. 3: Seen-Bewertung in Schleswig-Holstein: Bewertungsstufen 1 bis 7 (LANU 2000a) 125
Tab. 4: Beschreibung der Bewertungsstufen für die Seenbewertung (LANU 2000a) 126
Tab. 5: Beispiel für eine „naturschutzfachliche Werteinstufung": Biotoptypenliste Mecklenburg-Vorpommern zur A 20 139
Tab. 6: Bewertungsstufen für eine flächendeckende Bewertung für Belange des Artenschutzes (Kaule 1991) 152
Tab. 7: Bewertung genutzter Weinberge für Belange des Artenschutzes (Kaule 1991) 156
Tab. 8: Bewertung von Obstanlagen für Belange des Artenschutzes (Kaule 1991) 157

Die Vernunft muss sich in all ihren Unternehmungen der Kritik unterwerfen, und kann der Freiheit derselben durch kein Verbot Abbruch tun, ohne sich selbst zu schaden und einen ihr nachteiligen Verdacht auf sich zu ziehen. Da ist nun nichts so wichtig, in Ansehen des Nutzens, nichts so heilig, das sich dieser prüfenden und musternden Durchsuchung, die kein Ansehen der Person kennt, entziehen dürfte. Auf dieser Freiheit beruht sogar die Existenz der Vernunft, die kein diktatorisches Ansehen hat, sondern deren Ausspruch jederzeit nichts als die Einstimmung freier Bürger ist, deren jeglicher seine Bedenklichkeit, ja sogar sein veto, ohne Zurückhaltung muss äußern können.

Immanuel Kant, Kritik der reinen Vernunft

1 Einleitung

1.1 Naturschutzbewertung in der raumbezogenen Planung

Die heutige Kulturlandschaft Mitteleuropas ist im Verlaufe der Erdgeschichte durch das Zusammenwirken natürlicher Prozesse und seit dem Auftreten des Menschen durch dessen vielfältige Umgestaltungen entstanden. Um seine Lebensbedingungen zu sichern und ständig zu verbessern, formte der Mensch die Landschaft zunehmend um. Die zunächst nur lokal und engbegrenzt wirkenden Eingriffe weiteten sich bis heute immer stärker aus (Bastian & Schreiber 1999: 13). Menschliches Handeln hat zu weitgreifenden und teilweise unüberschaubaren Veränderungen unserer Landschaft geführt. Die von Intensivlandwirtschaft, Bergbau, Siedlung und Verkehr zunehmend in Anspruch genommene Umwelt erweist sich für uns Menschen oft als unbefriedigend, beängstigend, gesundheitsschädlich oder gar lebensbedrohlich. Umweltprobleme werden daher heute in der Gesellschaft intensiv diskutiert. Eine unabdingbare Voraussetzung für umwelt- und naturschutzgerechtes Leben und Wirtschaften ist eine wirksame Umwelt- und Naturschutzplanung.

Jeder Umweltplanung und Umweltpolitik geht die Wahrnehmung und Identifizierung von Umweltproblemen voraus (Röhrs 1998: 21 ff.). Oft ist Umweltplanung durch die Knappheit von Ressourcen motiviert. In früheren Dorfgemeinschaften waren insbesondere Ressourcen wie Brennmaterial knapp, während heute vor allem die Knappheit des Raumes eine große Rolle spielt (Jessel 1998). Wie Fränzle et al. (1991: 8 f.) zeigen, konkurrieren auf praktisch jeder Fläche vielfältige Nutzungsansprüche miteinander. Daher sind heute arten- und strukturreiche Landschaften extrem knapp geworden. Wie Kaule (1991: 13) ausführt, sind große Teile unseres Landes als Verdichtungs- und Siedlungsgebiete, Verkehrsflächen und intensiv genutzte Agrarbereiche extrem an Arten verarmt, große Flächen sind hochgradig belastet. Restflächen, auch wenn sie als Schutzgebiete ausgewiesen sind, werden stark durch Nährstoff- und Schadstoffimmissionen sowie durch Eingriffe in den Wasserhaushalt umliegender Flächen beeinträchtigt, sodass die Ziele des Naturschutzes selbst hier oft nicht erreicht werden können. Als „ökologisch hochwertig" können nur noch wenige Prozent der gesamten Landesfläche bezeichnet werden (ebd.). Daraus ergibt sich neben der Notwendigkeit eines strikten Schutzes der verbliebenen hochwertigen Flächen auch die Forderung, dass Naturschutzmaßnahmen nicht nur auf ausgewählte Schutzgebiete beschränkt bleiben dürfen, sondern auch auf die genutzte Fläche gelenkt werden müssen (Bastian & Schreiber 1999: 15). Diese Forderung birgt ein großes Konfliktpotential in sich, denn flächenbezogener Natur- und Umweltschutzschutz konkurriert in der Regel mit anderen Nutzungen. Das bedeutet, dass Planungsaussagen und planerische Entscheidungen in diesem Kontext (zumindestens dann, wenn die Planungen auch umgesetzt werden) für Nutzer und Bewohner einer Region Ge- und Verbote nach sich ziehen. Außerdem sind umzusetzende Maßnahmen mit Kosten verbunden, die sich einerseits aus entgangenem Nutzen und Gewinn sowie andererseits aus den Kosten für die Naturschutz- und Umweltmaßnahmen selbst zusammensetzen. Natur- und Umweltschutz ist eben nicht zum Nulltarif zu haben, sondern die Gesellschaft muss dafür zahlen und gewisse Nutzungseinschränkungen hinnehmen. Wer allerdings Kosten tragen muss, hat auch das Recht darauf, zu erfahren, warum und wofür. Das bedeutet, dass planerische Handlungsanweisungen in einem offenzulegenden, diskussionsfähigen Prozess entwickelt werden müssen (vgl. Bechmann 1981, Jessel 1998).

Theoretisch kann eine Planung als eine Menge von Handlungsanweisungen beschrieben werden (Braun zit. in Jessel 1998: 7), wobei man zunächst die Handlungsoptionen in eine *Präferenzrangfolge* bringt, um sich dann für die beste Option entscheiden zu können. Hierfür müssen *Bewertungen* getroffen werden. Bei öffentlichen Planungen beanspruchen die Ergebnisse solcher Bewertungen eine *intersubjektive Geltung* und beinhalten Handlungsaufforderungen (Bechmann 1981). Bewertungen finden im Rahmen von Naturschutz- und Umweltplanungen auf mehreren Ebenen statt. In dieser Arbeit soll es vor allem um die Bewertung der Bedeutung von Flächen für den Naturschutz gehen, die in der Sprache der Planer oft *„Inwertsetzung der Landschaft"* oder *„naturschutzfachliche Bewertung"* genannt wird. Im Folgenden soll der Einfachheit halber von „Naturschutzbewertung" gesprochen werden. Diese Art von Bewertung, bei der Flächen hinsichtlich ihres „Wertes für den Naturschutz" beurteilt werden, wird in verschiedenen Kontexten durchgeführt. Im Naturschutz müssen wegen begrenzter Mittel Schutzprioritäten gesetzt werden, und so geht es etwa um die Fragen: „Lohnt es sich aus Sicht des Naturschutzes, für eine bestimmte Fläche eine Menge Arbeit und Geld zu investieren, oder sollten die verfügbaren Mittel besser in andere, dringendere Projekte fließen?". Hat man sich für Naturschutzmaßnahmen oder Ausgleichsmaßnahmen in einem bestimmten Bereich entschieden, sollten nach einiger Zeit deren Erfolg oder Misserfolg bewertet werden (vgl. Dierßen 2001). Die Frage ist: „Habe ich mein vorab gestecktes Ziel durch die Maßnahmen erreichen können?" Eine solche Erfolgskontrolle ist nicht ohne eine naturschutzfachliche Bewertung der Fläche vor und nach der Maßnahme möglich. Fragen der Zulässigkeit von Eingriffen im Rahmen der Eingriffsplanung basieren ebenso auf Naturschutzbewertungen wie Fragen der Standortsfindung für bauliche Anlagen oder der Trassenfindung für Verkehrswege. Eine Naturschutzbewertung ist kurz gesagt immer dann unverzichtbar, wenn „Naturschutzinteressen" entweder untereinander oder zu anderen gesellschaftlichen Nutzungsinteressen ins Verhältnis gesetzt werden, um alle Argumente gegeneinander abwägen und letztlich eine Entscheidung treffen zu können (vgl. Eser & Potthast 1999: 27; Bröring et al. 1999: 8 f.). Die Abbildung 1 zeigt, wie Bewertungen in Planungs- und Entscheidungsabläufe eingebunden sind.

Bei konkreten Entscheidungen werden meist nicht nur verschiedene Naturschutzziele untereinander abgewogen, sondern auch soziale, ökonomische und juristische Belange berücksichtigt. Dabei werden Handlungsoptionen meist anhand einer Vielzahl oft konfliktärer Kriterien ausgewählt (Poschmann et al. 1998: 79). Da man es mit mehreren Zielen zu tun hat, zum Beispiel den Zielen „Schutz der Natur", „Stärkung des Wirtschaftsstandortes" und „Erhaltung von Arbeitsplätzen", die sich oft genug widersprechen, müssen Entscheidungsträger zum Beispiel in der Art einer Mehrzieloptimierung verschiedenste Interessen „unter einen Hut bringen".

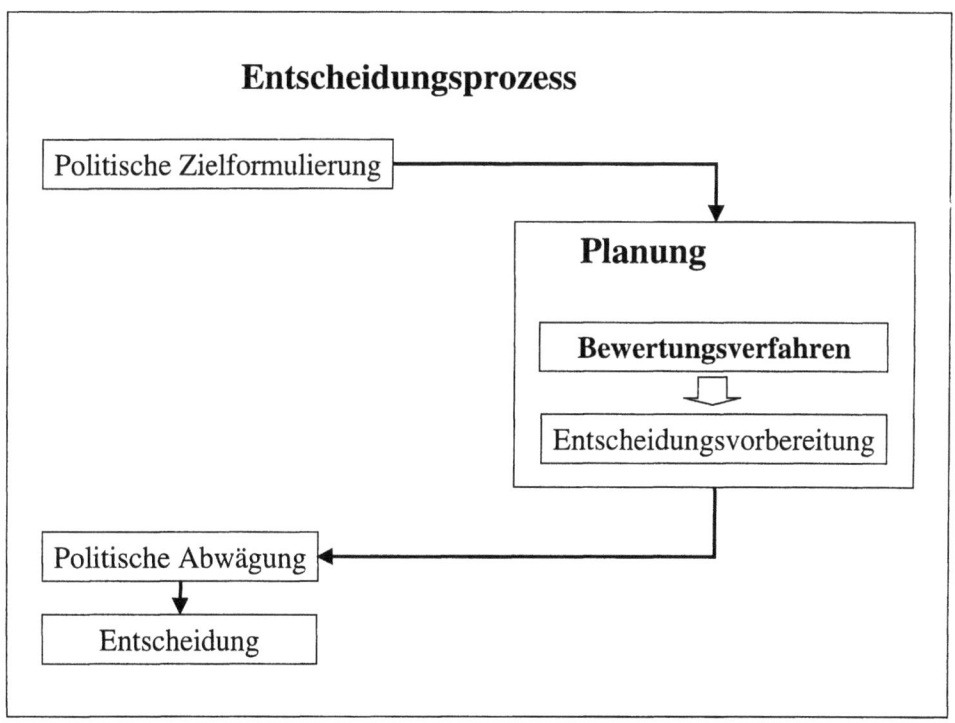

Abb. 1: Einbindung der Bewertung in den Planungsablauf, nach Knospe 1998: 9.

Einzelwerte werden in formalisierten Verfahren wie der Nutzwertanalyse, der ökologischen Risikoanalyse oder Mischformen aus beiden miteinander verrechnet („Wertaggregation"). Probleme, die sich hierbei ergeben, sind offensichtlich und werden seit langer Zeit in der Planungsliteratur thematisiert. Hierbei geht es vor allem um die formale Inkommensurabilität verschiedener Skalen (z. B. Gfeller & Kias 1985, Scherner 1995, Steiner 2001) und um die inhaltliche Schwierigkeit, verschiedenste Güter und Werte miteinander zu verrechnen (z. B. Schulze 1992, Scherner 1995, Roweck 1996).

Bevor man sich allerdings Gedanken darüber macht, wie verschiedene Werte miteinander verknüpft und aggregiert werden können, sollte zunächst geklärt sein, woher diese Einzelwerte stammen. Der Frage, wie man zu Sach- und Wertmaßstäben für verschiedene naturschutzbezogene *Einzelbewertungen* kommt, welche dem Vorgang der Wertaggregation vorangehen, wurde bisher weniger intensiv nachgegangen. Oft gerät in Anbetracht der Schwierigkeiten bei politischen Abwägungsprozessen und Zielkonflikten in Vergessenheit, dass auch sogenannte „naturschutzfachliche Werte" keine wissenschaftlich zu „ermittelnde" Größen sind, sondern ihrerseits bereits gesellschaftliche Wertvorstellungen enthalten. Zwar ist heute *theoretisch* unbestritten, dass jedes Bewertungsverfahren, ob naturschutzfachlich oder nicht, auch normative Elemente integrieren muss, die sich nicht aus einer wissenschaftlichen Bestandsaufnahme ableiten lassen (vgl. Eser & Potthast 1997: 181). In so gut wie jeder Einleitung von Publikationen zum Thema „naturschutzfachliche Bewertung" findet sich ein entsprechender Satz. Zur Frage, *in welcher Weise* Bewertungsverfahren für den Naturschutz gestaltet werden sollen, gehen die Meinungen jedoch stark auseinander. Auf kaum einem Gebiet wird so kontrovers und teilweise auch polemisch diskutiert wie auf dem Gebiet der „naturschutzfachlichen Bewertung". Verfolgt man die Diskussion, drängt sich der Eindruck auf, dass beinahe jeder neue Vorschlag für ein Bewertungsverfahren sofort allenthalben scharfe Kritik hinsichtlich Aussagekraft und Anwendungsmöglichkeiten auf sich zieht. Auch bezüglich gängiger Bewertungsmethoden im Naturschutz gehen die Meinungen innerhalb der Gilde der „Experten" weit auseinander. Kaum ein Autor bemängelt kein Defizit auf dem Gebiet der „fachlichen" Bewertung.

1.2 Problemaufriss und offene Fragen

In der Bewertungsdiskussion lassen sich bestimmte Positionen immer wieder antreffen, welche, so könnte man zunächst glauben, unvereinbar nebeneinander stehen. Sie und ihre Befürworter sollen im Folgenden überspitzt dargestellt werden:

Da ist zunächst der „Bürokrat", der für die Praxis einfache Bewertungssysteme fordert, damit alle „Vorgänge" schnell und kostengünstig „abwickelt" werden können. Gern werden einfach Punktzahlen für Biotoptypen festgesetzt, aus denen man dann einen „Gesamtwert" von Flächen berechnen kann. Vor allem Verwaltungsjuristen träumen von einem bundesweit einheitlichen Bewertungsverfahren, welches jeder Fläche zwischen Garmisch und Flensburg einen unmissverständlichen „naturschutzfachlichen" Zahlenwert zuordnet und das gleichzeitig dem „anerkannten Stand der Wissenschaft" entspricht (z. B. Eichberger 1996). Dass Naturschützerinnen und Wissenschaftler hiermit Probleme haben, ficht den Bürokraten nicht an. Kritikern, die mit Recht monieren, dass der Formalisierung und Standardisierung nicht selten mehr Gewicht beigemessen wird als den Inhalten (vgl. Dierßen & Roweck 1998) wirft er Praxisferne und Weltfremdheit vor. Im Bereich des technischen Umweltschutzes, so wird häufig angeführt, seien solche Standards (z. B. TA Luft, TA Lärm) schließlich allgemein gebräuchlich und würden zur Rechtssicherheit beitragen, warum also nicht im Naturschutz (z. B. Eichberger ebd.)?

Regelmäßig meldet sich in der Diskussion auch der technokratische Typ zu Wort. Wie der Bürokrat hat auch er die Notwendigkeit der Standardisierung von Bewertungsverfahren verinnerlicht. Da er aber meist aus dem Umfeld der modernen ökologischen Forschung stammt, hat er etwas gegen grob vereinfachende Wertzuweisungen, denn Ökosysteme seien schließlich hochgradig komplex. Einfache und standardisierte Bewertungsmethoden seien daher nicht geeignet, die „Realität" angemessen abzubilden. Für eine angemessene Bewertung, so der Technokrat, benötigte man große Mengen aktueller ökosystemarer oder populationsbiologischer Daten, die nur mit aufwändiger EDV-Technologie verarbeitet werden könnten. Dass in der Praxis normalerweise weder die benötigten Datenmengen noch das entsprechende technische Werkzeug zur Verfügung stehen, wird zwar als Problem gesehen, welches aber nach Einschätzung des Technokraten in wenigen Jahren gelöst sein wird. Er pflegt sich wenig Gedanken über den Bewertungsschritt selbst zu machen. Vielmehr scheint er der Ansicht zu sein, dass ausgeklügelte Statistik, moderne Visualisierungstechniken oder Simulationsmodelle allein für die Bewältigung von Bewertungsproblemen ausreichen. Auf die Idee, dass hierfür auch Wertreflexionen notwendig sein könnten, kommt er nicht. Sachverhalten, die weder gemessen noch berechnet werden können, bringt der Technokrat ein tiefes Misstrauen entgegen (kritisch hierzu z. B. Güsewell & Falter 1997).

Quasi als Gegenpart zu den erstgenannten Positionen finden sich häufig Diskussionsbeiträge von „Naturschwärmern". Naturschwärmer sind der Ansicht, dass jedes Ökosystem ein einzigartiges Individuum sei und sich deshalb Standardisierungen von selbst verböten. Wenn man schon bewerten wollte, sollte dies ganz individuell geschehen. Naturschwärmer verbinden ihre Kritik an standardisierten Bewertungsverfahren oft mit pauschaler Wissenschafts- und Vernunftkritik. In Naturwissenschaft und Planung, so ist gelegentlich zu lesen, herrsche ein rein instrumenteller Naturzugang, wobei die totale Naturbeherrschung angestrebt werde. Standardisierte und wissenschaftlich untermauerte Bewertungsverfahren folgten der Logik der Naturzerstörer und seien daher strikt abzulehnen (hierzu kritisch z. B. Körner 1997).

Besonders unter den in der Landschaftsplanung und als Fachgutachter arbeitenden Biologen[1] findet sich häufig der Typus des von Tobias (1997: 186) etwas boshaft beschriebenen „Artenfuzzys"[2]: dieser „befasst sich ausschließlich mit der Blauflügeligen Ödlandschrecke (*Oedipoda caerulescens*) und will am liebsten alles so erhalten, wie es heute ist, oder nur Entwicklungen zulassen, die den Bruterfolg der Doppelschnepfe (*Gallinago media*) oder die Verbreitung der Basidiosporen von Ständerpilzen optimie-

---

[1] Zu diesen zählt übrigens auch die Verfasserin dieser Arbeit.
[2] Ein Kollege subsumierte die Verfasserin ebenfalls unter diese Kategorie.

ren helfen." „Artenfuzzys" sind der felsenfesten Überzeugung, dass gerade die Artengruppe, auf welche sie sich spezialisiert haben, für eine Bewertung der Landschaft unerlässlich sei. Spinnenleute schwören daher auf Spinnen als ideale „Indikatoren", Ameisenspezialisten sind dagegen der Ansicht, dass Ameisen im Vergleich zu anderen Tiergruppen die idealen „Biodeskriptoren", „Biomarker", „Leitarten" und so weiter darstellen („Ameisen sind gut, ... wie können wir sie noch besser machen?", Steiner & Schlick-Steiner 2002). Das Phänomen, dass Wissenschaftler ihr spezielles Gebiet nicht ausreichend in Bewertungen vertreten und gewürdigt sehen, ist allerdings nicht nur auf Biologen beschränkt. Ökosystemforscherinnen pochen auf die Berücksichtigung „ökosystemarer Aspekte", Bodenkundler sehen in der Vernachlässigung bodenkundlicher Parameter das größte Defizit, und Akzeptanzforscherinnen meinen, dass doch vor allem die Akzeptanz der „Akteure vor Ort" entscheidend sei. Gelegentlich glauben Spezialisten gar, aus ihren empirischen, natur- oder sozialwissenschaftlichen Daten unmittelbar naturschutzfachliche Anweisungen ableiten zu können.

Einige Ökologen, nennen wir sie die „Ängstlichen", haben hingegen zum Beispiel bei Beate Jessel (1998) gelesen, dass sich aus ökologischen Daten *keine* direkten Handlungsanweisungen ableiten lassen. „Wir Ökologen", schließen sie nun umgekehrt und etwas vorschnell daraus, *„dürfen gar nicht bewerten*, weil wir sonst automatisch einen naturalistischen Fehlschluss begehen würden. *Die Gesellschaft* muss bewerten." Mit dem Begriff „die Gesellschaft" fühlt sich nur leider niemand angesprochen, und damit wird der schwarze Peter an die Bürokraten weitergegeben, die gern noch ein weiteres Punktbewertungssystem entwerfen. Wenn aber eine andere Bearbeitergruppe ein Bewertungssystem präsentiert, wird dieses von den „Ängstlichen" sofort mit dem „Totschlagargument Naturalistischer Fehlschluss" bedacht (kritisch hierzu Gorke 1996: 97).

Die genannten Positionen sind im vorausgegangenen Text karikaturhaft überspitzt dargestellt worden. Sie haben jedoch durchaus ihre Berechtigung und sollten erst genommen werden. Um die hinter diesen oft stereoptyp vorgetragenen Meinungen stehende Probleme besser verstehen und lösen zu können, sollte man sich zunächst einen Überblick verschaffen, in welcher Weise Bewertungsverfahren grundsätzlich funktionieren und an welchen Stellen und warum bestimmte Probleme auftauchen. Hinter dem Begriff „Bewertungsproblem" verbergen sich nämlich viele verschiedene Arten von Problemen, die völlig unterschiedliche Ursachen haben können.

Wichtige Diskussionspunkte sind offensichtlich die *Standardisierbarkeit und der Komplexitätsgrad von Bewertungsverfahren*. Die Praxis der Landschaftsplanung verlangt allein aus Kosten- und Zeitgründen nach einfachen, praktikablen Bewertungsmethoden und wendet diese auch routinemäßig an (Zölitz-Möller 2001: 100). Zudem wird mit Recht die Forderung erhoben, dass jedes Bewertungsverfahren für Entscheidungsträger und auch für den interessierten Bürger nachvollziehbar sein sollte, damit ein informierter gesellschaftlicher Diskurs überhaupt möglich sei (z. B. Jessel 1998). Unter diesem Aspekt müssen überkomplexe, undurchschaubare und damit von gesellschaftlichen Akteuren nicht kontrollierbare Bewertungsmethoden als undemokratisch bezeichnet werden. Ein weiterer wichtiger Punkt ist, dass verschiedene Objekte nach dem Grundsatz der *Gleichbehandlung* nach Art. 3 Abs. 1 des Grundgesetzes *gleich behandelt und bewertet* werden sollten (Stelzer 1997: 12), damit *Rechtssicherheit* gewährleistet wird. Im Prinzip benötigte man hierfür *normierte landes- oder gar bundesweite Standards* im Naturschutzbereich (z. B. Eichberger 1996: 32 f.), die allerdings bisher zum größten Teil fehlen. Solche Standards hätten neben einer höheren Rechtssicherheit auch noch den Vorteil, dass Verfahren zeit- und ressourcensparender abgewickelt werden könnten. Daher wird inzwischen versucht, Bewertungsmethoden vermehrt zu standardisieren (z. B. Bernotat et al. 2002, s. auch Übersicht in Kiemstedt et al. 1996).

Die Schwierigkeit ist allerdings, wie bereits angedeutet, dass konkretisierte Bewertungsregeln in Form von Standards der gutachterlichen Praxis fachlich oft sehr umstritten sind. *Dabei scheinen Bewertungsanweisungen sogar umso umstrittener zu sein, je konkreter sie werden.* So verwundert es auch nicht, dass es eine Fülle verschiedener Bewertungsverfahren im Naturschutz gibt, die ganz unterschiedliche Wertzuweisungen zum Ergebnis haben. Selbst die Ergebnisse solcher Verfahren, welche den gleichen Bewertungsgegenstand behandeln, wie etwa die im Rahmen der Eingriffsregelung angewendeten Biotopwertverfahren, weichen oft stark voneinander ab. Dies führt unter Juristen oft zu Unmut (z. B. bei Eichberger 1996). Kuschnerus (1995, zit. in Eichberger 1996: 34) berichtet, dass in einer Straßenplanung je nach dem angewandten fachlichen Bewertungsverfahren für den selben Eingriffstatbestand (Inanspruchnahme von Wald für eine Straßentrasse) ein Flächenausgleichsbedarf zwischen 1 : 2 und 1 : 10 „fachlich gefordert" wird. Wie u. a. S. Ott (1997: 4) bemerkt, werden in unterschiedlichen Biotopwertverfahren zur Bewertung von Eingriffen oft unterschiedliche Kriterien verwendet, die dann im weiteren Verfahrensablauf unterschiedlich gewichtet werden. Das Problem liegt nach S. Ott (ebd.) unter anderem darin, dass weder über die Wahl geeigneter *Kriterien*, noch über die *Inwertsetzung* und die anschließende Aggregation der Einzelwerte ein *Fachkonsens* bestünde. Hierdurch entstehe schließlich die verwirrende Vielfalt unterschiedlicher Bewertungsergebnisse. Diese Verschiedenheit der Ergebnisse erweckt bei Betroffenen oft den Eindruck, als seien die Wertzuweisungen *rein willkürlich*. Die Aussage eines Prozessvertreters in einem Verfahren am Verwaltungsgerichtshof Baden-Württemberg (zit. in Reck 1996: 37) verdeutlicht dies: „Methodische Ansätze und Bewertungskriterien sind vielfältig und umstritten. Es gibt deshalb – anders als bei vielen (anderen) Fachdisziplinen im Umweltrecht – keine objektivierten, nachvollziehbaren und allgemein anerkannten Bewertungsmaßstäbe. Das Gutachten ... kann deshalb nur so relativ gewertet werden, wie die Meinung des Gutachters innerhalb der in der Fachwelt vertretenen Meinungen relativ ist. Im praktischen Ergebnis bedeutet dies, dass das Gutachten der Entscheidung des Gerichts nicht zugrundegelegt werden kann." Wie Reck (ebd.) berichtet, folgte das Gericht dieser Auffassung allerdings nicht. Gleichwohl sollte dieses Zitat Naturschutzfachleuten zu denken geben.

Warum, so lautet also die entscheidende Frage, die von Juristen und Entscheidungsträgern immer wieder gestellt wird, ist es für Naturschutzfachleute so schwierig, sich auf allgemein verbindliche Standards im Bereich der Naturschutzbewertung zu einigen? Welche Probleme stehen einer Einigung im Wege? In der bisherigen Fachdiskussion werden verschiedene Ursachen hierfür angesprochen, die im Folgenden erläutert werden sollen.

Ein immer wieder diskutiertes Problem ist der Gegensatz „Komplexität natürlicher Systeme versus Auflösung der Bewertungsmethoden". Viele Autoren gehen davon aus, dass wir niemals in der Lage sein werden, Landschaften und Ökosysteme mit Hilfe von Modellen und entsprechenden Verfahren befriedigend zu erfassen und zu bewerten, da diese viel zu komplex seien. Man könne höchstens versuchen, sich mit *immer umfassenderen und aufwändigeren Modellen der „Wirklichkeit" so genau wie möglich anzunähern*. Hierbei sollten zum Beispiel Eigenschaften von Ökosystemen „ganzheitlich und integrativ" beschrieben und quantifiziert werden. Die hierbei unvermeidliche Komplexität von Bewertungsverfahren müsse man eben hinnehmen, denn: „komplexe Zusammenhänge wie etwa eine zutreffende Beurteilung des „Landschaftshaushaltes" oder der „Wechselwirkungen zwischen Schutzgütern" entziehen sich schlicht einer einfachen Beschreibung." (Dierßen & Roweck 1998: 178). „Lebensräume sind zu komplexe Systeme, als dass ein Versuch, sie in eine lineare Reihe steigender Qualität zu bringen, erfolgreich sein kann. Unserer Auffassung nach ist es nicht sinnvoll, verschiedene Habitate mit immer den gleichen, schematisierten Bewertungsverfahren zu beurteilen." (Mühlenberg & Hovestadt 1991).

Dieser Anspruch der Wissenschaftler an eine angemessene Abbildung ihrer Forschungsobjekte steht scheinbar im Widerspruch zu der pragmatischen Haltung vieler Landschaftsplaner. Einerseits ist es unbestritten, dass wir Bewertungsverfahren benötigen, die in der Praxis einigermaßen handhabbar sind, dass andererseits aber das „praktischste" Bewertungsverfahren nichts nützt, wenn es wissenschaftlich längst überholt ist und den betrachteten Schutzgütern offensichtlich nicht gerecht wird. Bei allem Pragmatismus, den Planer und Entscheidungsträger gern an den Tag legen: Bei Bewertungen und Entscheidungen, die den Natur- und Umweltschutz betreffen, sollte nicht nur intuitiv pragmatisch, also nach Zufall, Gewohnheit oder Konvention, und auch nicht unbedingt nur im Hinblick auf die faktische Akzeptanz der Akteure vor Ort, sondern aufgrund einer gründlichen Reflexion der bestehenden Alternativen verfahren werden (vgl. Gethmann & Mittelstraß 1992). Hierfür benötigen wir auch wissenschaftliches Wissen. Die Frage ist also: Was ist zu beachten, wenn wir Sachverhalte *beschreiben und bewerten*; auf der einen Seite *wissenschaftlich adäquat* und auf der anderen Seite *nachvollziehbar, begründet und für den gesellschaftlichen Diskurs brauchbar*?

Eine weitere gebräuchliche Argumentationsfigur, die von der ebengenannten Figur der „Komplexität natürlicher Systeme" zu unterscheiden ist, ist die Rede von der „Einzigartigkeit" der Schutzobjekte in der Landschaft, welcher man mit standardisierten Bewertungsverfahren nicht gerecht würde („Dabei ist eigentlich jedem klar, dass Natur sich nicht in Schubladen pressen lässt...", Leserbrief von P. Möller in Naturschutz u. Landschaftspl. 29 (9), 1997). Die beiden genannten Konfliktpunkte, die bei der Herstellung und der Beurteilung von Bewertungsverfahren auftreten, kann man kurz charakterisieren als einerseits „*Vereinfachung versus Komplexität*", andererseits „*Typisierung versus Einzigartigkeit*". Während die erste Position zwar mit der Herstellung standardisierter Bewertungsverfahren grundsätzlich vereinbar ist und sich lediglich gegen eine *unzulässige Vereinfachung komplexer wissenschaftlicher Sachverhalte* wendet, richtet sich die zweite Position gegen eine Typisierung der zu bewertenden Sachverhalte („Landschaftsindividuen") und *gegen die Standardisierung als solche*. Man ist der Meinung, dass jede Landschaft „individuell" zu bewerten sei. Die Frage ist also: Warum haben so viele Personen Probleme mit Typisierungen und Standardisierungen und wie kann man diese Probleme lösen? Wie zu erläutern sein wird, lässt sich dieses Problem nur klären, wenn man die Problematik von zwei Seiten betrachtet, nämlich einerseits aus einer argumentationslogisch-formalen Sicht, und andererseits von der inhaltlichen Seite. Letztlich steht die Frage nach der *Angemessenheit* von Standardisierungen im Zentrum der Überlegungen (s. Kap. 5.4).

Weiteren Diskussionsstoff bietet die eigentliche Bewertungsdimension. In den letzten Jahren rückte vermehrt die Tatsache in das Bewusstsein, dass sich auch sogenannte „fachliche" Bewertungsverfahren auf Wertsysteme stützen und einen großen normativen Anteil haben. Hierbei stehen Sach- und Wertdimension, wie Winkelbrandt (1997a: 9) bemerkt, in einem sich bedingenden Wechselverhältnis. Das heißt, „ohne Kenntnis der Sache ... gibt es auch keine Inwertsetzung. Und anders herum – ohne Werthaltung gibt es auch keine Inwertsetzung." (ebd.).

Als Manko vieler Bewertungsverfahren wurde erkannt, dass die verwendeten Wertsysteme nicht ausreichend dokumentiert seien, weil sie unter Naturschutzfachleuten als bekannt und allgemein konsensfähig unterstellt würden (u. a. Plachter 1994: 90). Bewertungen als Werturteile in Natur- und Umweltschutz sind unvermeidbar in einem gewissen Maße „persönlich geprägt (und) subjektiv aufgrund unterschiedlicher individueller Wertvorstellungen" (Dierßen & Roweck 1998: 176), weil Planer und Planerinnen sich als Menschen mit eigenen moralischen Überzeugungen und Vorlieben nicht in einem Wertevakuum befinden (Eser & Potthast 1999: 26). Manche Autoren gehen aber so weit, „dem Naturschutz" den Vorwurf zu machen, es gehe vorrangig um „Fragen des persönlichen Geschmacks" (Radkau 2000: 33) und damit um rein persönliche Präferenzen einzelner Naturschützer oder Präferenzen innerhalb einzelner gesellschaftlicher Gruppen, wobei Wertmaßstäbe bewusst nicht offengelegt würden, um dieses Problem zu verschleiern. Oft wird sogar administrativen Naturschutzakteuren oder Planern vorgeworfen, sie transportierten lediglich ihre persönlichen Wertvorstellungen, die von einem großen Teil der Gesellschaft nicht getragen würden. Daher ist die Frage nach der *Legitimation von Werturteilen* besonders im Naturschutz sehr wichtig. Allenthalben wird daher gefordert, dass man verwendete Wertmaßstäbe aus übergeordneten Gesetzesnormen abzuleiten habe, namentlich aus dem Bundesnaturschutzgesetz und den Landesnaturschutzgesetzen. Damit ist ein weiteres wichtiges Problem angesprochen: *Wie komme ich von einer allgemeinen Norm zu konkreten Bewertungsverfahren?* Offensichtlich gibt es gewisse „Freiheitsgrade" bei der Konkretisierung normativer Vorgaben, wodurch es zu Meinungsverschiedenheiten bezüglich konkreter

Bewertungsmaßstäbe kommen kann, obwohl die übergeordneten Normen gesellschaftlich akzeptiert sind und rechtliche Geltung haben. Die Setzungen von Bewertungsregeln, auch wenn diese allgemeine Normen konkretisieren, hat eben etwas mit *Wertfragen* zu tun. Fachliche Gutachten besitzen *immer* eine Wertdimension, wobei gesellschaftliche Wertvorstellungen, aber auch die Wertauffassung des Gutachters zwangsläufig eine Rolle spielt. „Ein Bewerter wird immer das Ergebnis seiner Sozialisierung, seiner fachlichen Ausbildung und seines persönlichen Erfahrungshintergrundes ... einbringen. Dies ist allerdings kein Mangel, sondern eher das Wesen der Bewertung." (Poschmann et al. 1998: 16). Selbst wenn ein generelles Ziel innerhalb des gesetzlichen Rahmens feststeht (z. B. Artenschutz) gibt es immer noch unzählige Möglichkeiten für Prioritätensetzungen innerhalb dieses Zielkomplexes. Wie viele Autoren betonen, ist der Vorgang der eigentlichen Wertzuweisung nicht *objektiv* möglich in dem Sinne, das verschiedene Bearbeiter immer und zwangsläufig zu dem gleichen Ergebnis kommen müssen („subjektive Elemente in Bewertungsprozessen sind unvermeidbar", Zölitz-Möller 2001: 101). Daraus wird im Allgemeinen die Forderung abgeleitet, dass Bewertungsverfahren, wenn sie *„denn nicht durchgängig objektiv"* sein können, „*zumindestens* transparent und nachvollziehbar gestaltet" werden sollen (ebd., Her. K. R.). Dabei herrscht erfahrungsgemäß oft eine gewisse Scheu vor Bewertungsschritten, weil diese als „Bewertungs-Hokuspokus" (Cerwenka 1984) verschrien sind. Die Planer Köppel et al. (1998: 97) plädieren für ein „möglichst weitgehendes Arbeiten in der Sachdimension (m^2, Fließgeschwindigkeit in m/s, Vorhandensein oder Fehlen von Schutzkategorien etc.)." „Je länger man in der Sachdimension arbeiten kann, desto weniger *entsteht der Eindruck* eines nur schwer nachvollziehbaren „Bewertungs-Hokuspokus" (ebd.: 98, Her. K. R.). Offensichtlich fühlen sich Planer und Gutachter oft dann am sichersten, wenn sie mit sogenannten „harten" Messwerten wie einer Größe in Quadratmetern oder ähnlichem aufwarten können. Die Formulierung „desto weniger entsteht der Eindruck", weist zudem darauf hin, dass offensichtlich Andere (Auftraggeber?) davon überzeugt werden müssen, dass die Bewertung „möglichst objektiv" und „durch Messungen gestützt" abgelaufen ist. Vom Einsatz ausgeklügelter statistischer Methoden, so scheint es, versprechen sich viele Bearbeiter eine Verringerung des subjektiven Anteils von Bewertungsschritten.

Konsensfähig dürfte die Forderung sein, dass die Bewertungsschritte, die objektivierbar sind, auch objektiviert werden sollten. Wie allerdings Barkmann (2002) mit Recht betont, würde eine *vollständige* Objektivierung des Bewertungsprozesses im Sinne eines *Rückzuges auf das rein Empirische* gerade den Brückenschlag zwischen Verfügungswissen („Was ist?") und Orientierungswissen („Was tun?") verhindern. Aber auf welche Weise ist dieser entscheidende „Brückenschlag" zu schaffen?

1.3 Bisheriger Schwerpunkt der Forschung und Wissensdefizite

In früheren Arbeiten über verschiedene Bewertungsmethoden herrscht vor allem ein empirischer Blickwinkel vor. Verschiedene Bewertungsmethoden wurden „Praxistests" unterworfen, um die mit *verschiedenen Methoden* erzielten Ergebnisse miteinander vergleichen zu können (z. B. S. Ott 1997, Oles 2001). Von Seiten der Feldbiologen und biologischen Fachgutachter wurde vielfach der Frage nachgegangen, welche Organismengruppen sich für Bewertungszwecke besonders eigneten und welche Erfassungs-, Auswertungs- und Darstellungsmethoden adäquat seien (z. B. Reck 1995, Brinkmann 1997, Schlumprecht 2000, Trautner 2000, Riedl 1995, Bernotat, Schlumprecht et al. 2002, Kaiser et al. 2002). Gelegentlich steht auch die Bearbeiterunabhängigkeit von Bewertungsmethoden im Blickpunkt von Untersuchungen. Hierfür wird eine Methode von *verschiedenen Bearbeitern* angewendet und die in den Ergebnissen auftretenden Abweichungen statistisch ausgewertet (z. B. Hermann 1996; Gruehn mündl.). Zudem wurden Gutachten und Planungen in Hinblick auf die verwendeten Bewertungs*kriterien* (z. B. Usher 1994) empirisch ausgewertet. Ein weiterer Schwerpunkt empirischer Forschung war die Untersuchung der *tatsächlichen Auswirkungen* von Bewertungsergebnissen des Naturschutzbereiches auf Planungen. Hierbei wurde beispielsweise untersucht, inwieweit Bewertungsergebnisse aus der Landschaftsplanung in die Bauleitplanung übernommen wurde (Gruehn 1998). Nicht zuletzt wurden durch die empirische Sozialforschung Befragungen zur *Akzeptanz* regionaler Akteure bezüglich Bewertungsergebnissen und daraus abgeleiteten Handlungsempfehlungen in Planungen durchgeführt (z. B. Kaule et al. 1994, Luz et al. 2000).

Ein weiterer Schwerpunkt der Forschung lag bisher auf der Erarbeitung *allgemeiner werttheoretischer, wissenschaftstheoretischer und ethischer Grundlagen* von Bewertungen in Planungen (z. B. Jessel 1998) und allgemein im Naturschutz (z. B. Eser & Potthast 1996, 1999) und in der Aufarbeitung ihrer interdisziplinären (z. B. Schröder 1996, 1998) und gesellschaftstheoretischen (z. B. Röhrs 1998) Bezüge. Ein Großteil dieser Arbeiten bewegt sich jedoch auf einer eher allgemeinen Ebene.

Auffällig ist bei der Durchsicht der Literatur, dass Bewertungsprobleme zwar als solche erkannt (s. vorg. Kap.), aber selten in systematischer Form untersucht werden. Probleme verschiedener Bewertungsebenen werden gelegentlich unreflektiert vermischt, was eine Lösung der Meinungsverschiedenheiten erschwert oder gar unmöglich macht. Die gelegentlich vorgenommene Trennung in „objektive" Bestandsaufnahme und „subjektive" Bewertung mit dem Hinweis darauf, Bewertung seien eben letztlich immer „subjektiv", ist wenig zielführend und kann zu dem verbreiteten Missverständnis beitragen, dass es bei Bewertungen im Naturschutz lediglich um private Geschmacksfragen ginge. Zudem gibt es zwar einige bewertungstheoretische Arbeiten zur sogenannten „Aggregationsproblematik" und verschiedenen Aggregationstechniken (z. B. Bechmann 1981, Poschmann et al. 1998), also der Möglichkeit der Zusammenschau und des Verrechnens verschiedener Werte, aber auf die Grundlagen, nämlich die verschiedenen naturschutzfachlichen Einzelbewertungen, wurde bislang weniger intensiv eingegangen. Bisher fehlte eine *argumentationstheoretisch-analytische Untersuchung* darüber, wie solche Einzelbewertungen grundsätzlich funktionieren, was man beachten muss, damit man für seine Werturteile eine intersubjektive Geltung beanspruchen kann, und wie Bewerterinnen und Naturschützer bei Bewertungen selbst und bei der Beurteilung von Bewertungen tatsächlich argumentieren.

1.4 Gegenstand, Ziel und Vorgehensweise dieser Untersuchung

Gegenstand dieser Untersuchung ist somit die Frage, wie Bewertungsverfahren für naturschutzbezogene Einzelbewertungen so gestaltet werden können, dass man sie mit Recht als Teil eines rationalen Naturschutzdiskurses bezeichnen kann. Geklärt werden soll,

a) was damit gemeint sein kann, wenn man von einem „rationalen Bewertungsverfahren" oder einer „rationalen Bewertung" spricht,

b) welche Anforderungen an rationale Bewertungsverfahren gestellt werden müssen und wie man diese erfüllen kann und

c) welche Meinungsverschiedenheiten während eines Bewertungsdiskurses auftreten können, welche Ursachen diese Probleme haben und wie man sie lösen kann.

Das Ziel dieser Untersuchung ist es, eine Argumentationshilfe für Gutachterinnen, Planer und Naturschützerinnen zur Verfügung zu stellen, die eine kritische Würdigung von Gutachten und Bewertungssystemen erleichtert sowie bei der Herstellung rationaler Bewertungssysteme und beim Aufspüren und Klären von Bewertungsproblemen hilft. „Patentrezepte" können freilich nicht geliefert werden, weil es diese nicht gibt.

Bevor man „Bewertungsprobleme" verstehen und lösen kann, benötigt man zunächst Wissen darüber, wie Bewertungen grundsätzlich funktionieren. Daher ist eine umfassende Analyse der logischen Struktur und der argumentationstheoretischen Grundlagen von Bewertungen unumgänglich. Zunächst werden Grundbegriffe, Struktur und Aufbau von Bewertungen theoretisch und anhand von alltäglichen Beispielen aus der planerischen Bewertungspraxis geklärt, um zu zeigen, wie ein Bewertungsverfahren abläuft und in welcher Weise Planer und Gutachterinnen bei der Anwendung und Herstellung von Bewertungsverfahren argumentieren (Kap. 2 und 3). Diese Analyse erfolgt vor dem Hintergrund argumentationtheoretischer Überlegungen innerhalb einer Theorie des rationalen Diskurses. Mit Hilfe der argumentationstheoretischen Analyse werden die im Einführungskapitel angedeuteten „Bewertungsprobleme" innerhalb des Bewertungsablaufes verortet und systematisiert. Hierbei werden zunächst solche Probleme untersucht, die sich bei der *Anwendung vorhandener Verfahren* ergeben (Kap.

4). Anschließend geht es vorrangig um Probleme bei der *Herstellung neuer Bewertungsverfahren* (Kap. 5-8).

Wie bereits angedeutet, besteht die theoretische Grundlage dieser Arbeit aus bewertungs- und argumentationstheoretischen Überlegungen, die innerhalb einer *Theorie des Rationalen Diskurses* und unter Verwendung von Erkenntnissen der Rechtsphilosophie und der Praktischen Philosophie entwickelt werden. Der bereits unter anderem von Schröder (1996) formulierte Grundgedanke ist, dass *der Bewertungsdiskurs ein Spezialfall des allgemeinen praktischen Diskurses sei*. Wie in jedem praktischen Diskurs lautet demnach auch hier die entscheidende Frage: Wie können normative Aussagen, also zum Beispiel Werturteile, überhaupt rational begründet werden? Wo sind die Grenzen rationaler Begründungen? Die Grundregeln des allgemeinen rationalen Diskurses (z. B. Habermas 1981, Alexy 1996) können zur Klärung von Bewertungsproblemen daher auch einer Theorie der Bewertung zu Grunde gelegt werden. Die Bearbeitung prozeduraler Aspekte und Verfahrensregeln basiert unter anderem auf den grundlegenden bewertungstheoretischen Arbeiten von Bechmann (1981, 1988), auf argumentationstheoretischen Arbeiten von Alexy (1996), Perelman (1967) und Kaufmann (1997) sowie auf Untersuchungen von Schröder (1996, 1998). Schröder hat unter anderem die Grundlagen Bechmanns und Alexys auf Beispiele aus der Ökotoxikologie angewendet und damit eine entscheidende Anregung für die vorliegende Arbeit geliefert. Der Autor beschäftigt sich vorrangig mit formalen und prozeduralen Aspekten von Bewertungsabläufen.

Im Laufe der Arbeit wird immer deutlicher, dass eine Verengung der Fragestellung auf rein prozedurale und formale Aspekte dem Thema Natur- und Umweltschutzbewertung nicht gerecht wird. Wie in allen anderen Bereichen des Lebens auch sind die Inhalte mindestens so wichtig wie die Form. Möchte man angemessene, rationale Bewertungsverfahren als solche identifizieren und von weniger guten unterscheiden, und möchte man gute Gründe identifizieren, welche dafür sprechen, etwas in einer bestimmten Weise und nicht anders zu bewerten, so muss man neben formalen auch inhaltliche Aspekte berücksichtigen. Mehr noch: eine Diskussion über formale Aspekte des Bewertungsablaufes ist ohne die Berücksichtigung inhaltlicher Fragen gar nicht sinnvoll möglich.

2 Bewertung und Rationalität – Begriffsklärung und theoretische Grundlagen

2.1 Was ist eine Bewertung, was ist ein Werturteil?

Unter dem Begriff „Bewertung" wird allgemein die Einschätzung eines Gutes, einer Leistung oder einer Idee durch ein wertendes Subjekt nach Wert und Bedeutung verstanden. Eine Bewertung ist also eine Beziehung zwischen einem wertenden Subjekt und einem bewerteten Objekt, dem Wertträger. Der Planungstheoretiker Bechmann (1988: 6ff) betont in Anlehnung an Viktor Kraft (1951), dass eine Bewertung nicht nur aus einer *Stellungnahme* des Subjektes in Form einer emotionalen Zuwendung zum oder Abwendung vom Objekt besteht. Im Unterschied zur reinen Stellungnahme spricht das Subjekt bei einer *Bewertung* einem Objekt aufgrund eines artikulierbaren Wertbewußtseins ein *Wertprädikat* zu. Wertprädikate sind Prädikate, die einem Wertträger einen Wert zuschreiben, ihn also unter einem Wertbegriff *subsumieren* (vgl. Kap. 3.1.2).

Da ein „Wert" ein relationales Gefüge ist und nicht als substanzhafte Entität gesehen werden kann, auf die sich eine Wertaussage gleichsam „abbildend" bezieht, muss sich die Richtigkeit einer Wertaussage aus einem unter dem Anspruch der *Richtigkeit* stehenden Prozess der Wertzuweisung ergeben. Bechmann (1988:11) geht auf diese Problematik ein, indem er die *individualistische Wertaussage* von dem *Werturteil* unterscheidet. Eine individualistische Wertaussage verbalisiert die Werthaltung, die ein bestimmtes Individuum zu einer bestimmten Zeit und an einem bestimmten Ort einem bestimmten Wertträger gegenüber einnimmt, ohne dass der Anspruch der allgemeinen Gültigkeit für diese Wertaussage erhoben wird. Dies kann beispielsweise für ästhetische Aussagen gelten wie: „Diese Landschaft ist wunderschön.". Das Werturteil dagegen beansprucht eine *intersubjektive Gültigkeit* und hat *Forderungscharakter*. Es enthält Vorschriften und ist nicht nur ein Bericht über äußere oder innere subjektive Zustände (Lenk & Maring 1998: 156). Werturteile drücken eine „sich über den Sinn der vorgenommenen Wertung bewusste Stellungnahme aus. Sie ... verstehen sich aber nicht als individualistisches Bekenntnis, sondern als urteilendes Bekenntnis. Indem sich jedoch Bekenntnisse in die Form des Urteils einkleiden, gewinnen sie auf formalem Weg die Möglichkeit, sich vom urteilenden Subjekt abzulösen und den Anspruch auf überindividuelle Geltung zu erheben." (Bechmann 1988: 13).

Werturteile lassen sich also nach Bechmann (1988: 14) unter anderem durch folgende Aspekte charakterisieren:

- Werturteile geben durch Wertreflexion begründete Stellungnahmen wieder. Formal treten sie als Urteile auf.

- Werturteile verstehen sich als unpersönlich. Diese Unpersönlichkeit basiert sowohl auf der Form (Urteilsform) als auch auf dem Inhalt (unterstellte Wertgültigkeit) des Werturteils.

Nach allgemeiner Auffassung wird ein Bewertungsergebnis dann zu einem *Werturteil* mit allgemein gültiger Handlungsaufforderung, wenn eine *normative Prämisse* zugrundeliegt, welche eine *allgemeine Gültigkeit* hat. Zum Beispiel fordert uns die Aussage „Die Art x ist vom Aussterben bedroht und daher schützenswert" nur dann zum Handeln auf, wenn als normative Prämisse gilt: "Vom Aussterben bedrohte Arten sind schützenswert" (vgl. z. B. Eser & Potthast 1999, Jessel 1998).

2.2 Was bedeutet „Rationalität" in Bezug auf Werturteile im Natur- und Umweltschutz?

2.2.1 Erläuterung des zugrundegelegten Rationalitätsbegriffes

Bernotat et al. (2002: 384) fordern, Bewertungsvorgänge sollten „möglichst rational" sein, wobei sie allerdings offen lassen, was dies heißen soll. Im Folgenden soll daher der Frage nachgegangen werden, was „Rationalität" in Bezug auf Werturteile im Naturschutz heißen könnte. Hierfür wird zunächst der in dieser Arbeit verwendete *Rationalitätsbegriff der Diskurstheorie* nach Habermas (1981) erläutert, da in der Philosophie, der Ökonomie, der Systemtheorie und der Jurisprudenz viele unterschiedliche Rationalitäts- und Vernunftkonzepte diskutiert werden.

Im Gegensatz zur Luhmann' schen „Systemrationalität", wonach rationales Verhalten in der optimalen Adaptation an die Umgebung oder in einem Funktionszusammenhang eines Systems besteht, setzt der hier gewählte Rationalitätsbegriff *Absichtlichkeit* voraus, das bedeutet, dass nur *Personen* sowie ihre Handlungen, Meinungen, Wünsche und Normen (und damit auch ihre Bewertungverfahren und Werturteile) als „rational" bezeichnet werden können (Gosepath 1999: 9). Die Rationalität ist eine *Beurteilungskategorie*: Handlungen (und Bewertungen) werden ex ante oder ex post auf Rationalität hin beurteilt (Grunwald 1997: 95). Zudem hat der Begriff eine präskriptive Komponente, denn wir haben im Allgemeinen das Ziel, in unserem Denken und Handeln rational zu sein, und „Irrationalität" wird von uns als Vorwurf verstanden (Gosepath ebd.).

Die Rationalität einer Äußerung, also zum Beispiel eines Werturteils, wird im Allgemeinen auf *Kritisierbarkeit* und *Begründungsfähigkeit* zurückgeführt. Im Rahmen der allgemeinen Diskurstheorie ist für die Rationalität einer Aussage konstitutiv, dass ein Sprecher im Diskurs für eine Aussage einen *kritisierbaren Geltungsanspruch* erhebt, der vom Hörer akzeptiert oder zurückgewiesen werden kann (Habermas 1981: 29). Begründungen können sich auf Tatsachen und Zweck-Mittel-Relationen beziehen, weshalb der Begriff Rationalität oft in Zusammenhang mit der Verwendung von *Tat-*

sachen- und Handlungswissen („Know-that und Know-how") als instrumentelles Verfügungswissen genannt wird (vgl. Kap. 2.2.6.3 dieser Arbeit). Solcherart Wissen ist für sinnvolle Bewertungen unerlässlich, wie in den folgenden Kapiteln gezeigt werden wird. Es kann im Diskurs als unzuverlässig kritisiert werden (Habermas ebd.: 25), und empirische Aussagen sind prinzipiell falsifizierbar. Innerhalb eines Bewertungsdiskurses sind neben vorrangig wissensgestützten jedoch noch andere Typen von Äußerungen bedeutsam. Nach Habermas (ebd.: 34 f.) gibt es neben wissensgestützen Aussagen auch andere Aussagetypen, für die gute Gründe bestehen können. „Rational nennen wir auch denjenigen, der eine bestehende Norm befolgt und sein Handeln gegenüber einem Kritiker rechtfertigen kann, indem er eine gegebene Situation im Lichte legitimer Verhaltenserwartungen erklärt. Rational nennen wir sogar denjenigen, der einen Wunsch, ein Gefühl oder eine Stimmung aufrichtig äußert, ... , und der dann einem Kritiker über das derart enthüllte Erlebnis Gewissheit verschaffen kann, indem er daraus praktische Konsequenzen zieht und sich in der Folge konsistent verhält." Eine Äußerung mit Tatsachenbezug erhebt einen Anspruch auf *Wahrheit*; eine Äußerung, welche sich auf Normen bezieht, auf *Richtigkeit* im Lichte eines als legitim anerkannten normativen Kontextes. Äußert dagegen jemand expressiv ein ihm priviligiert zugängliches Erlebnis, so tut er dies unter dem Anspruch der *Wahrhaftigkeit*. Somit thematisiert Habermas drei Aspekte diskursiver Rationalität, nämlich die Bezugnahme auf die objektive Welt mit *Wahrheitsanspruch*, auf die soziale Welt mit *Richtigkeitsanspruch* und auf die subjektive Welt mit *Wahrhaftigkeitsanspruch*.

Wertaussagen bringen nach Habermas (ebd.: 36) weder ein bloß privates Gefühl zum Ausdruck, noch können sie per se eine normative Verbindlichkeit in Anspruch nehmen. Sie sind mit dem *Hinweis auf verwendete Wertmaßstäbe* begründbar, wobei auf die rechtfertigende Kraft der herangezogenen kulturellen Werte gesetzt werden muss. Dabei muss sich die Begründung nicht zwangsläufig auf moralische oder gesetzliche Normen beziehen. Ein Werturteil kann anderen Menschen *einleuchten*, wenn Wertprädikate so verwendet werden, dass die anderen Personen als Angehörige der gleichen Lebenswelt unter diesen Beschreibungen ihre eigenen Reaktionen auf ähnliche Situationen *wiedererkennen* (vgl. Kap. 2.2.5.3 dieser Arbeit). So ist es innerhalb eines rationalen Diskurses auch möglich, ästhetische Werturteile wie „Diese Landschaft ist wunderschön" für andere nachvollziehbar zu begründen[3].

Werturteile mit einen Anspruch auf intersubjektive Geltung im Sinne Bechmanns (vgl. Kap. 2.1), die Forderungscharakter aufweisen, müssten freilich so begründet werden, dass deren Rechtfertigung im Prinzip von allen geteilt werden könnte. Diese Position setzt voraus, dass Personen als vernünftige Wesen eine bestimmte Disposition haben, Dinge richtig und „vernünftig" zu sehen und dementsprechend zu handeln, auch wenn

---

[3] Werden Wertstandards allerdings so eigenwillig verwendet, dass die Begründungen von anderen nicht nachvollzogen werden können, werden entsprechende Wertaussagen als irrational empfunden. „Wer seine libidinöse Reaktion auf verfaulte Äpfel mit dem Hinweis auf den „betörenden", „abgründigen", „schwindelerregenden" Geruch ... erklärt, wird in den *Alltags*kontexten der meisten Kulturen kaum auf Verständnis stoßen" (Habermas 1981: 37).

dies vielleicht nicht ihren momentanen Neigungen entspricht (Gosepath 1999: 40). In diesem Zusammenhang sind Gründe, die nicht geeignet sind, ein Werturteil gegenüber anderen Personen zu *rechtfertigen*, keine guten Gründe. Werturteile lassen sich argumentativ gut oder schlecht vertreten und sie müssen – im Falle konfligierender Werte – gegeneinander abgewogen werden (Jax 1999: 13). Sie müssen vernünftig und *akzeptabel* sein, was jedoch nicht unbedingt mit faktischer Akzeptanz aller Bürger in jedem Einzelfalle gleichzusetzen ist.

Dementsprechend wird in dieser Arbeit die Position vertreten, dass die Rationalität von Begründungen nicht lediglich relativ zu Präferenzen einzelner Menschen bestimmbar ist (internalistische Position), sondern dass es Faktoren gibt, wie die *Einsicht in die normative oder moralische Richtigkeit*, die keine Wünsche und Präferenzen sind und die zusammen mit einer *Zweck-Mittel-Meinung* rationale Begründungen liefern können (vgl. Gosepath 1999)[4]. Wie Gethmann und Mittelstraß (1992: 21) darlegen, führt die Meinung, die Geltung einer regulativen Äußerung ergäbe sich lediglich aus der faktischen Zustimmung von Individuen, unweigerlich zu einem Relativismus der Geltung. Nur wenn zwischen faktischer *Akzeptanz* und normativer *Akzeptabilität* unterschieden werde, so die Autoren, könne der Staat Umweltstandards zu Rechtsnormen erheben und Verstöße gegen sie durch Sanktionen ahnden. Ein Werturteil im Umwelt- und Naturschutz bezieht seine Gültigkeit damit *durch den Bezug auf übergeordnete gesetzliche oder moralische Normen*. Bewertungsergebnisse, die sich lediglich auf persönliche Präferenzen Einzelner beziehen, können keine Werturteile mit Forderungscharakter im Sinne Bechmanns sein.

Das größte Problem mit Werturteilen im Sinne Bechmanns ist, wie mit allen Äußerungen, die eine universelle Geltung beanspruchen, dass nur wenige Werte und Normen wirklich *so universell* sind, dass sie von allen Menschen ohne weiteres anerkannt werden. Moralische und normative Regeln, welche Werturteilen zugrundegelegt werden, können *unterschiedliche Universalitätsgrade* haben. Wie Habermas (1981: 244) in Anlehnung an Max Weber betont, gibt es Werte, die so fundamental sind, dass sie zu abstrakten Grundsätzen generalisiert werden können. Sie können als formale Prinzipien eine große handlungsleitende Kraft entfalten und sogar alle Lebensbereiche systematisch durchziehen (in Kap. 2.2.5.2 werden einige fundamentale Begründungen für den Naturschutz genannt). Teilweise werden sie in Gesetzen festgehalten. Der § 1 des Bundesnaturschutzgesetzes ist ein Beispiel für eine grundlegende gesetzliche Naturschutznorm. Wollte man sich allerdings in der täglichen Praxis der Naturschutzbewertung vor allem auf universale Werte und Normen berufen, ergäbe sich der Nachteil, dass solche Prinzipien nur eine *grobe Richtung vorgeben*. Sie sagen eben nicht, wie nun *ein spezieller Einzelfall hier und heute zu bewerten ist*. Viele konkretere wertende Prinzipien, die mehr praktische Hilfe bieten und deshalb gern für Bewertungsverfahren herangezogen werden, die allerdings nicht gesetzlich fixiert sind, gelten da-

---

[4] Internalisten bezeichnen z. B. Handlungen von Personen als rational, wenn sie ausnahmslos mit Hilfe von Präferenzbeziehungen geklärt werden können. Sie sind der Ansicht, dass sich Gründe immer letztlich auf private Präferenzen und deren Maximierung beziehen.

gegen nur in bestimmten *Kontexten* und damit innerhalb bestimmter *Sprechergemeinschaften*. Entsprechend kann ein Werturteil mit Forderungscharakter wie: „Dieser verwilderte Park mit seiner vielfältigen Geophytenflora ist hochgradig schutzwürdig" im Kontext des Naturschutzes als rational und innerhalb der Sprechergemeinschaft der Naturschützer geradezu als evident gelten, von Sprechern in anderen Kontexten (z. B. innerhalb einer ökonomischen Fragestellung) aber zurückgewiesen werden. Im Zusammenhang mit Werturteilen und Bewertungsverfahren im Naturschutz interessiert im Rahmen dieser Arbeit vor allem die Frage, wie Werturteile *innerhalb des Kontextes „Naturschutz"* begründbar sind und wie sie *faktisch begründet werden*.

2.2.2 Allgemeine Anforderungen an ein rationales Bewertungssystem

Die Rationalität im Naturschutzbewertungsdiskurs bezieht sich also allgemein auf die Fähigkeit, *Verfahren des Begründens zu entwickeln und für seine Werturteile vor Anderen Rede und Antwort stehen zu können* (vgl. Gosepath 1999: 10). Wie in Kap. 2.2.1 erläutert wurde, ist die *Kritikfähigkeit* von Aussagen eine Voraussetzung dafür, dass man diese mit Recht als „rational" bezeichnen kann. Um die Kritikfähigkeit zu gewährleisten, müssen Begründung und Ableitung von Werturteilen aus gültigen Normen klar und nachvollziehbar sein. Eine wichtige Voraussetzung hierfür ist einerseits, dass der Bewertungsablauf aus logisch aufeinander aufbauenden Handlungsschritten aufgebaut wird und widerspruchsfrei ist („Stringenz" im Sinne Mengels 2001). Andererseits muss ein Bewertungsablauf *nachvollziehbar*, also *transparent* sein.

Nachvollziehbarkeit und Stringenz müssen nach Mengel (ebd.) unterschieden werden, da ein logisch stringenter Bewertungsablauf durchaus so kompliziert sein kann, dass er für andere Personen nicht mehr nachvollziehbar ist. Werturteile müssen sowohl innerhalb der Fachwelt als auch innerhalb der breiten Öffentlichkeit diskutierbar sein. Sie dürfen sich nicht durch mangelnde Transparenz des Bewertungsablaufes einer Kritik entziehen (vgl. Schröder 1996). Damit müssen sie auch *verständlich* sein. Verständlichkeit bedeutet, dass Begriffe und Äußerungen mit allgemein zugänglichen, also „öffentlichen" und nicht „esoterischen" Bedeutungen versehen sein müssen (Kambartel 1996: 58), und die Ausdrücke nicht in unterschiedlichen Bedeutungen verwendet werden dürfen[5] (vgl. Grundregel 1.4 des Allgemeinen Diskurses, Alexy 1996: 235). Grundsätzlich sollte jeder Bürger[6] zumindest prinzipiell nachvollziehen können müs-

---

[5] Wie so eine Gemeinsamkeit des Sprachgebrauches herzustellen sei, ist allerdings umstritten, (s. Alexy ebd.). Mehr zu dieser Problematik s. Kap. 3.3.4.
[6] Ob Umweltbewertungsverfahren wirklich für jeden „ökologischen Laien im Range eines Entscheidungsberechtigten" (Bechmann) mühelos nachvollziehbar sein müssen, wird kontrovers diskutiert (vgl. z. B. Bechmann 1998). Ein Beamter der Bauaufsicht, der eine Brücke genehmigt, muss sich schließlich auch nicht in allen Einzelheiten der statischen Berechnungen auskennen, die ein Gutachter ausführt. Wie bereits Max Weber bemerkte, braucht man nicht zu wissen, wie eine Straßenbahn funktioniert, um damit zu fahren. Es genüge der Glaube daran, es *prinzipiell jederzeit erfahren zu können,*

sen, wie dieses oder jenes Werturteil entstanden ist. Ein Bewertungsvorgang ist eine mindestens vierstellige Relation: „*Jemand* bewertet *etwas* in Hinblick auf einen bestimmten *Standard* oder ein bestimmtes *Ziel* unter Verwendung bestimmter *Kriterien*." (Eser & Potthast 1999: 27). Das „Etwas" (Schutzgut), der verwendete Wertstandard und/oder das Ziel und die Kriterien müssen im Bewertungsverfahren expliziert werden, wenn Bewertungen intersubjektiv nachvollziehbar sein sollen[7]. Dies ermöglicht eine gezielte, sachliche Diskussion über strittige Ziele, Standards oder umstrittene Kriterien.

Bewertungen müssen, um stringent zu sein, einem logischen Ablauf und damit bestimmten Regeln folgen. Ein Regelsystem, das zur nachvollziehbaren Begründung und Strukturierung von Bewertungsvorgängen dient, heißt *Bewertungsverfahren*. Ein Bewertungsverfahren zerlegt den komplexen Vorgang der Bewertung in übersehbare Einzelschritte. Neben einer besseren Nachvollziehbarkeit wird zudem eine *formale Kontrolle* ermöglicht: Man kann rein schematisch feststellen, ob ein bestimmtes Bewertungsverfahren formal korrekt ausgeführt worden ist oder nicht (vgl. Kambartel 1996: 66); Meinungsverschiedenheiten bezüglich einer angewandten *Bewertungsmethodik* (vgl. Mengel 2001: 154) können folglich innerhalb des Bewertungsablaufes verortet und sachlich geklärt werden.

Einige Autoren, zum Beispiel Gethmann und Mittelstraß (1992, vgl. auch Alexy 1996; Schröder 1996), betonen stark den *prozeduralen* Aspekt der diskursiven Rationalität. Gethmann und Mittelstraß (ebd.) verstehen dementsprechend Rationalität als Bezeichnung für die Fähigkeit, *Verfahren* diskursiver Einlösung von Geltungsansprüchen zu entwickeln, ihnen zu folgen und über sie zu verfügen. Diese Auffassung spricht für Begründungssysteme, die in Form von *formal etablierten Regeln* hergestellt werden. Das Extrem einer solchen Auffassung wäre eine Vorstellung einer formalen Einheit der Vernunft als Einheit eines Kanons universaler Regeln (kritisch hierzu z. B. Kettner 1996). Für die Naturschutz- und Umweltbewertung würde dies auf eine wahrscheinlich sehr große Menge spezieller, aber dafür universeller Verfahrensregeln und Bewertungsverfahren hinauslaufen. Andere Autoren (z. B. Apel 1996) betonen die Offenheit von Bewertungsdiskursen und die Abhängigkeit der Regelsetzung von der jeweiligen Praxiseinbettung oder vom Vorverständnis der Diskursteilnehmer. Die Rationalität ist nach Meinung Schnädelbachs (1992: 76) ein essentiell „offenes" Konzept. Diese philosophische Frage kann in dieser Arbeit nicht in einer generellen Form bearbeitet werden. Eine Diskussion des Konfliktes in Bezug auf die Naturschutz- und Umweltbewertung bringt jedoch neue Erkenntnisse zu dem in der Bewertungsdebatte

---

wenn man nur wollte (Weber, zit. in Adolphi 1996: 131). Auch wenn dies grundsätzlich problematisch ist, spielt im Bereich der Naturschutz- und Umweltbewertung genau wie in vielen anderen Bereichen das *Vertrauen in Fachleute* eine große Rolle.

[7] Die individuelle Person, welche das Bewertungsverfahren anwendet („Jemand"), sollte bei einem vollständig *personeninvarianten* Verfahren im Prinzip keinen Einfluss auf das Ergebnis haben. Da allerdings aus verschiedenen Gründen in der überwiegenden Mehrzahl der Fälle keine vollständige Personeninvarianz zu erreichen ist, sind Informationen über den persönlichen und fachlichen Hintergrund der bewertenden Person oft für die Interpretation der Ergebnisse wichtig.

ständig schwelenden Konfliktfeld „Standardisierung versus offenere Verfahren" (vgl. z. B. Knickrehm et al. 2000, Müssner et al. 2002).

Innerhalb der Rede über Standardisierungen muss unterschieden werden zwischen solchen Standardisierungen, die personelle oder institutionelle Vorgaben machen („Welcher Personenkreis oder welche Institutionen dürfen Werturteile fällen?") und solchen, die sich auf die methodische Durchführung („In welcher Weise sollte der Bewertungsdiskurs ablaufen?") und den Inhalt von Bewertungsverfahren beziehen („Was soll wie bewertet werden?"). In dieser Arbeit interessieren vor allem die beiden letzten Punkte, *wobei sich die Rede über Regeln im Bewertungsdiskurs grundsätzlich nicht von inhaltlichen Fragen trennen lässt.* Die Diskussion um Standardisierung („Ja oder nein, und wenn ja, wie viel?") lässt sich nicht in allgemeiner Form lösen, vielmehr interessiert die Frage, *in welchen Fällen und zu welchen Bewertungsanlässen* Standardisierungen sinnvoll sind und in welchen nicht. Wie Kettner (1996: 429) bemerkt, kann man *guten Gründen schließlich nicht regellos folgen.* Die Gefahr besteht nur darin, dass man *Regeln grundlos folgt* und damit blind bleibt für die Rejustierungsbedürftigkeit der Regeln angesichts sich ändernder Situationen (ebd.). In der vorliegenden Arbeit wird dieser wichtige Gedankengang auf die Naturschutz- und Umweltbewertung übertragen.

2.2.3 Anforderungen an ein rationales Bewertungsverfahren

Wie im vorherigen Kapitel gezeigt wurde, sollen Bewertungsabläufe *logisch stringent* und *transparent* sein, damit jederzeit nachvollzogen werden kann, *warum etwas in einer bestimmten Weise* bewertet wurde. Um den Bewertungsvorgang zu strukturieren und zu standardisieren, bedient man sich eines *Bewertungsverfahrens*. Ein Bewertungsverfahren besteht aus *methodischen Regeln für Handlungsprozesse, die eine vergleichende, ordnende oder quantifizierende Einstufung von Objekten nach Wertgesichtspunkten zum Ziel haben* (Bechmann 1988: 15). In einem rationalen Bewertungsverfahren sollen die zu bewertenden Sachverhalte in interpersonell nachvollziehbaren und überprüfbaren argumentativen Schritten beschrieben und bewertet werden, damit gültige Werturteile das Ergebnis sind. Außer der in den vorangegangenen Kapiteln bereits erläuterten Forderung nach logischer Stringenz und Transparenz werden in der Literatur weiterhin folgende Anforderungen an Verfahren genannt (z. B. Fränzle & Fränzle 1993: 165 f., Schröder 1996: 455, Wagner 1997: 50, Fränzle 1998: 249 f., Knospe 1998: 11, Bernotat et al. 2002: 364 f. u. 384 f.):

- Objektivität im Sinne von Personeninvarianz: Die Bewertungsergebnisse sollen eine möglichst große Unabhängigkeit vom einzelnen Anwender aufweisen, indem das Bewertungsverfahren eine eindeutige Zuordnung der zu bewertenden Zustände ermöglicht. Objektivität bedeutet, dass „verschiedene Bearbeiter unter Anwendung der gleichen Methode bei gleichen Eingangsdaten und gleichem Werthintergrund zum selben Ergebnis kommen" (Bernotat et al. 2002: 384 f.).

- Reproduzierbarkeit (Reliabilität): Eine Wiederholung des Bewertungsverfahrens unter gleichen Randbedingungen muss zu dem gleichen Ergebnis führen.

- Validität: Die Maßstäbe sollen den zu bewertenden Sachverhalt zuverlässig problembezogen abbilden, also tatsächlich das messen, was sie messen sollen. „Die Sachebene der Bewertungsmethode muss ebenso mit hinreichender Genauigkeit die Realität abbilden wie die Wertebene das naturschutzfachliche Wertesystem" (Bernotat et al. 2002: 384). Dies klingt zunächst einfach, kann jedoch mit einigen Schwierigkeiten verbunden sein (vgl. Kap. 4.4). Fränzle und Fränzle (1993) weisen darauf hin, dass die Validierung ein Prozess ohne eindeutige Stoppregel ist, der immer mit einer gewissen Willkürlichkeit abgebrochen werden muss.

- Praktikabilität: Das Verfahren soll in einem vertretbaren und angemessenen finanziellen, personellen und zeitlichen Rahmen anwendbar sein.

- Universalisierbarkeit: Das Verfahren sollte bis zu einem bestimmten Umfange generalisierbar, also (eventuell mit kleineren Modifikationen) erfolgreich auf eine größere Bandbreite von Bewertungsproblemen anwendbar sein (vgl. Daniel & Vining, zit. in Wagner 1997: 50).

Zu untersuchen ist, ob und wie diese Anforderungen erfüllt werden können und welche Widersprüche und Probleme dabei möglicherweise auftauchen. Wie Bechmann (1988: 3555) bemerkt, kann man ein Bewertungsverfahren unter formal-logischen Gesichtspunkten („Ist das Verfahren formal vollständig?") und unter inhaltlichen Gesichtspunkten beurteilen, wobei diese beiden Dimensionen nicht einzeln, sondern erst gemeinsam und in ihrem Zusammenwirken ein Bild von der Angemessenheit eines Verfahrens ergeben.

Die Funktion eines Bewertungsverfahrens ist es also, eine Antwort auf die Frage zu liefern, warum etwas in einer bestimmten Weise bewertet wurde (s. o.), also eine *Begründung* für das vorliegende Werturteil zu geben. Im nächsten Kapitel soll erläutert werden, wie und nach welchen Regeln Begründungen innerhalb der Theorie des rationalen Diskurses funktionieren, um daraus abzuleiten, was man bei der Herstellung und Anwendung von Bewertungsverfahren beachten muss.

2.2.3 Begründungen für Werturteile innerhalb der Theorie des rationalen Diskurses

Beschäftigen wir uns nun mit den Grundlagen eines rationalen Bewertungsdiskurses, den *Begründungen*. Das einfachste *Modell* eines Bewertungsdiskurses (in Anlehnung an Alexy 1996: 54) besteht in einer Diskussion zweier Personen, wobei die eine Person behauptet, *etwas* müsste *in einer bestimmten Weise* bewertet werden. Die andere Person ist zunächst nicht dieser Meinung. Es gibt zwei Möglichkeiten, wie die beiden

Personen zu einer Übereinstimmung gelangen können. Einerseits kann die eine der anderen Person ihre Bewertung rechtfertigen und *begründen*, die andere Möglichkeit besteht darin, den Kontrahenten auf eine andere Weise, zum Beispiel durch Einschüchterung, Überredung oder andere psychologische Beeinflussung, zu einer Zustimmung zu bringen (Alexy ebd.). Die zweite Möglichkeit sollte selbstredend vermieden werden, und so ergibt sich die Frage, wie eine Rechtfertigung und Begründung von Werturteilen im Natur- und Umweltschutz möglich ist. Dies ist ein Spezialfall der Frage, wie generell *normative Aussagen vernünftig begründet werden können*, mithin ein zentrales Anliegen der allgemeinen Diskurstheorie (vgl. z. B. Alexy 1996: 34).

Wenn jemand für ein Werturteil mit Recht den Anspruch auf Gültigkeit erheben will, muss klar werden, *warum* man *etwas* in einer *bestimmten Weise* bewertet hat und warum das Ergebnis so und nicht anders ausgefallen ist; es müssen eben *Gründe* angegeben werden. Wie bereits erläutert wurde, kann überhaupt nur von einem Werturteil im Sinne Bechmanns (s. Kap. 2.1) gesprochen werden, wenn man dieses unter dem Anspruch der Begründbarkeit stehend auffasst (vgl. Alexy 1996: 167). Somit gilt für den Bewertungsdiskurs folgende grundlegende Regel (in Anl. an Alexy ebd., verändert):

Jeder Bewertende muss sein Werturteil auf Verlangen begründen.

Für diesen Begründungsdiskurs wiederum haben verschiedene Argumentationstheoretiker Regeln aufgestellt. Die drei wichtigsten Regeln sind:

- das Prinzip der Universalisierbarkeit

- das Argumentationslastprinzip und

- das Beharrungsprinzip.

Der Philosoph Hare hat im Rahmen seiner „Theorie der moralischen Argumentation" das ursprünglich auf Kant zurückgehende Prinzip der Universalisierbarkeit weiterentwickelt (Zusammenfassung in Alexy 1996: 90 ff.). Auf Werturteile bezogen lautet dieses Prinzip, dass jeder, der ein Werturteil äußert, eine *Bewertungsregel* voraussetzt. Diese Regel legt fest, was der *Grund* für ein Werturteil ist. Damit hängt der Begriff des Grundes eng mit dem der *Regel* zusammen (Alexy ebd.: 107). Wertende (evaluative) Ausdrücke enthalten nach Hare (zit. in Alexy ebd.) stets eine *deskriptive* Bedeutungskomponente, welche die Universalisierbarkeit dieser Ausdrücke erlauben. Wenn wir einen Gegenstand oder Sachverhalt a als „gut" bezeichnen, so Hare, tun wir dies, weil a bestimmte *nicht-moralische Eigenschaften* hat. Diese Eigenschaften sind die *deskriptive Bedeutung*, mit der das Wertprädikat „gut" in diesem Fall verwendet wird. *Die Verbindung des Deskriptiven mit dem Werturteil besteht nun in einer normativen Regel*, die besagt, dass die Tatsache, dass etwas bestimmte Eigenschaften hat, *ein Grund dafür ist, es als „gut" zu bezeichnen*. In Bewertungen werden solche Eigenschaften *„wertgebende Eigenschaften"* genannt.

Das *Universalisierbarkeitsprinzip* verpflichtet den Sprecher nun, jeden Gegenstand, der genau diese Eigenschaften besitzt, ebenfalls als „gut" zu bezeichnen. Dieses Prinzip hat unter anderem den Vorteil, dass sich in den maßgebenden Eigenschaften gleichenden Objekte nach dem Grundsatz der Gleichbehandlung nach Art. 3 Abs. 1 des Grundgesetzes *gleich behandelt und bewertet* werden können (vgl. Stelzer 1997: 12). Hieraus folgt eine wichtige Grundregel des Allgemeinen Diskurses (in Anl. an Alexy 1996: 234), die lautet: „Jeder Sprecher, der ein Wertprädikat W auf einen Gegenstand a anwendet, muss bereit sein, W auch auf jeden anderen Gegenstand, der a in allen relevanten Hinsichten gleicht, anzuwenden." Die Verbindung zwischen der Behauptung wie „a ist gut" und und dem Grund, den wir für sie haben, besteht also in einer normativen Regel, die bei Bewertungen *Bewertungsregel* genannt wird[8].

Im Diskurs angezweifelt werden könnte einerseits, ob ein zu bewertender Gegenstand die wertgebenden Eigenschaften wirklich aufweist, andererseits, ob das Aufweisen der wertgebenden Eigenschaften entweder generell oder nur in diesem Falle überhaupt etwas darüber aussagt, ob der Gegenstand „gut", „wertvoll" oder „schützenswert" ist (vgl. Alexy ebd: 114, ausführlich Kap. 4). Für das Äußern von Zweifeln gilt in der Diskurstheorie das sogenannte *Argumentationslastprinzip* (Alexy 1996: 242, in Anlehnung an Singer). Ist nämlich eine Person der Meinung, ein Gegenstand oder Sachverhalt a sei anders zu bewerten als die Bewertungsregel dies vorgibt, so muss sie dies *begründen*. Wer a anders als b bewerten möchte, behauptet damit, dass zwischen a und b *ein relevanter Unterschied* besteht. Diese Behauptung ist zu begründen, es muss also erläutert werden, worin der Unterschied besteht und warum er als relevant angesehen wird.

Schließlich verlangt das *Beharrungsprinzip* nach Chaim Perelman (1967: 92), dass eingeführte und allgemein akzeptierte Regeln nur dann geändert werden sollten, wenn ein vernünftiger Grund vorliegt, der seinerseits vom Opponenten darzulegen ist[9]. In Anlehnung an Alexy (ebd.: 245) lässt sich noch ein weiterer Fall denken: Kommt nämlich eine Person auf die Idee, einen Sachverhalt oder Gegenstand aufgrund völlig *neuer Kriterien* zu bewerten, die im vorhergehenden Diskurs noch nicht vorkamen und nicht als Argumente auf diesen bezogen werden, so muss sie begründen, *warum sie ausgerechnet diese neuen Kriterien einführt.*

Ein Bewertungsverfahren ermöglicht es also Dritten, die *Begründung und Rechtfertigung selbst* nachzuvollziehen, zu würdigen und gegebenenfalls zu kritisieren. Hiermit stellt sich die Frage, wie Bewertungsregeln ihrerseits argumentativ gerechtfertigt wer-

---

[8] Durch dieses Verfahren wird ein naturalistischer Fehlschluss (2.2.5.2, Exkurs), also ein Ableiten normativer Aussagen *allein* aus deskriptiven Sätzen, verhindert. Insofern geht auch der oft geäußerte Vorwurf des naturalistischen Fehlschlusses gegen Bewertungsverfahren, die mit operationalisierten Maßstäben arbeiten, ins Leere.
[9] „Tatsächlich obliegt die Beweislast demjenigen, der behauptet, das herkömmliche Gebaren sei ungerecht, nicht aber demjenigen, der mit dem Herkommen konform geht. Die Gegebenheit besitzt die Rechtsvermutung (*le fait présume le droit*); wer diese Vermutung widerlegen will, hat den Beweis zu liefern" (Perelman 1967: 92).

den können. Das Universalisierbarkeitsprinzip und andere Regeln des praktischen Diskurses tragen hierzu nichts bei, denn sie fordern lediglich, *dass* nach Regeln vorgegangen wird (Alexy 1996: 96), ohne das eine Begründung für diese geliefert würde. Die Diskursethik gibt nur eine *Prozedur* an, wie in der Lebenswelt strittige Wertfragen geprüft werden können, wobei sich keine weiteren Normen aus ihr ableiten lassen. Praktische Diskurse müssen sich also, wie in Kap. 2.1 bereits erläutert, auf *vorhandene Normen und Wertvorstellungen* stützen.

Im Hinblick auf die Rationalität von Bewertungsverfahren im Umwelt- und Naturschutz reicht es nicht aus, allein die formale Ebene der Verfahrens- und Argumentationstransparenz von Bewertungsverfahren (vgl. Schröder 1998: 335) zu betrachten. Vielmehr muss auch die Ebene der Begründung und Rechtfertigung selbst Gegenstand der Betrachtung sein (externe Begründung im Sinne von Alexy 1996: 283). Die Begründung und Rechtfertigung von Werturteilen selbst setzt sich aus zwei Teilen zusammen: der Darstellung ihrer *normativen Grundlage* einerseits und ihrer *empirischen Vergewisserung* andererseits.

Die Gültigkeit eines Werturteils ergibt sich also einerseits aus der Richtigkeit in Bezug auf einen geltenden normativen Kontext, anderseits aus der Wahrheit der darin getroffenen empirischen Aussagen (vgl. Habermas 1981: 149[10]).

Sowohl die normative als auch die empirische Komponente sind für die Formulierung von Werturteilen unverzichtbar. Ein Versuch, Wertaussagen allein aus empirischen Aussagen abzuleiten, ist unzulässig (Naturalistischer Fehlschluss, Kap. 2.2.5.2, Exkurs). Ebenso sind normative Aussagen ohne Bezug auf spezifische Sachgesetzlichkeiten und konkrete Bedingungen der jeweiligen Handlungssituation nicht statthaft (normativistischer Fehlschluss, vgl. Gorke 1996: 96 und Kap. 2.2.5.2, Exkurs, in dieser Arbeit). Daher soll in den nächsten Kapiteln geklärt werden, wie diese Bezüge hergestellt werden können.

2.2.5 Die normative Richtigkeit von Werturteilen

Werturteile haben, wie oben bereits erläutert, immer eine normative Grundlage. Eine „Norm" ist in der praktischen Philosophie entweder ein Beurteilungsmaßstab für richtiges oder falsches Handeln oder eine Handlungsaufforderung (Prechtl & Burkard 1999 (Hrsg.): 405). Als normative Grundlage können also Sollens-Urteile gelten, die als Prämissen verwendet werden und zum Beispiel als angestrebte *Ziele* in Normen verankert sind. Da sich Werturteile also unter anderem auf normative Prämissen stützen, kann man ihnen keinen empirischen „Wahrheitsgehalt" zuschreiben, sondern sie müssen hinsichtlich ihrer Übereinstimmung mit diesen allgemeinen Wertgrundsätzen beurteilt werden (Kraft 1951, zit in Jessel 1998: 247). Die Prämissen bilden als über-

---

[10] Zudem setzt sie nach Habermas voraus, dass der Sprecher (also die bewertende Person) aufrichtig ist und das meint, was sie sagt.

geordnete Maximen den „Sinngehalt" (Schwemmer 1976: 133, vgl. auch Weber 1968b: 273) der Werturteile. Dieser Sinngehalt sollte bei Bewertungsverfahren im Umwelt- und Naturschutz immer erkennbar sein. Werturteile sollen also *in Bezug auf zugrundeliegende normative Prämissen normativ richtig* und damit *gültig* sein (vgl. Jessel 1998: 247). Das bedeutet, dass man Rationalität der Werturteile „relativ auf die Rationalität der Prämissen" (Alexy 1996: 283) beurteilen kann.

Ein im öffentlichen Diskurs konstituiertes Wertsystem einer Gesellschaft findet seinen Ausdruck letztlich in der Rechtsordnung, also in Verfassungsrecht, Gesetzen und Verordnungen. Poschmann et al. (1998: 45) formulieren dies so: „Was uns an unserer Umwelt in welchem Ausmaß schützenswert erscheint, schlägt sich zuerst und vor allem in der Gesamtheit umweltrechtlicher Normen nieder." Gleichzeitig spiegelt sich die *Problemwahrnehmung* der Menschen im öffentlichen Diskurs wider. Umweltprobleme werden intensiv zum Beispiel in den Medien, in Schulen und Universitäten und in Familien diskutiert und von Nichtregierungsorganisationen wie Umweltverbänden in den politischen Diskurs eingebracht. Umweltbewertungen führen also letztlich zu Urteilen darüber, inwieweit die vorfindliche Umwelt den Normen entspricht, die unsere Gesellschaft in Recht, in politischen Programmen oder in Vorstellungen gesellschaftlicher Gruppierungen (also z. B. der Umweltverbände) artikuliert (Bechmann 1998).

2.2.5.1 Die Naturschutz- und Umweltgesetzgebung als normative Grundlage von Werturteilen im Umwelt- und Naturschutz

Die Staatszielbestimmung Umweltschutz (Art. 20a GG) lautet: „Der Staat schützt auch in Verantwortung für die künftigen Generationen die natürlichen Lebensgrundlagen im Rahmen der verfassungsmäßigen Ordnung durch die Gesetzgebung und nach Maßgabe von Gesetz und Recht durch die vollziehende Gewalt und Rechtssprechung". Die „natürliche Lebensgrundlage des Menschen" knüpft nach Meinung vieler Juristen an § 1 BNatSchG an, der die natürliche Umwelt sowohl in ihrer Funktion für das physische Überleben der Menschheit als auch in ihren ideellen Erlebniswerten einschließt. Der Begriff „Schutz der natürlichen Lebensgrundlage" umfasse nämlich nicht nur die Bedingungen dafür, *ob* gelebt werde, sondern auch, *wie* gelebt werde (Kuhlmann, zit in Mengel 2001: 20). Die Exekutive ist verpflichtet, den Gehalt des Art. 20a bei der Auslegung von Gesetzen, bei der Ausübung von Ermessenstatbeständen und generell im Bereich der gesetzesfreien Verwaltung zu beachten. Zudem müssen gegebenenfalls verschiedene supranationale Vorgaben beachtet werden. Hier sind zwei Hauptgebiete zu berücksichtigen, nämlich einerseits das allgemeine Völkerrecht (z. B. Klima-Konvention, Biodiversitäts-Konvention), andererseits das Europäische Recht, zu dem der EG-Vertrag, die EU-Verordnungen und -Richtlinien (z. B. die FFH-Richtlinie und die EU-Vogelschutzrichtlinie) oder Entscheidungen des Europäischen Gerichtshofes gehören.

Gesetzliche Soll-Vorgaben sind unterschiedlich stark konkretisiert. Sogenannte *Leitbilder* sind übergreifende Zielvorstellungen der Umweltqualität (Marzelli 1994: 11), die allgemein gehalten sind. Nach dem Rat von Sachverständigen für Umweltfragen (1998: 27 ff.) werden sie durch *Leitlinien* als „handlungs- und zugleich zielorientierte Grundprinzipien" konkretisiert. Aus diesen wiederum lassen sich *Umweltqualitätsziele* ableiten, die bestimmte sachlich, räumlich und zeitlich definierte Qualitäten von Schutzgütern angeben, welche entwickelt oder erhalten werden sollen. Diese Umweltqualitätsziele erlauben die Ableitung konkreter, operationalisierter Bewertungsmaßstäbe, die *Umweltqualitätsstandards* genannt werden (ebd.). Auf die schrittweise Konkretisierung innerhalb der sogenannten „Leitbildmethode" wird im Kap. 7.5 eingegangen.

Die einzelnen umweltrelevanten Fachgesetze enthalten im Rahmen der einleitenden Regelungen sogenannte Zweckbestimmungen und Grundsatznormen, die das inhaltliche Fundament des Gesetzes bilden, auf das sich alle übrigen Bestimmungen zu beziehen haben. Die bundesgesetzliche Aufgabenbestimmung von Naturschutz und Landschaftspflege wird derzeit im Kern in § 1 BNatSchG vorgenommen. Die Vorschrift wird durch den Grundsätzekatalog des § 2 BNatSchG und die Regelung zur Aufgabenwahrnehmung durch Behörden und öffentliche Stellen in § 3 BNatSchG ergänzt. Nach § 2 Abs. 2 BNatSchG können Länder weitere Grundsätze aufstellen (Zusammenfassung nach Mengel 2001).

2.2.5.2 Naturschutzbegründungen und das gesellschaftliche Wertebewusstsein

Die normative „Richtigkeit" im Sinne der Ableitbarkeit aus übergeordneten Zielen kann nicht für sich alleine funktionieren, denn auch normative Prinzipien und die hieraus entwickelten Ziele müssen begründet werden.

Da es eine rationale „Letztbegründung" von Zielen nicht geben kann, *kann die rationale Begründung von Zielen nur auf einem öffentlichen Austausch von Gründen beruhen, welche beteiligte Individuen vorbringen* (Theorie des kommunikativen Handelns, Habermas 1981). Letztlich geht es um die Bejahung oder die Verneinung der *Angemessenheit von Wertstandards* (vgl. ebd.: 66). Hierbei spielt das *gesellschaftliche Wertebewusstsein* und das *Problembewusstsein* eine große Rolle. Diese liefern die Voraussetzung und die Legitimation für jegliche Planung und Bewertung, ja für jegliches politisch-administratives Handeln überhaupt[11]. Anders gesagt: Würde ein Naturgegenstand in der Gesellschaft nicht als wertvoll angesehen oder ein bestimmter Sach-

---

[11] „Als lebensweltliches Phänomen und Produkt von Sozialisation und Enkulturation bezeichnet die Kategorie des Problembewusstseins eine Voraussetzung von Politik, nämlich die Legitimation als das positive normative Verhältnis des Einzelnen zu den politischen Regeln. Wenn man mit Problembewusstsein die erworbene Urteilsfähigkeit der Individuen bezeichnet, weist man diesem Begriff den Stellenwert zu, den sowohl soziologisch wie auch verfassungsgemäß die „öffentliche Meinung" hat" (Röhrs 1998: 23).

verhalt nicht als Problem empfunden werden, würde man nie auf die Idee kommen, überhaupt planend eingreifen und Bewertungsverfahren entwerfen zu müssen.

Fundamentale Begründungsinstanzen für Umwelt- und Naturschutzhandeln in unserer Gesellschaft können religiöser, naturalistischer, kulturalistischer, intuitionistischer oder vernunftbetonter Art sein (Eser & Potthast 1999: 38). Die Autoren (ebd.) geben einige Begründungsfiguren wieder, die häufig in der naturethischen Diskussion anzutreffen sind:

- Eine *religiöse* Begründung für den Artenschutz könnte lauten: „*Pflanzen und Tiere sind Geschöpfe Gottes. Menschen sind nach dem Willen Gottes zur Achtung der gesamten Schöpfung verpflichtet.*"

- Glaubt man hingegen an den Grundsatz „Wir sollen der Natur folgen", wäre eine *naturalistische* Begründung möglich: „*Natürliche Systeme zeigen die Prinzipien der Vielfalt, der Nachhaltigkeit oder des Recycling. Wir sollten der Natur folgen und solchen Prinzipien auch moralische Gültigkeit verleihen.*"

- Eine *intuitionistische* Begründung könnte zum Beispiel lauten: „*Wenn ich sehe, wie ein Affenrudel sein Leben genießt, fühle ich, dass diese Lebewesen einen von mir unabhängigen Selbstwert haben. Dieser weckt in mir ein Gefühl der Achtung, dem ich zu folgen geneigt bin.*"

- Schließlich wird die *Vernunft* als Begründungsinstanz herangezogen: „*Alle heutigen Menschen und die nach uns Lebenden brauchen und wollen Natur. Niemand kann vernünftigerweise wollen, dass wir und unsere Nachkommen in einer vergifteten und biologisch verarmten Welt leben.*"

Religiöse, naturalistische oder intuitionistische Begründungen können keinen Anspruch auf Allgemeingültigkeit erheben (vgl. Eser & Potthast ebd.). Sie können aber durchaus als *Argumente* in einen Umweltdiskurs einfließen und wirksam werden, wenn es den jeweiligen Verfechtern gelingt, Andere zu überzeugen. Die Autoren betonen, dass gerade das sich Einlassen auf Argumente die unverzichtbare Grundlage jeder Ethik sein sollte. Dies gilt im besonderen Maße für den Bewertungsdiskurs im Umwelt- und Naturschutz, denn man kommt nicht um die Erkenntnis herum, dass einige religiös oder intuitiv motivierte Wertauffassungen lediglich von bestimmten gesellschaftlichen Gruppen vertreten werden.

Wie oft kritisch angemerkt wird, zeichnet sich die Naturschutzdebatte durch eine „hohe Vielfalt an Auffassungen, Partialinteressen und individuellen Zielen" (Dierßen & Wöhler 1997: 169) aus. Meistens wird die Meinungsvielfalt im Naturschutz als Hemmschuh dargestellt und die Notwendigkeit einer „Konturierung" und „fachlichen Positionierung" (Werk 1999: 137) oder der Ableitung eines in sich kohärenten und *universellen Zielsystems* (z. B. Prilipp 1998) herausgestellt. Die zum Teil leidenschaftlich geführte Debatte um Ziele und Maßnahmen im Naturschutz wird oft ins Lächerliche gezogen („Limikolenschützer versus Orchideenschützer", vgl. Müller et al. 1997: 107) und sogar als Ursache für das vermeintliche Versagen des Naturschutzes herausgestellt („Im Naturschutz bestehen Defizite an Zielabklärungen, so daß Unsicherheit und Streit die Naturschutzszene prägen. Der Prozess der „Naturzerstörung" setzt sich folglich fort..." Prilipp 1998: 122). Hierzu sei allerdings bemerkt, dass Meinungsvielfalt sowohl im Naturschutz als auch in anderen Bereichen unserer Gesellschaft notwendigerweise zu einer Demokratie gehört und daher nicht negativ zu bewerten ist, sondern positiv! Die Verfasserin möchte an dieser Stelle eine Lanze für diejenigen Naturschützer brechen, die sich mit Überzeugung am Naturschutzdiskurs beteiligen, auch wenn ihre Position nicht mit der augenblicklich herrschenden „naturschutzfachlichen" Meinung übereinstimmt. *Naturschutz kann nicht starr und monolithisch sein*. Eine falsch verstandene „Rationalisierung" des Naturschutzes in Form der Durchsetzung *einer* universellen, konsistenten Leitlinie auf Kosten abweichender Auffassungen wäre undemokratisch. Vielmehr müssen Positionen ständig diskutiert werden. Hierbei ist nach einer Grundregel der Diskursethik grundsätzlich *jede Person* berechtigt, ihre Wertauffassungen zur Sprache zu bringen. Bestimmte Werthaltungen, zum Beispiel in Form biozentrischer Intuitionen, finden in Form von *Bedürfnissen und Interessen* Eingang in Naturschutzdiskurse (Eser & Potthast 1997: 186). Wenn Personen oder Gruppen sich jedoch dem Diskurs verweigern und ihre Meinung als allgemeingültig erklären, bleibt ihnen nur die Möglichkeit, ihre Interessen mit Zwang durchzusetzen und zu versuchen, andere „zu ihrem Glück zu zwingen". Um so etwas zu vermeiden, sollte stets bedacht werden, dass Wertauffassungen wandelbar sind und Werturteile deshalb keine endgültige Gewissheit beanspruchen können. Sie müssen revidierbar bleiben.

Exkurs: Der Naturalismus und der naturalistische Fehlschluss

Naturalistische Begründungen sind, wie oben erläutert wurde, als Argumente im Naturschutzdiskurs grundsätzlich zugelassen. Sie können aber problematisch sein, weil sie gelegentlich in die Nähe des aus logischen Gründen verbotenen „naturalistischen Fehlschlusses" geraten. Ein Naturalistischer Fehlschluss ist eine Ableitung von Wertaussagen und Handlungsanweisungen *allein* aus beobachtbaren Eigenschaften. Weil Herstellern von Bewertungsmaßstäben oft fälschlicherweise der Vorwurf gemacht wird, einen naturalistischen Fehlschluss begangen zu haben (vgl. Kap. 1.2), soll dieses Problemfeld im Folgenden erläutert werden.

Aus Erkenntnissen der Ökologie (wie aus anderen wissenschaftlichen Aussagen auch) allein können noch keine Handlungsanweisungen abgeleitet werden (z. B. Eser & Potthast 1999, Gorke 1996). Vom „Sein", so lautet die gängige Regel, führt kein Weg zum „Sollen". Wie u. a. Ellscheid (1977: 58 ff.) anmerkt, ist es in diesem Zusammenhang von großer Wichtigkeit, den verwendeten *Seinsbegriff* zu klären. Heute wird im Normalfall ein Seinsbegriff verwendet, der „Faktizität" meint. Im Gegensatz dazu kann das Sein aber auch in einem *metaphysischen Sinne* in der Tradition von Thomas von Aquin und Hegel als „Wesenswirklichkeit" gedacht werden. In diesem Fall bedeutet „Gutsein" eine Wesensverwirklichung, „Schlechtsein" das Zurückbleiben hinter seinen wesensgemäßen Möglichkeiten. „Sollen" wird als die aufzuhebende Differenz zwischen Wesen und Seiendem begriffen, wobei aber das Wesen nicht vom Seienden abgelöst, sondern *als Grund des Seienden* gedacht ist (Kluxen in Ellscheid 1977: 59). Der „Wert" eines Dings bezieht sich demnach auf sein innerstes Wesen, seinen „Existenzgrund" (vgl. Rescher 1997: 182).

Der moderne Seinsbegriff dagegen (der *Faktizität* meint), schließt ein dem Sein immanentes Sollen aus. Als „Fakten" wird das angesehen, was sich mit empirischen Methoden beobachten und deskriptiv beschreiben lässt. Das „Sein" spiegelt sich in wissenschaftlichen Aussagen. Diese fungieren als Beschreibungen, Erklärungen und Voraussagen, aber niemals als Sollens-Urteile. Für die Bewertungstheorie bedeutet das: „Ich kann mich zur Rechtfertigung einer Bewertung niemals allein auf (reale oder vermeintliche) Tatsachen der Natur berufen. Die Natur kann niemals als alleinige Grundlage und Maßstab ethischen Handelns dienen." (Birnbacher 1997: 225). So ergibt sich die bereits oben ausgeführte Aussage, dass sich Werturteile im Natur- und Umweltschutz auf vorab gesetzte Normen stützen müssen, nicht nur auf wissenschaftliche Aussagen. Denn, wie Mittelstraß (1987: 59) ausführt, ist ein „ökologisches Verhältnis des Menschen zur Natur streng genommen nichts ..., das sich wissenschaftlich, etwa unter Rekurs auf Biologie, Chemie und Physik, deduzieren ließe. Wie die Medizin, die auch nicht sagen kann, wie gesund wir leben sollen, sondern nur, wie wir leben sollen, wenn wir schon wissen, wie gesund wir sein wollen, so sagt auch die Ökologie nicht, wie „natürlich" unsere Natur sein soll, sondern nur, wie Natur relativ zu unseren Zwecken und unserer Verwirklichung ist. Das heißt: Auch die Ökologie, wie alle Naturwissenschaften, erklärt Natur, aber sie versteht sie nicht – in dem Sinne nämlich, dass etwa aus ihren deskriptiven Sätzen normative Verhaltensvorschriften ... folgten. Auch die Ökologie setzt, wenn man von ihr Antworten auf die Frage nach dem richtigen Verhältnis technischer Kulturen zur Natur erwartet, Vorstellungen darüber, wie Natur sein soll, schon voraus." Im Rahmen der Naturschutz-Debatte ist es daher für die Verständigung wichtig, sich über den Bedeutungsgehalt von Begriffen wie etwa „Natur" klar zu werden (vgl. Kap. 8.1 in dieser Arbeit). Wie Birnbacher (1997: 223) bemerkt, ist gerade der Naturbegriff äußerst missverständlich, da er sowohl auf die naturwissenschaftlich beschreibbare „Wirklichkeit" als auch auf ein metaphysisches Konstrukt (im Sinne von „Wesenswirklichkeit", s. o.) angewendet wird. Aus der Aussage, ein Sachverhalt sei „naturwidrig", scheint sich die moralische Verurteilung ganz von selbst zu ergeben. Möglicherweise wird diese Aussage aber als rein deskriptiv verstanden, womit ein naturalistischer Fehlschluss vorprogrammiert wäre. Ein anderes Beispiel für die Verwendung eines metaphysischen Seinsbegriffes findet sich bei Müller-Motzfeld (2000: 31) in seiner Begründung für den Artenschutz: „Alle Lebewesen existieren als Arten. Die Art ist offenbar die *Daseinsweise der lebenden Materie* (Kloss 1964)". Akzeptiert man diese metaphysische Grundlage, wofür nach *persönlicher* Meinung der Verfasserin einiges spricht, ergibt sich daraus fast zwingend die Forderung nach Artenschutz als Schutz des irdischen Lebens. Versteht man den Satz allerdings als *deskriptive wissenschaftliche Aussage*, könnte es zu einem naturalistischen Fehlschluss kommen.

Nicht nur aufgrund möglicher, aber schwer feststellbarer metaphysischer Ladungen bestimmter Aussagen ist es oft schwierig, einem naturalistischen Fehlschluss zweifelsfrei zu erkennen. Ein naturalistischer Fehlschluss liegt vor, wenn das moralische Maß als etwas *der Natur Immanentes* betrachtet wird und nicht als Ausdruck einer freien, aber nicht willkürlichen *Setzung*, die aus einer wechselseitigen Verknüpfung von Werten und Tatsachen hervorgeht (Gorke 1996: 96 f., auch Birnbacher 1997: 230). Die Ableitungsbeziehung zwischen deskriptiven Prämissen und wertender Konklusion ist aber in vielen Fällen *keine deduktive Ableitung*, sondern eine „schwache" Beziehung mit dem Status eines *Plausibilitätsarguments* (Birnbacher 1997: 226). Birnbacher (ebd.: 230) zeigt, dass viele Philosophen die Natur zwar zum Kriterium, aber nicht zur Quelle moralischer Werte machen. Das richtige Handeln soll zwar sein Maß in der Natur haben, dieses Maß wird dabei aber als *Ausdruck einer menschlichen Setzung* betrachtet. Wertungen leiten sich aus einem normativen Prinzip her, welches es dem Menschen zur Pflicht macht, *der Natur zu folgen* (ethischer Naturalismus). Als ein für die Umweltbewertung bedeutsames Beispiel nennt er die Richtung in der Naturethik, die eine „hypothetisch von allen menschlichen Eingriffen befreite Natur" als Maßstab für einen harmonischen menschlichen Umgang mit der Umwelt sehen. Der bekannteste Vertreter des ethischen Naturalismus ist der Ökologe Barry Commoner (1972), der das sogenannte „dritte Gesetz der Ökologie" formulierte: „Nature knows best." Weil sich der Wertmaßstab in diesem Falle aus einer normativen Prämisse („Du sollst der Natur folgen") ableitet, ist *kein* naturalistischer Fehlschluss gegeben. Die angebrachte Kritik richtet sich in einem solchen Falle gegen diese Prämisse selbst. Die Prämisse „Du sollst der Natur folgen" und viele der sich daraus ergebenden Handlungsanweisungen hält Birnbacher (ebd.) nämlich für *moralisch fragwürdig*. Damit greift er die Auffassung John Stuart Mills auf, nach der die *moralische Indifferenz* der Natur verböte, Handlungsweisen aus „natürlichen" Sachverhalten abzuleiten. Eine „unangemessen harmonistische Sichtweise von Natur" verkenne etwa, dass es in der Natur vielerlei „Mechanismen der Leidenzufügung" gibt, die, „vom Menschen bewusst eingesetzt, moralisch untragbar wären." (ebd.: 237). Die nicht-menschliche Natur sei ein unwissender Prozess, der keine Verantwortung für sich selbst, für die Umwelt oder irgend etwas anderes tragen könne (Elias 1986). Da der Mensch aber Verantwortung übernehmen muss, muss er seine Zielvorstellungen und Wertmaßstäbe für die Natur und Umwelt bewusst wählen und moralisch begründen.

Aus Erkenntnissen der Wissenschaft allein können also keine Handlungsanweisungen abgeleitet werden. Wie Gorke (1996: 95 f.) betont, lässt sich allerdings hieraus wiederum nicht schließen, dass diese Handlungsanweisungen *ohne* Berücksichtigung erfahrungswissenschaftlicher Erkenntnisse formuliert werden können (vgl. Kap. 5.2). Dies wäre nach Höffe (zit. in Gorke ebd.) ein sogenannter *normativistischer Fehlschluss*. In Kapitel 2.2.4 wurde bereits gezeigt, dass wertende Ausdrücke stets eine *deskriptive* Bedeutungskomponente enthalten. Wie Vossenkuhl (1993: 134) bemerkt und wie im Kapitel 5.2 noch eingehend zu erläutern sein wird, umreißt die deskriptive Bedeutung von Regeln einen „Raum moralischer Verpflichtung". Nicht nur im Kontext des Naturschutzes ist der Bezug auf das „Machbare" und „Mögliche" von großer Bedeutung, denn niemand kann moralisch verpflichtet sein, etwas *Unmögliches* zu tun.

Daher ist bei der Herstellung von Bewertungsverfahren eine angemessene Verknüpfung von Werthaltungen und Fakten geboten, wobei der Anteil der Sachinformation desto größer sein muss, je konkreter die Fragestellung ist (vgl. Gorke 1996: 96).

2.2.5.3 Das Problembewusstsein und die Seins-Sollens-Diskrepanz

Vor dem Hintergrund von Wertauffassungen und in Ansehung unserer heutigen Umweltsituation entsteht das gesellschaftliche Bewusstsein, dass schwerwiegende Umweltprobleme existieren („Wir haben einen Nährstoffüberschuss in der Landschaft"; „Die Gewässer sind total verschmutzt"). Als „Problem" wird ein Zustand bezeichnet, der uns nicht gefällt, weil er nicht so *ist*, wie er sein *sollte*; es lässt sich eine *Seins-Sollens-Diskrepanz* zwischen einem tatsächlichen und einem gesollten Umweltzustand feststellen (Schröder 1998: 333). Hierbei kann es sich um Umweltzustände handeln, die von Menschen aus ethisch-moralischen oder religiösen Gründen als unverantwortbar empfunden werden. Oft besteht eine Seins-Sollens-Diskrepanz auch aufgrund konkreter Beeinträchtigungen der Lebenswelt, wie zum Beispiel die „ausgeräumte, trostlose Agrarlandschaft" oder die „stinkende Algenbrühe im Badesee". Solche lebensweltlichen Beeinträchtigungen werden zunächst von jedem Einzelnen subjektiv erfahren. Im Diskurs ist jedoch, wie Habermas (z. B. 1981: 28) betont, dank der „zwanglos einigenden, konsensstiftenden Kraft der argumentativen Rede" eine Überwindung der vielen subjektiven Auffassungen zugunsten einer intersubjektiven Perspektive möglich (s. auch Kap. 2.2.4).

Andererseits wird häufig ein Problembewusstsein in der Bevölkerung durch die Erörterung und „Problematisierung" wissenschaftlicher Ergebnisse in den Medien, Schulen oder Hochschulen erst geschaffen (vgl. Metzner 1998). Der „Nährstoffüberschuss" in der Landschaft wird im Bewusstsein der Menschen erst dann zu einem Problem, wenn Wissen über seine Folgen für Wasserqualität, Pflanzen- und Tierwelt vorhanden ist und der abstrakte Begriff somit auf tatsächliche oder vorstellbare lebensweltliche Situationen rückgebunden werden kann. Wissen um gesellschaftlich diskutierte Umweltprobleme kann die Umweltwahrnehmung der Menschen und damit wiederum seine Lebenswelt beeinträchtigen. So kann man heute eine längere Schönwetterperiode im Sommer kaum noch unbeschwert genießen, wenn man um die Problematik der Klimaerwärmung und der Schädigung der Ozonschicht weiß. Umweltprobleme müssen jedoch nicht immer einen unmittelbaren Bezug zur *tatsächlichen* Lebenswelt des Einzelnen haben. Die Seenversauerung und das Fischsterben in Schweden kann auch von solchen Bürgern als Problem empfunden werden, die niemals nach Schweden reisen. In solche Fällen ist die Vermittlung und Kommunikation von Umweltproblemen durch Wissenschaftler, Betroffene und Medien für die Ausbildung eines Problembewusstseins entscheidend.

In diesem Zusammenhang sei bemerkt, dass bestimmte Umweltprobleme oft zunächst nur von gewissen gesellschaftlichen Gruppen wahrgenommen werden und für den Rest der Bevölkerung gar nicht existieren. Der Artenrückgang in der Agrarlandschaft fällt heute nur einer Minderheit unmittelbar als solche auf, weil der Mehrheit das entsprechende Fachwissen fehlt. Daraus sollte man allerdings nicht schließen, dass deshalb der Artenrückgang dieser Mehrheit gleichgültig sei. Umfragen haben ergeben, dass der Artenschutz durchaus von der Mehrheit der Bevölkerung als wichtig angesehen wird. Umsetzungsprobleme des Natur- und Umweltschutzes resultieren daher oft nicht aus Gleichgültigkeit der sogenannten „breiten Masse", sondern daraus, dass Politiker, Planer und Naturschützer es nicht verstehen, ein konkretes Problembewusstsein in der Bevölkerung zu wecken. Vermutlich spielen nicht unbedingt immer verschiedene *Werthaltungen* in unterschiedlichen Bevölkerungsschichten eine Rolle (vgl. Dierßen & Wöhler 1997), sondern vor allem die Unfähigkeit von Planern, Wissenschaftlern, Verbandsfunktionären und Mitarbeitern der Naturschutzverwaltungen, die Probleme verständlich und überzeugend *mitzuteilen*.

Festzuhalten ist, dass jedem Bewertungsvorgang im Umwelt- und Naturschutz also eine gesellschaftlich kommunizierte und verhandelte „Vor-Bewertung" vorangeht, in welche fundamentale Wertvorstellungen sowie Vorstellungen von gewünschten Umweltzuständen eingehen. Hierbei ist der Soll-Zustand meist nicht klar formuliert oder gar in Zahlen ausgedrückt, sondern man hat mehr oder weniger diffuse Vorstellungen von einem „wünschenswerten Zustand". Das Problembewusstsein ist eine Angelegenheit *symbolischer* Repräsentation von Wirklichkeit, wie Röhrs (1998: 20) aus Sicht der Politikwissenschaft ausführt. Die Philosophen Deppert und Theobald (1998: 86) weisen darauf hin, dass mit dem Soll-Zustand auch eine *neue Qualität* gegenüber dem Ist-Zustand angestrebt wird, wobei sich der Soll-Ist-Unterschied normalerweise nicht einfach durch eine nüchterne Zahlen-Differenz beschreiben lässt. Hieraus können sich „Bewertungsprobleme" ergeben, wie im Kap. 8.4 gezeigt werden wird.

2.2.6 In welcher Weise fließt wissenschaftliches Wissen in die Herstellung von Bewertungsverfahren ein?

2.2.6.1 Die Rationalisierungspräsumtion der Wissenschaften

Im Allgemeinen nimmt man heute an, dass sich viele Probleme mit Hilfe wissenschaftlichen Wissens besser lösen lassen als mit rein lebensweltlichem Wissen (Rationalisierungspräsumtion der Wissenschaften, K. Ott 1997: 467). Außerdem wird häufig vorausgesetzt, dass eine „wissenschaftlich" begründete Natur- und Umweltschutzargumentation in der Bevölkerung zu einer höheren Akzeptanz von Maßnahmen führte.

Wie Gethmann und Mittelstraß (1992: 16) betonen, gibt es keine Alternative zu einer *durch Wissenschaft informierten praktischen Vernunft*, weil die Setzung von Bewertungsregeln und Standards nur nach Verfahren verallgemeinerbarer Einsichten und Maßgaben erfolgen kann, wenn für Werturteile zu Recht ein allgemeiner Geltungsanspruch erhoben werden soll. Besonders gilt dies angesichts der Unvollständigkeit, Mehrdeutigkeit und Vorläufigkeit unseres Wissens. Denn an die Gewinnung wissenschaftlicher Erkenntnis werden besondere *methodische Anforderungen* gestellt. Wissenschaftliche Aussagen sollen personeninvariant *(objektiv)* sein und sie sollen *wahr* sein. Übergeordnet Kontrollinstanzen für Wahrheit und Objektivität sind (in Anlehnung an Schröder 1998: 335) die *Plausibilität* und *Logik* der wissenschaftlichen Aussagesysteme, die *Nachvollziehbarkeit* und die *fachliche Begründetheit* der Erkenntnisgewinnung sowie die Stützung durch *empirische Aussagen*. Wissenschaftliche Aussagen sind also nicht kognitiv beliebig, sondern erheben die Anspruch, objektiv und wahr und damit *gültig* zu sein. Dies gilt für nichtwissenschaftliche Aussagen nicht im gleichen Maße. Daher eignen sich wissenschaftliche Aussagen besonders gut zur Stützung von Geltungsansprüchen im Bewertungsdiskurs.

2.2.6.2 Wissenschaftliches Wissen als Stütze (backing) von Normen und Bewertungsregeln

Wissenschaftliches Wissen kann helfen, Werturteile im Umwelt- und Naturschutz vernünftig und nachvollziehbar zu begründen und verwendete *Normen zu stützen*. Dabei ist zu beachten, dass wissenschaftliches Wissen und Faktenwissen allgemein nur als *Stütze* (backing), nicht aber als *alleinige Rechtfertigung* für eine normative Regel fungieren kann, da ansonsten ein naturalistischer Fehlschluss vorläge (vgl. Kap. 2.2.5.2, Exkurs). Das gilt für empirisches Wissen sowohl der Naturwissenschaften als auch anderer Wissenschaften. So können die über Präferenzanalysen gewonnenen Daten zu Präferenzen Betroffener oder Belege über angebliche „wirtschaftliche Zwänge" nicht als alleinige Basis für die Setzung von Zielzuständen dienen.

Schröder gibt ein Beispiel für eine durch naturwissenschaftliches Wissen gestützte Regel aus dem ökotoxikologischen Bereich: Ein Grundstückseigentümer wird gerichtlich aufgefordert, sein mit Cadmium verseuchtes Grundstück sanieren zu lassen. Die hier greifende Regel: „Wenn von einem Grundstück ökologische Risiken ausgehen, dann muss der Eigentümer für die erforderlichen Maßnahmen zur Risikominimierung (z. B. Sanierung) haften" wird *gestützt* durch die wissenschaftliche Aussage: „Cadmium verursacht human- und ökotoxikologische Risiken"[12] (Schröder 1996: 43). Die *normative Rechtfertigung* ergibt sich unter anderem aus dem Art. 2 Abs. 2 GG (Recht auf körperliche Unversehrtheit).

Werturteile im Natur- und Umweltschutz stützen sich zu einem großen Teil auf *naturwissenschaftliches Wissen*, und zwar sowohl auf der instrumentellen *Zweck-Mittel-Ebene* als auch auf der Ebene der *Naturschutznormen und der vernünftigen Zielformulierung*. Ziele müssen unter Anderem auf ihre *Umsetzbarkeit* hin geprüft werden (vgl. Eser & Potthast 1997: 184). Bereits Max Weber (1968b: 273, Orig. 1914) hat darauf hingewiesen, dass die Wissenschaften in solchen Fällen, in denen aus Wertungen

---

[12] Dies ist eine wissenschaftliche, aber nicht vollständig empirische Aussage, die bereits Bewertungen einschließt (was ist ein „Risiko"?). K. Ott (1997) zeigt, dass wissenschaftliche Praxen „immer schon" bestimmte ethische Positionen implizieren, auf die man sich als Wissenschaftlerin „einlassen" muss.

Handlungen abgeleitet werden sollen, Aussagen treffen können über (a) die unvermeidlichen Mittel (Was muss ich tun, um das Ziel Z zu erreichen?), (b) die unvermeidlichen Folgen (Was passiert, wenn ich die Handlung h ausführe?) und (c) die dadurch bedingte Konkurrenz mehrerer möglicher Wertungen miteinander in ihren praktischen Konsequenzen (Welche Folgen hat Handlung h auf andere Schutzgüter?).

Wissenschaft enthält einerseits Aussagen über Phänomene oder Ereignisse, die in einem bestimmten Raum zu einer bestimmten Zeit stattfinden (Basissätze als singuläre Sätze), sowie Aussagen zu Gesetzmäßigkeiten und Regeln (Allsätze). Das Ziel der Wissenschaft ist es, *Theorien* als *Erklärungssysteme* herzustellen, die gleichzeitig als *Ordnungssysteme* fungieren. Erklärungssysteme erlauben es zudem, *Voraussagen* über künftige Entwicklungen zu treffen. Wissenschaftliches Wissen kann folglich in verschiedener Weise zur Stützung von Aussagen im Umwelt- und Naturschutzdiskurs beitragen:

- Die Wissenschaft kann helfen, Sachverhalte problembezogen zu *beschreiben* und zu *ordnen* (Herstellung von Sachmodellen, Kap. 3.1.1.1). Im Kontext des Natur- und Umweltschutzes kommt beschreibend-ordnenden Wissenschaften wie der Taxonomie und der Syntaxonomie eine große Bedeutung zu, weil wir mit ihrer Hilfe dazu in der Lage sind, allgemein nachvollziehbar über die Vielfalt natürlicher Phänomene zu sprechen. Die Ökologie benennt und beschreibt interne und externe Wirkungsbeziehungen zwischen Ökosystemen und Ökosystemelementen.

- Sie kann problematisch empfundene Tatbestände ursächlich *erklären*. Erklärungen sind Antworten auf Warum-Fragen („Warum liegt S vor?") zur Klärung unerwarteter Sachverhalte (Grunwald 1997: 23). Sie werden „wissenschaftlich" genannt, wenn sie den oben genannten methodologischen Anforderungen genügen. Die Ökologie kann problematisch empfundene Sachverhalte als Phänomene von Wechselwirkungen zwischen abiotischen und biotischen Faktoren innerhalb von und zwischen Ökosystemen erklären.

- Sie kann Vorhersagen und Szenarien erarbeiten. Dies ist besonders wichtig, da für eine Abwägung von Handlungsoptionen im Handlungsfeld des Natur- und Umweltschutzes Wissen über Folgen und Nebenfolgen der Handlungen erforderlich ist (vgl. Grunwald ebd.: 32). In der Ökologie wird versucht, anhand der Kenntnis interner und externer Wirkungsbeziehungen der Systemelemente die Folgen einer Veränderung eines Systems abzuschätzen – was passiert in fünf Jahren, wenn die Nährstoffzufuhr in ein Gewässer um 5 % pro Jahr steigt (Hanisch 1999: 136)?

2.2.6.3 Konditionalwissen und technische Normen als praktisches Zweck-Mittel-Wissen

Wie Eser & Potthast (1997: 184) bemerken, sollte man unterscheiden zwischen dem Fall, dass ein Sachverhalt als *Mittel* zu einem vorgegebenen Ziel oder Zweck oder *selbst als Ziel* eingestuft wird. Im ersten Fall benötigt man Bewertungsmaßstäbe, die darüber Auskunft geben, ob eine Handlung oder ein Sachverhalt in einem bestimmten *Zweckzusammenhang* als „gut" oder „schlecht" zu bewerten ist.

Um eine Bewertung im Zweckzusammenhang leisten zu können, benötigt man, wie oben erläutert, wissenschaftliches Wissen, welches zur Auswahl der zweckmäßigsten Handlungsoption herangezogen werden kann, wenn das Ziel feststeht. Die Wissenschaft sollte also *Konditionalwissen* liefern (Gethmann & Mittelstrass 1992: 21) als Grundlage für die Herstellung begründeter Zweck-Mittel-Bezüge („In welcher Weise muss ich welche Mittel einsetzen, um mit der größtmöglichen Wahrscheinlichkeit mein gesetztes Ziel zu erreichen?"). Hier bewegt man sich auf der Ebene der *Zweck-Mittel-Rationalität*. Die von Schwemmer (1976: 133) entwickelte Definition lautet: „Handelt jemand relativ zu seinen Zwecken begründet – also so, dass die von ihm ausgeführten Handlungen für die Erreichung der von ihm verfolgten Zwecke notwendig sind und er auch alle für seine Zwecke notwendigen Handlungen, falls er nicht daran gehindert wird, ausführt -, so sollen seine Handlungen zweckrational heißen". Für die Umwelt- und Naturschutzbewertung, die ja begründete Handlungsempfehlungen geben soll und sich dabei, wie oben ausgeführt, nicht auf private Zwecke irgendwelcher Personen, sondern auf gesellschaftlich und rechtlich vorgegebene Ziele bezieht, könnte die Definition folgendermaßen lauten:

Gibt man seine Handlungsempfehlung relativ zu rechtlich fixierten oder gesellschaftlich anerkannten Zwecken begründet – also so, dass die darin empfohlenen Handlungen für die Erreichung dieser Zwecke notwendig und durchführbar sind, so sollen die Handlungsempfehlungen zweckrational heißen.

Solche Handlungsempfehlungen sind *instrumentell-technische Präskriptionen* nach K. Ott (1997: 227), nämlich Urteile, die besagen, dass *etwas als Mittel gut geeignet sei für etwas anderes*. Sie sind als „Regeln der Geschicklichkeit" technischer Art und beziehen sich stets auf ein vorausgesetztes Ziel. Das Mittel erhält somit einen *instrumentellen Wert*. Wichtig in diesem Zusammenhang ist der Begriff der *Funktion*: Bewertet man etwas als Mittel für etwas anderes, dann bewertet man es in seiner *Funktion*, also zum Beispiel in seiner Funktion für die Erreichung eines Zielzustandes oder bestimmter Zwecke. So spricht man im Bewertungskontext oft von „Lebensraumfunktion" oder „Nährstoffretentionsfunktion" (vgl. z. B. Bastian 1997, Bastian & Schreiber 1999).

Von Seiten der angewandten Umweltwissenschaften können Handlungsanweisungen erarbeitet werden, die als generelle Vorschriften im Bezug auf eine ausgezeichnete Handlungspraxis anwendbar sein sollen (*technische Normen*). Im Folgenden wird eine technische Norm in ihrer logischen Form dargestellt (nach Hartmann, aus Gutmann 1996: 37).

Bedingung für eine technische Norm ist, dass in ihrer Darstellung auch der unmittelbare Zweck angegeben ist:

Unter der Bedingung, dass S1 vorliegt und S3 bezweckt ist, mach dass S2.

Hierbei ist der Sachverhalt S1 die Bedingung, durch deren Eintreffen, falls der Sachverhalt S3 bezweckt wird, zur Ausführung einer Handlung aufgefordert wird, die zu dem Sachverhalt S2 führt. Es handelt sich also um eine Aufforderung zur Herstellung der Sachverhaltes S2. Möglich ist, dass das Ergebnis einer Handlung selbst wieder Bedingung zum Ausführen einer weiteren Handlung ist und so fort, wobei man Handlungen zu Handlungsketten verknüpfen kann. Für Handlungen im Zweckzusammenhang der Umwelt- und Naturschutzes scheint folgender Fall von besonderer Bedeutung zu sein:

Nach der Durchführung der Handlung soll sich eine Situation S3 einstellen. Der Verlauf dieser Einstellung unterliegt nicht mehr der Handlungskontrolle. Das heißt, dass durch eine Handlung ein Zweck nicht unmittelbar erreicht wird, sondern vielmehr ein Verlauf in Gang gesetzt wird, der mit einer gewissen Wahrscheinlichkeit zu S3 führt. Somit hat die Ausführung dieser Handlung mit der Wahrscheinlichkeit p den Sachverhalt S3 zu Folge. Wenn man zum Beispiel einen Tümpel als Laichgewässer für Kreuzkröten anlegt (also den Sachverhalt S2 herbeiführt), ist damit das Erreichen des Ziels noch nicht garantiert, dass sich dort tatsächlich eine überlebensfähige Population der Kreuzkröte einstellt (Sachverhalt S3 als Ziel). Wird eine Niederung mit dem Ziel der Nährstoffretention vernässt (S2), ist noch nicht klar, ob die Nährstoffbilanz des Systems nach Durchführung der Maßnahmen wirklich positiv ist, so dass Nährstoffe zurückgehalten werden (S3 als Ziel). Man schafft durch die Maßnahmen lediglich die *Voraussetzung* für *gewünschte natürliche Verläufe nach bestem fachlichen Wissen*, nämlich im Falle des Tümpels den Verlauf der Besiedlung sowie des Wachsens und Gedeihens der Krötenpopulation, im Falle der Niederung den Verlauf der mikrobiellen Transformationsprozesse in den überstauten Böden.

Hieraus folgt zweierlei: Erstens haben wir es angesichts natürlicher Verläufe mit einer gewissen *Unsicherheit* zu tun, zweitens können Handlungen deswegen auch *scheitern*, das heißt, dass das gesetzte Ziel möglicherweise nicht erreicht wird. Ist eine Handlung erfolgreich, so erhöht sie die Zuverlässigkeit gegebenen Wissens über Verläufe. „Tritt hingegen ein Misserfolg ein, so gibt dies Anlass zu neuen Handlungen, gegebenenfalls zu Versuchshandlungen, in denen neue Vermutungen über Verläufe auf Erfolg und Misserfolg überprüft werden." (Janich 1981, zit. in Gutmann 1996: 38). Die Antwort auf die Frage:*"Warum wurde mit der Handlung H das verfolgte Ziel S3 nicht im intendierten Umfang realisiert?"* ist die *Erklärung* des Misserfolges (Grunwald 1997: 43). So kann ein „Störungsbeseitigungs- und Vermeidungswissen" etabliert werden, welches erlaubt, die Handlungsziele immer besser oder immer häufiger zu erreichen (Gutmann ebd.: 38). Zum Beispiel kann man herausfinden, dass Tümpel für Kreuzkröten am besten eine definierte Tiefe haben sollten. Ebenso können Angaben zu Eintrittswahrscheinlichkeiten bestimmter Zustände abgeleitet oder verbessert werden. Man könnte also beispielsweise eine bestimmte Überlebenswahrscheinlichkeit für Populationen der Kreuzkröte unter definierten Bedingungen ableiten. Dieses Wissen könnte in eine *Bewertung* von im Zuge von Ausgleichsmaßnahmen angelegten Tümpeln in Hinblick auf das Ziel „Schutz der Kreuzkröte" als *backing* der verwendeten Bewertungsregel einfließen[13]. Falls die Vernässung der Niederung keinen messbaren Erfolg bringt, könnte dies daran liegen, dass starke Wasserstandsschwankungen den Retentionseffekt zunichte gemacht haben. Folglich sollte man versuchen, in diesem Fall und in anderen vergleichbaren Fällen die Wasserstände konstanter zu halten. Zeigt sich, dass Vernässungsmaßnahmen in bestimmten Fällen negative Auswirkungen auf andere Schutzgüter gehabt haben, zum Beispiel durch Eutrophierung empfindlicher mesotrapher Ufergesellschaften (negative Nebenfolgen), so wird man diese Erfahrung bei ähnlich gelagerten Fällen zukünftig berücksichtigen. Theoretisches Wissen und Erfahrungswissen verschmelzen mit der Zeit zu Praxiswissen („Verfügungswissen"), welches zweck-mittel-rationale Bewertungen ermöglicht.

In der Praxis kann allerdings die Wissenschaft die an ihre Problemlösungskompetenz gestellten Erwartungen häufig nicht erfüllen. Bezüglich drängender Fragen und komplexer Probleme wie zum Beispiel der Klimaerwärmung kann sie oft nur probabilistisches, mehr oder minder plausibles, teils auf Vermutungen, Hypothesen, Analogien, Modellrechnungen und Simulationen beruhendes Wissen anbieten (K. Ott 1997: 476). Ungünstigerweise tritt die Unsicherheit verstärkt bei ausgesprochen drängenden Problemen auf, bei denen Misserfolge im obengenannten Sinne katastrophale Folgen hätten. Die Beurteilung und Vorhersage von Ökosystemverhalten wird dadurch erschwert, dass ökosystemare Prozesse stochastisch und nicht-determiniert sind (vgl. Breckling 1992; Ekschmitt et al. 1994: 419). Globale Simulationsmodelle werden von Ravetz (1999) gar als „Folk science" bezeichnet, da sie wenig Voraussagekraft hätten und vor allem dazu da seien, die Menschen zu beruhigen. Grundsätzlich fraglich ist, ob der optimistische Glaube einer technologisch geprägten Gesellschaft an die Möglichkeit, dass für alle Probleme technische Lösungen gefunden werden können, heute noch zeitgemäß ist.

---

[13] Die Auffassung Janichs und Gutmanns, dass man durch Fehler lernt, ist sicherlich richtig. Um jedoch zu verhindern, dass irreparable Schäden entstehen, also z. B. Populationen durch Managementfehler unwiederbringlich verlorengehen, sollte man klugerweise von vornherein möglichst risikoavers handeln.

3 Der Bewertungsablauf: formale Aspekte

3.1 Die Grundlagen eines Bewertungsvorgangs

3.1.1 Die drei Komponenten eines eindimensionalen Bewertungsverfahrens: Sachmodell, Wertmodell, Bewertungsregel

Ein Bewertungsverfahren besteht aus drei grundlegenden Komponenten (Bechmann 1981, 1988, Schröder 1998):

- *Sachmodell*: Eine Wertung setzt voraus, dass der Bewertende eine – wie auch immer geartete - Sachkenntnis über den Wertträger besitzt, sonst wäre der Wertträger für ihn gar nicht existent. In einem Bewertungsverfahren wird diese Sachkenntnis in Form eines Modells des Wertträgers dargestellt und auf *Sachmaßstäben* abgebildet.

- *Wertmodell*: Die normative Basis von Bewertungen ist ein System aus Grundwerten und Werten, auf welche der Bewertende zurückgreift. Wertmaßstäbe sind einfache Wertsysteme, welche Wertausprägungsstufen und deren Relation abbilden.

- *Bewertungsregel*: Der eigentliche *Bewertungsvorgang* besteht nun in einer Verknüpfung von Sachmodell und Wertmodell zu einer Wertaussage. Diese Verknüpfung folgt bestimmten Regeln, den *Bewertungsregeln*. In der Bewertungsregel wird festgesetzt, in welcher Weise einer Merkmalsausprägung der Objekte beziehungsweise Sachverhalte ein Wertprädikat zugeordnet werden soll. Hierbei wird der Sachmaßstab auf den Wertmaßstab abgebildet.

3.1.1.1 Das Sachmodell

Das Kernstück des *Sachmodells* ist die *operationale Definition* des zu bewertenden Sachverhaltes. Hierbei wird dem problematisierten Sachverhalt zunächst ein theoretischer Begriff und ein System aus Sätzen zugeordnet, wodurch das *zu bewertende Konstrukt* konstituiert wird, zum Beispiel das Konstrukt „Waldschäden" (Schröder 1996: 439). Als zweiter Schritt folgen Handlungsanweisungen zur empirischen Erfassung des so „erzeugten" Konstruktes (Abb. 2). Die eigentliche operationale Definition übersetzt das theoretische Konstrukt in Beobachtungsbegriffe; wir ersetzen also etwas, was wir nicht beobachten können, durch etwas, was unseren Sinnen oder unseren Messgeräten zugänglich ist (Seiffert 1974: 191). Eine Säure „ist" dann etwas, was Lackmuspapier rot färbt. Es handelt sich bei dem Sachmodell also nicht um eine aus erkenntnistheoretischen Gründen unmögliche Erfassung des zu bewertenden Gegenstandes „als solches", sondern eine *problembezogene Abbildung* desselben. Das Kennzeichen einer operationalen Definition ist, dass man das Konstrukt und die ihm zugeordneten

Beobachtungsbegriffe nicht einfach gleichsetzen kann, da sie oft *nicht in einem exakt bestimmbaren Verhältnis zueinander stehen*. Besonders problematisch ist dies, wenn man es mit komplexen Sachverhalten zu tun hat (vgl. Schröder 1998: 337). Mögliche Probleme bei der Operationalisierung werden im Kap. 5 und 8 behandelt.

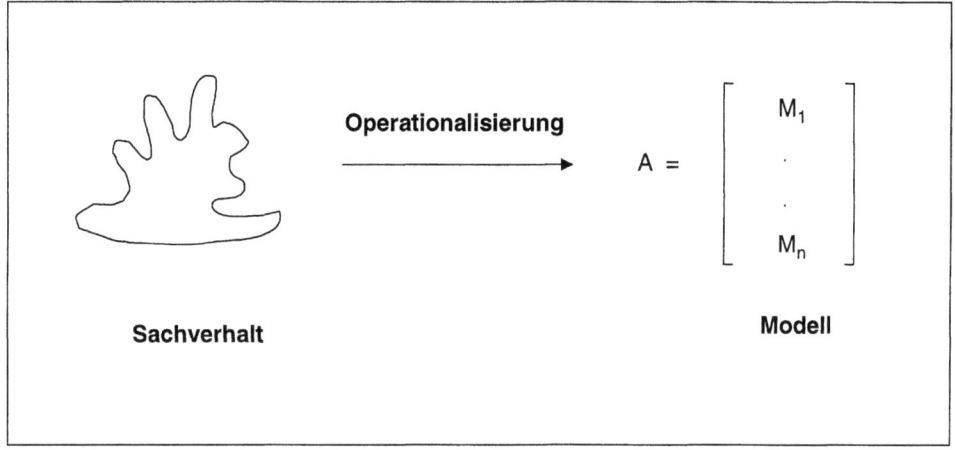

Abb. 2: Herstellung eines operationalisierten Sachmodells.

Da ein zu bewertendes Konstrukt also nicht direkt gemessen werden kann, greift man auf beobachtbare Merkmalsausprägungen oder aus ihnen abgeleitete Größen zurück. Die Merkmalsausprägungen als „operationalisierte, bewertungsfähige Formulierung" (Schröder 1996: 65) nennt man gelegentlich *Bewertungskriterien* (z. B. Bechmann 1981, Schröder 1996, Hanisch 1999, Bernotat et al. 2002), wobei allerdings das Wort „Kriterium" nicht einheitlich verwendet wird. In der Naturschutzbewertung werden meist *Konstrukte* wie „Seltenheit", „Gefährdung", „Naturnähe" oder „Vollkommenheit" als Kriterien bezeichnet (z. B. Usher 1994, Plachter 1994, Heidt & Plachter 1996, Knospe 1998). Im Folgenden wird der Begriff „Kriterium" daher in dieser hergebrachten Weise verwendet. Kriterien müssen vielfach vor ihrer Verwendung in Bewertungsverfahren erst noch operationalisiert, also mit Messanweisungen versehen und skaliert werden. Usher (1994: 19) weist daher mit Recht auf den Unterschied zwischen „Merkmal" und „Kriterium" hin. Als „*Merkmale*" bezeichnet er im Gelände *erhebbare Größen,* also zum Beispiel die Artenanzahl auf einer Fläche; *ein „Kriterium" ist ein Begriff, welcher benutzt wird, um Merkmale in Bewertungen zu verwenden*[14]. In unserem Beispiel könnte dies der Begriff „Artenreichtum" sein. Logischer-

---

[14] Bei Plachter (z. B. 1992: 27) findet sich ein entsprechender Gedankengang, nur dass Plachter die erhebbaren Merkmale merkwürdigerweise „wertbestimmende Kriterien" nennt und die Kriterien „Messgrößen", wobei er ausdrücklich darauf hinweist, dass die „Messgrößen" gar nicht gemessen werden können. Diese Benennung könnte zu Verwirrung führen und sollte daher vermieden werden (vgl. Scholles 1997: 101).

weise ist die Erhebung messbarer Merkmale erst dann möglich, wenn man sich vorher das Kriterium überlegt hat. Anders herum kann man bei der Bewertung anhand bestimmter Kriterien Probleme bekommen, wenn diese nicht oder nicht ausreichend operationalisiert sind, denn Kriterien sind als Konstrukte ohne Operationalisierung eben noch keine messbaren und skalierbaren Größen. Auf diese Probleme wird in den folgenden Kapiteln noch ausführlicher einzugehen sein.

Größen oder Merkmale, aus deren Vorhandensein auf die Erfüllung oder den Erfüllungsgrad der Bewertungskriterien geschlossen werden kann, nennt man *Indikatoren* (Schröder 1998: 345, mehr zu Indikatoren in Kap. 3.1.4). Schröder (ebd.) gibt ein Beispiel für die Anwendung eines Indikators: Das Konstrukt „Waldschäden", mithin ein komplexes Problem, wird bei Waldschadensinventuren anhand des Indikators „Blatt/Nadelverlust" gemessen. Hierbei kommt es darauf an, in welcher Weise die Messungen durchgeführt werden, denn der durch verschiedenste Stressfaktoren hervorrufbare Blatt- oder Nadelverlust lässt sich nur dann objektiv messen, wenn die Messungen zur Zeit der vollen Laubentwicklung an stets denselben Bäumen von geschulten Bearbeitern über längere Zeitreihen hinweg durchgeführt werden (Schröder 1996: 357). Solche *Messanweisungen* und gegebenenfalls die Angabe geeigneter statistischer Methoden zur Auswertung der Daten sind Bestandteil der operationalen Definition.

3.1.1.2 Das Wertmodell: Formale Aspekte der Wertskalierung

Die normative Basis des Bewertungsvorgangs ist das *Wertmodell* mit einem *Wertmaßstab*. Dieser kann drei Arten von Wertbegriffen abbilden (vgl. Lenk & Maring 1998, Schröder ebd., Bechmann 1988):

- qualitative klassifikatorische Wertbegriffe wie etwa „gut" und „schlecht". Die hierfür verwendeten Wertmaßstäbe sind demzufolge nominal skaliert. Mit Hilfe einer Nominalskala können Objekte klassifiziert werden, indem Objekte mit gleicher Merkmalsausprägung einer gleichen Kategorie zugeordnet werden (Bernotat et al. 2002: 370). In gerichtlichen Gutachten, in welchen Handlungen als erlaubt oder unerlaubt, geboten oder verboten eingestuft werden, hat man es mit einem nominalen, binären Wertmaßstab zu tun. Als Beispiel für eine nominale Wertskala: Besonders geschützter Biotop nach § 20c BNatSchG: ja oder nein (vgl. auch Kap. 3.3.3.1). Die Klassen einer Nominalskala müssen vollständig sein und sich gegenseitig ausschließen (Knospe 1998: 66).

- komparativen Wertbegriffe wie „besser". Üblicherweise werden hierfür Maßstäbe mit komparativen Gradeinstufungen wie Größen- oder Qualitätsklassen verwendet. Baumschäden werden zum Beispiel in vier Schadstufen dargestellt (Vitalitätsstufe 0 – 3), also in Form eines ordinal-komparativen Wertmaßstabes. Mit Hilfe einer Ordinalskala können Bewertungsobjekte in einer in ihren Abständen undefinierten Größer-Kleiner- oder Besser-Schlechter-Relation klassifiziert werden, wodurch die

Bildung einer Rangfolge möglich wird (vgl. Bernotat et al. 2002: 370). Mathematisch korrekte Aussagen über Wertdifferenzen oder gar Wertverhältnisse sind allerdings nicht möglich. Daher darf auf ordinalskalierte Daten keine der vier Grundrechenarten angewendet werden.

- quantitative Wertbegriffe, bei denen der Grad der Werterfüllung in Zahlen angegeben werden kann. Hier werden kardinal (intervall- oder verhältnis-) skalierte Wertmaßstäbe angewendet, mit welchen der Sachverhalt in Form eines Soll-Ist Abgleiches (s. o.) als von einem zu definierenden *Optimum* mehr oder weniger weit entfernt bewertet werden kann. Eine Kardinalskala spiegelt nicht nur die Rangfolge der Merkmalsausprägungen wider, sondern auch die Größe der Merkmalsunterschiede. Unter dem Oberbegriff „Kardinalskala" muss zwischen Intervall- und Verhältnisskala unterschieden werden: bei einer Intervallskala besteht Differenzengleichheit, aber nicht Verhältnisgleichheit (die Differenz zwischen -80 und -90 ° Celsius bzw. 110 und 120 ° Celsius sind zwar gleich, aber 30° C ist nicht dreimal so warm wie 10° C); bei der Verhältnisskala liegen Differenzengleichheit und Verhältnisgleichheit vor (10 Brutpaare pro 10 Hektar sind 10 mal so viel wie 1 Brutpaar pro 10 ha). Auf Intervallskalenniveau sind Additionen und Substraktionen möglich, während Multiplikationen und Divisionen Rationalskalenniveau erfordern (Bernotat et al. 2002: 370 f.).

Zu beachten ist, dass auf einer Skala durch Skalenwerte lediglich solche Relationen präsentiert werden, die für den betreffenden Indikator der Merkmalsträger definiert sind. Daher richtet sich der Wertskalentyp nach den entsprechenden *Relationen des interessierenden Kriteriums und nicht nach der Art der Messung beziehungsweise der Ausprägung des Indikators*. Tränkle (1985, zit. in Wagner 1997: 56) führt hierfür das Beispiel der ordinalskalierten „Rechtschreibleistung" an, die mit Hilfe des - für sich allein betrachtet - verhältnisskalierten Indikators „Fehlerzahl im Dikat" gemessen wird. Um ein Beispiel aus der Naturschutzbewertung anzuführen: wenn eine Fläche doppelt so viele Arten aufweist wie eine andere, gleich große Fläche, ist die erste nicht unbedingt deswegen „doppelt so wertvoll".

Bei der Verknüpfung von Sach- und Wertmodell mit Hilfe einer Bewertungsregel kann man zwei Verfahrensgruppen unterscheiden: Schätzverfahren einerseits sowie Zähl- und Messverfahren andererseits (Adam et al. 1989: 174 ff.). In komplexen Bewertungsverfahren werden diese beiden Gruppen oft nebeneinander angewandt. Bei *Schätzverfahren* wird der Erfüllungsgrad eines Kriteriums durch Experten oder Expertenteams anhand einer vorgegebenen Skala eingeschätzt. Um die Bearbeiterunabhängigkeit von Schätzverfahren zu erhöhen, müssen die Sach- und Wertskalenwerte zuvor möglichst exakt definiert werden. *Zähl- und Messverfahren* erfordern die Operationalisierung der Kriterien zu messbaren Indikatoren. Während sich einerseits durch Zähl- und Messverfahren im Allgemeinen eine größere Bearbeiterunabhängigkeit erreichen lässt, steigt andererseits der Zeit- und Arbeitsaufwand gegenüber Schätzverfahren an. Gelegentlich sehen Autoren in der Bevorzugung von Zähl- und Messverfahren die Gefahr, dass zähl- und messbare Merkmale von Wertträgern gegenüber nicht quantifizierbaren tendenziell bevorzugt werden könnten (vgl. Wagner 1997: 52, mehr hierzu in Kap. 8 dieser Arbeit).

In der bisherigen Bewertungsdebatte wurden oft skalentheoretische Überlegungen in den Mittelpunkt gestellt, was in sofern nahe liegt, als bei einer Bewertung zwei Skalen, nämlich der Sach- und der Wertmaßstab, miteinander verknüpft werden. Bewertungsprobleme werden demnach bei vielen Autoren vorrangig zu einem Problem der *formalen Inkommensurabilität verschieden skalierter Maßstäbe* (z. B. Steiner 2001). Skalentheoretische Untersuchungen decken jedoch lediglich eine formale Seite des Bewertungsvorgangs ab. Daher greifen nach Meinung der Verfasserin solche Einschätzungen zu kurz, die Bewertungsprobleme allein oder vorrangig als sogenannte „Skalenprobleme" darstellen. Möchte man Bewertungsprobleme lösen, muss man sich neben formalen Aspekten auch dem Inhalt und der Herkunft von Wertmodellen widmen. Dies geschieht im Kap. 5 dieser Arbeit. „Skalenprobleme" im obengenannten Sinne sind oft nur ein Symptom für Meinungsverschiedenheiten in wissenschaftlich-empirischen Angelegenheiten oder in Wertfragen.

3.1.2 Darstellung des Bewertungsvorgangs als Subsumtion

Im Folgenden soll auf den Vorgang der Bewertung eingegangen werden: wie kann man ihn am besten darstellen? Nach der *Subsumtionstheorie* stellt ein Urteil (also auch ein Werturteil) in seiner positiven Form („ist") den sprachlichen Ausdruck dar für den Gedanken, dass der Gegenstand des Subjektbegriffes S unter den Umfang dessen fällt, was der Prädikatbegriff P meint. „S ist P" bedeutet also, dass S unter den Umfang von P fällt. Dieser Sachverhalt kann durch ein Kreisschema verdeutlicht werden: Ein größerer Kreis, der den Begriffsumfang des P-Begriffs darstellt, umschließt einen kleineren Kreis, durch den der Umfang des S-Begriffes veranschaulicht wird (Abb. 3). Gilt das Prädikat P als *Wertprädikat*, so handelt es sich bei dem Urteil „S ist P" um ein Werturteil, denn hierbei wurde S unter den Wertbegriff subsumiert. Der Subjektbegriff wird so aufgefasst, dass er eine gewisse Menge von Gegenständen abgrenzt, der Begriff „Hochmoor" also die Menge aller Hochmoore. Der nun hinzutretende quantifizierende Artikel („Quantor") greift dann entweder alle Elemente dieser Menge (Universalurteil), einige (partikuläres Urteil) oder ein einziges Element (Singulärurteil) heraus. *Bewertungsregeln* sind meist universal im Sinne von „allgemein" formuliert, also zum Beispiel „Hochmoore sind schützenswerte Lebensräume".

Bedeutsam für die Naturschutz- und Umweltbewertung ist der Gedanke, dass die Gegenstände, welche durch den Subjektbegriff bezeichnet werden, sowohl individuelle Gegenstände als auch Kollektive sein können, die wiederum weitere Individuen umfassen. Es kann sich also um Individualbegriffe („Dosenmoor") oder um Sachverhaltsklassen, also Klassenbegriffe („Hochmoor") handeln. So kann man zwei Fälle der Subsumtion unterscheiden: den Fall, dass ein *Gegenstand* unter einen Begriff „fällt" („Das Dosenmoor ist ein Hochmoor"), vom Fall, dass ein *Klassenbegriff* unter einen anderen Begriff untergeordnet wird („Ein Hochmoor ist ein naturnahes Ökosystem").

Da bei raumbezogenen Bewertungen im Naturschutz meist *Flächen* bewertet werden, weisen Werturteile in diesem Kontext erstere Form auf.

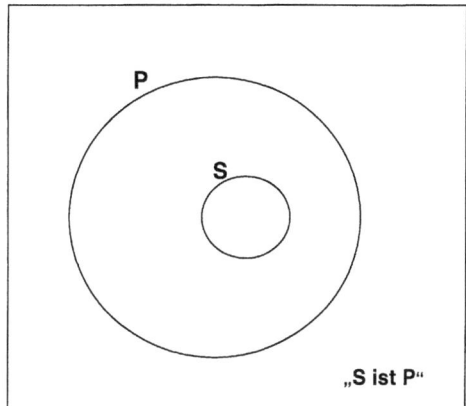
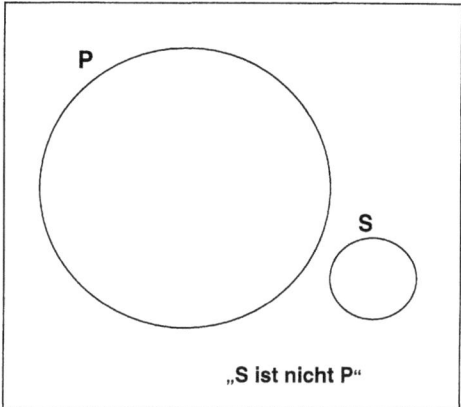

Abb. 3: „Kreisdarstellung" nach Strombach 1970, verändert. „S ist P" bedeutet im Sinne der Subsumtionstheorie, dass *S unter den Umfang von P fällt*, jedoch *nicht*, dass S mit P identisch sei! Deshalb sind S und P auch nicht ohne weiteres austauschbar. „S ist nicht P" bedeutet, dass S nicht unter den Umfang von P fällt.

3.1.3 Der Typusbegriff in der Naturschutzbewertung: „offene" versus „geschlossene" Konstrukte

In der Naturschutzbewertung wird für den Klassenbegriff oft der Begriff „Typus" verwendet (z. B. Plachter 1994: 90), wobei man davon ausgeht, dass der Typusbegriff auf eine Menge individueller Gegenstände („Objekte") anwendbar ist, die sich bezüglich bestimmter Merkmale gleichen (Extension des Typusbegriffes). Ein Typus wird hergestellt, um an einer Vielzahl von Phänomenen die im Erkenntnis- oder Problemzusammenhang wesentlichen gemeinsamen Merkmale hervorzuheben, wobei in irgend einer Weise festgelegt wird, worin die gemeinsamen Merkmale bestehen (intensionale Auswahlkriterien). Die „wesentlichen gemeinsamen Merkmale" (eben diejenigen, die man für „typisch" hält), sind weder in einem einzigen Objekt vollständig empirisch aufzufinden, noch können sie auf dem Wege induktiver Verallgemeinerung gewonnen werden (vgl. Prechtl & Burkard 1999 Hrsg.). Wenn Handlungs- oder Messvorschriften zur Erfassung der Merkmale angegeben werden, spricht man von einer *operationalen Definition*.

Typen spielen in den Naturwissenschaften eine große Rolle für die Wiedergewinnung von Information und als Grundlage für vergleichende Forschungen und für die Kommunikation zwischen Wissenschaftlern. Als Beispiele für gebräuchliche Typen können Arten, Biotoptypen oder Pflanzengesellschaften im pflanzensoziologischen Sinne genannt werden. Diese Einheiten sind für nachvollziehbare Bewertungsverfahren unverzichtbar, denn wir Menschen sind nicht in der Lage, die Vielfalt in unserer Umwelt in Begriffe zu fassen und über sie zu reden, ohne begriffliche Schemata zu benutzen. Die Welt, über die wir reden, ist die Welt, die von uns entsprechend unseren Interessen eingeteilt worden ist. Wie im Kap. 3.3 gezeigt wird, sind wir lediglich dann in der Lage, etwas *für andere nachvollziehbar* zu bewerten, wenn wir hierfür *bekannte* und *übereinstimmend gebrauchte Begriffe* oder *festgelegte* Klassen verwenden und das zu bewertende Konkretum hierunter subsumieren.

Zu untersuchen ist allerdings, ob *die in der Naturschutzdiskussion und auch in der Ökologie verwendeten Typen immer definitorisch festgelegten Sachverhaltsklassen entsprechen*. Wie Jax (Vortrag am 22.02.2001) betont, sollten Typen zum Zwecke einer intersubjektiven Kommunikation klar definiert werden, denn sie sind, wie oben bereits erläutert, weder *„als solche"* in der Natur identifizierbar, noch sind sie beliebige Konstrukte ohne Realitätsbezug.

Laut Jax werden gerade in der Ökologie oft die Definitionskriterien für eine Klasse mit „ergänzenden Tatsacheninformationen" verwechselt oder miteinander vermengt. Dieses lässt sich auch für die Bewertungsdiskussion feststellen. Eine *Definition* gibt die hinreichenden und notwendigen Bedingungen an, unter denen ein Objekt in eine Klasse fällt, die durch den definierten Begriff gebildet wird. Diese Bedingungen werden durch *Definitionskriterien* ausgedrückt. Die übrigen, der Definition zugefügten Merkmale werden als Tatsacheninformation bezeichnet. Idealerweise, so Jax, seien Tatsacheninformationen empirisch mit den Definitionskriterien korreliert. Eine große Anzahl von Korrelationen zeichnet einen „starken" Begriff aus, der eine große Zahl von *Verallgemeinerungen* erlaubt und dadurch besonders nützlich sei. Diese Korrelationen seien allerdings nicht symmetrisch, also nicht *eindeutig*. Daher könnten bei der Verwechselung von Definitionskriterien mit ergänzenden Tatsacheninformationen Schwierigkeiten auftreten.

Wie sieht es nun mit Definitionskriterien und Tatsacheninformation bei naturschutzrelevanten Typen aus? Dies soll im Folgenden an einem Beispiel aus der „Roten Liste der gefährdeten Biotoptypen der Bundesrepublik Deutschland" (Riecken et al. 1994) untersucht werden (s. auch Abb. 4):

„Hochmoore (intakt)
Torfmoosreiche Moore, die ausschließlich durch Niederschlagswasser gespeist werden; typisch ist die uhrglasförmige Aufwölbung der Oberfläche der teils mächtigen Torflagerstätten: intakte Hochmoore weisen in der Regel ein baumfreies Zentrum auf; je nach klimatischen Bedingungen +/- deutlich in trockenere Erhebungen (Bulten) und nasse Vertiefungen (Schlenken) gegliedert; Hochmoore stellen häufig Kälteinseln dar und sind extrem nährstoffarm, der Wasserkörper weist einen niedrigen pH-Wert auf; im Randbereich verzahnt mit Moorwäldern und Zwischen- und Niedermooren.

Pflanzengesellschaften: Oxycocco-Sphagnetea Br.-Bl. Et Tx. Ex Westh. et al. 46, z. B. Sphagnetum medii Käst. et Flößner 33 (Sphagnetum magellanici), ferner Scheuchzerio-Caricetea fuscae R. Tx. 37"
(S. 130).

Die theoretisch-ökologischen Definitionskriterien im strengen Sinne, die also hinreichend und notwendig sind für die Einstufung einer Fläche in die Klasse „Hochmoore (intakt)", lauten schlicht „torfmoosreiche Moore, die ausschließlich durch Niederschlagswasser gespeist werden", wobei „torfmoosreiche Moore" das *genus proximum* (die nächsthöhere Gattung) und „ausschließlich durch Niederschlagswasser gespeist" die *differentia specifica* (das unterscheidende Merkmal) ist. Der übrige Text besteht aus einer beschreibenden Charakterisierung mit Merkmalen, die mehr oder weniger stark mit den Definitionskriterien korreliert sind. Die extreme Nährstoffarmut, die aufgewölbte Form sowie der niedrige pH-Wert des Wasserkörpers sind *eng korrelierte Merkmale*, weil diese und die Definitionskriterien (nämlich die Besiedlung mit Torfmoosen und die ausschließliche Speisung durch Niederschlagswasser) *sich gegenseitig bedingen*. Das Merkmal „baumfreies Zentrum" ist ein Merkmal, welches verhältnismäßig stark korreliert ist, weil es „in der Regel" zutrifft, aber eben nicht immer. Die angegebenen Pflanzengesellschaften sind typisch für intakte Hochmoore, können aber zum Teil auch in Torfstichen anthropogen stark veränderter Moore, in Uferbereichen dystropher Seen oder in Nieder-, Zwischen- und Anmooren vorkommen.

Wichtig ist nun die Feststellung, dass in diesem Falle *nicht nur die theoretisch-ökologischen Definitionskriterien, sondern auch die ergänzende Tatsacheninformation gemeinsam den Typus bilden!* Dieser Typus (wie die meisten anderen im Naturschutz verwendeten Typen auch) besteht also nicht nur aus einer „nackten" ökologischen Definition allein, wie oft fälschlich angenommen wird. Die ergänzende Tatsacheninformation könnte auch noch durch weitere Merkmale erweitert werden, zum Beispiel um eine Liste von Tierarten, die sich auf die Lebensbedingungen in intakten Hochmooren spezialisiert haben[15] oder dort häufig zu finden sind, oder durch eine Charakterisierung der normalerweise in einem intakten Hochmoor ablaufenden Stoffflüsse. Je mehr eng korrelierte Merkmale in den Typus einfließen, desto besser ist er bezeichnet und desto nützlicher ist er nach Meinung von Jax für die Praxis. Der Nachteil ist allerdings, dass die zweifelsfreie Subsumtion erschwert werden kann, wenn für die Bezeichnung eine große Zahl von Merkmalen verwendet wird.

Wie bereits erläutert, ist es nicht notwendig für die Einstufung eines Einzelfalles unter einen Typus, dass die gelisteten Zusatzmerkmale *alle* bei *jedem* Exemplar zutreffen. Zudem ist kennzeichnend für diese Zusatzmerkmale, dass sie in ihrer Ausprägung meist fließend sind: das Zentrum eines intakten Hochmoores ist also *meist* baumfrei, es zeigt eine *mehr oder weniger* ausgeprägte Bult-Schlenken-Struktur, typisch ist die uhrglasförmige Aufwölbung der *meist* mächtigen Torflagerstätten. *Dieser Typus zeichnet sich also durch eine gewisse „Offenheit" in der Merkmalsausstattung aus, und daher ist er selbst auch „offen".* Es gibt erst einmal keine eindeutige, womöglich numerisch repräsentierte Grenze irgend einer Merkmalsausprägung, ab der man sagen könnte, eine Fläche sei ein „intaktes Hochmoor". Der Begriff „torfmoosreich" als Teil der Definition bleibt aus gutem Grunde offen. Würde man nämlich eine Grenze in

---

[15] Z. B. „der Laufkäfer *Agonum ericeti* ist bezeichnend für lichtoffene, hydrologisch nicht beeinträchtigte Hochmoor-Lebensräume" (Dierßen & Roweck 1998: 178).

Form einer operationalen Festlegung „setzen" wollen (z. B. „mit einer Torfmoosdekkung von mindestens 50 %"), hätte man das Problem, dass sich diese operationale Definition in vielen Einzelfällen als offensichtlich unsinnig erweisen würde (vgl. Trepl 1994: 60). Zudem berücksichtigt man bei der „Herstellung" eines solchen Typus eine größere Menge von Merkmalen, die man für *wichtig* hält, ohne jedoch numerisch festgelegte Merkmalsklassen zu bilden. Die Herstellung des Typus ist also einerseits eine empirische Angelegenheit, weil man eine Menge von Vergleichsdaten und einen großen Überblick benötigt, aber andererseits keine allein mit den Mitteln der Statistik zu bewältigende Aufgabe. Denn welche Merkmale man für wichtig (für „charakteristisch" oder für „typisch", vgl. Kap. 5.2.1 und 5.2.2) hält, ist eine *Wertungsfrage*. Ein gut bezeichneter Typus erscheint uns als „nah an der Wirklichkeit", und beim Lesen einer umfangreichen Liste von Kriterien und Merkmalen erscheint gelegentlich vor dem inneren Auge ein „Bild", welches als real und ganzheitlich *empfunden* wird, da man den Eindruck hat, dass einfach *alles Wesentliche* berücksichtigt wurde. Solche Typen im Naturschutz entsprechen den von Max Weber (1968a, Orig. 1904) beschriebenen „*Idealtypen*": ein Idealtypus „wird gewonnen durch einseitige Steigerung eines oder einiger Gesichtspunkte und durch Zusammenschluss einer Fülle von diffus und diskret, hier mehr, dort weniger, stellenweise gar nicht vorhandenen *Einzel*erscheinungen, die sich jenen einseitig herausgehobenen Gesichtspunkten fügen, zu einem in sich einheitlichen *Gedanken*gebilde" (Weber ebd.: 235, Heraush. i. O.).

Weber weist ausdrücklich darauf hin, dass so ein Idealtypus zunächst *keine wertende Konnotation haben sollte*, sondern zu heuristischen Zwecken und ohne „Gedanken an ein Seinsollen" geschaffen wird. Um Missverständnissen vorzubeugen, sei daher bemerkt, dass *der Begriff des Idealtypus keinesfalls mit dem im Naturschutz gebräuchlichen Leitbildbegriff verwechselt werden darf, denn letzterer ist dafür da, das „Seinsollen" zu verdeutlichen*.

Den Begriff „intaktes Hochmoor" könnte man also als einen „Idealtypus" im Sinne Webers bezeichnen, der operational „offen" ist. Welche Auswirkungen hat dies nun für einen Subsumtionsvorgang? Wie in den Rechtswissenschaften bekannt (Jellinek 1913) haben wir es bei einzelnen zu beurteilenden Flächen mit solchen zu tun, die eindeutig unter diesen Typus subsumierbar sind (sog. „positive Kandidaten"), solchen, die eindeutig nicht subsumierbar sind („negative Kandidaten"), und solchen, von denen man erst einmal weder das Eine noch das Andere eindeutig sagen kann („neutrale Kandidaten"). Ein positiver Kandidat ist ein Hochmoor, bei dem fast alle der genannten Merkmale zu finden sind, zum Beispiel das Wurzacher Ried in Baden-Württemberg[16]. Ein negativer Kandidat ist zum Beispiel das Breitenburger Moor in

---

[16] Hier wird deutlich, wie wichtig der Bezugsraum einer Bewertungsregel ist. Mit Deutschland als Bezugsraum würde das Wurzacher Ried zweifellos als „intaktes Hochmoor" gelten, obwohl es durch jahrzehntelange Torfnutzung in einigen Teilbereichen bereits beeinträchtigt wurde. „... von den ursprünglich sieben Regenmoorschilden (sind) nur noch zwei in ihrer mehr oder weniger ursprünglichen Form verblieben" (Poschlod 1996: 172). Wäre der Bezugsraum ganz Mittel- und Nordosteuropa, sähe das Bewertungsergebis eventuell anders aus, weil es hier viele Moore gibt, die „noch intakter" sind. Wertungen sind stets relativ zur Bezugsmenge.

Typus „Hochmoore (intakt)"

Definitionskriterien: **Torfmoosreiche Moore,**
(*genus proximum*)

die ausschließlich durch Niederschlagswasser gespeist werden.
(*differentia specifica*)

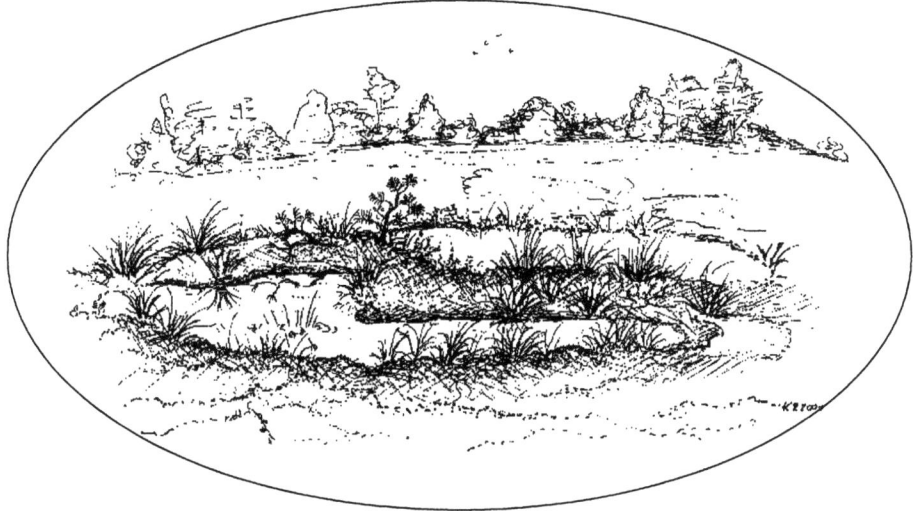

Ergänzende Tatsacheninformationen:

Fett: verhältnismäßig stark mit Definitionskriterien korreliert, Normal: weniger stark korreliert

- **typisch ist die uhrglasförmige Aufwölbung der Oberfläche ...**
- weisen in der Regel ein baumfreies Zentrum auf ...
- je nach klimatischen Bedingungen +/- deutlich in trockenere Erhebungen (Bulten) und nasse Vertiefungen (Schlenken) gegliedert
- **stellen häufig Kälteinseln dar**
- sind extrem nährstoffarm
- niedriger pH-Wert des Wasserkörpers
- **im Randbereich verzahnt mit Moorwäldern und Zwischen- und Niedermooren**
- **Pflanzengesellschaften:** *Oxycocco-Sphagnetea* usw. ...

Abb. 4: Kennzeichnung des Typus „Hochmoore, intakt", eigene Darstellung in Anlehnung an Riecken et al. 1994.

Schleswig-Holstein, das inzwischen beinahe vollständig industriell abgetorft ist. In einigen Fällen wird man jedoch sagen können, dass man es mit einem „mehr oder weniger intakten Hochmoor" oder „vergleichsweise intakten Hochmoor" zu tun habe. Zu diesem Vorgehen später mehr (Kap. 7). Im Naturschutz haben wir es häufig mit operational offenen Typen zu tun. Daher sollte deutlich unterschieden werden zwischen *Bewertungskriterien und Typen* als teilweise *offenen* Konstrukten und *Merkmalsklassen* in Sachmodellen, die *„operational geschlossen"* sind. In der Naturschutzforschung wird der Begriff „Typus" sowohl für offene als auch für operational geschlossene Konstrukte verwendet[17] (z. B. Plachter 1994) weshalb im Folgenden von „offenen" und „geschlossenen" Typen gesprochen werden soll. Manche im Naturschutz verwendete Typen und Begriffe besitzen noch nicht einmal eine wissenschaftlich anerkannte ökologisch-theoretische Definition. Sie werden eher intuitiv verwendet. In einem solchen Fall könnte man zusätzlich von einer „definitorischer Offenheit" sprechen.

3.1.4 Indikatoren und ihre Beziehung zu Definitionskriterien

Einige in der Ökologie und im Naturschutz verwendeten Typen besitzen, wie oben erläutert, eine theoretisch-ökologische Definition, die aus Definitionskriterien aufgebaut ist. In der Praxis ist es jedoch meist kaum möglich, zu prüfen, ob die Definitionskriterien erfüllt sind. Wie sollte man etwa direkt entscheiden, ob ein Hochmoor „ausschließlich durch Regenwasser gespeist" oder zumindest „so gut wie ausschließlich durch Regenwasser gespeist" ist? Dies lässt sich nur durch aufwändige hydrologische Messungen annähernd feststellen. Hat man jedoch ein Hochmoor mit einer mächtigen, hochgewölbten Torfschicht vor sich, welches ein baumfreies Zentrum aufweist und zahlreiche sogenannte „anspruchsvolle", hochmoortypische Tier- und Pflanzenarten und -Gesellschaften beherbergt, dann sind dies gute *Indizien* dafür, dass man es mit einem intakten Hochmoor zu tun hat.

So können zum Beispiel das Zusammentreffen der der Merkmale „baumfreies Zentrum", „großflächiges Vorkommen der Pflanzengesellschaft Sphagnetum magellanici" und „Vorhandensein einer ausgeprägten Bult-Schlenken-Struktur" als *Indikator* für den Typus „Hochmoor, intakt" gelten. Gelegentlich wird auch das Vorkommen bestimmter Arten als Indikator genutzt. So kann nach Rückriem und Roscher (1999: 391) „das Vorkommen des Hochmoor-Bläulings *Vacciniina optilete* als Indikator für naturnahe Hochmoore gelten." Eine *operationale Definition* des Typus könnte also in der Listung entsprechender Merkmale samt Erfassungsanweisungen bestehen.

Gute (valide) Indikatoren sind also solche Merkmale, die mit den in der Definition verwendeten Merkmalen (die im speziellen Anwendungsfall nicht feststellbar sind) eng korreliert sind. Hierbei haben wir es mit einem statistischen Wahrscheinlichkeitsmaß

---

[17] Der Begriff „Typus" wird in der juristischen Typenlehre anders verwendet, nämlich im Sinne des „konkret-allgemeinen Begriffes" nach Hegel und niemals im Sinne einer geschlossenen Sachverhaltsklasse (vgl. z. B. Larenz & Canaris 1995: 263 ff.). Obwohl im Folgenden gelegentlich auf Erkenntnisse der juristischen Typenlehre zurückgegriffen werden wird, möchte die Autorin, wie im Naturschutz bisher üblich, den Begriff „Typus" auch auf geschlossene Sachverhaltsklassen anwenden.

zu tun. Das bedeutet, dass eine Bewertung über Indikatoren immer einen hypothetischen Charakter hat. Im obengenannten Beispiel könnte die „ausschließliche Speisung durch Regenwasser", also eines der Definitionskriterien, etwa mit Hilfe des Parameters „Elektrolytgehalt im Oberflächenwasser" geprüft werden. Einfacher ist es jedoch, das „Vorhandensein eines baumfreien Zentrums" festzustellen, eine verhältnismäßig eng korrelierte Zusatzgröße, die deshalb als Indikator genutzt werden kann. Bernotat et al. (2002) sprechen von „direkt" messbaren „*Parametern*", die gegen „indirekt" gemessene Indikatoren abgegrenzt werden. „Ein Indikator", so Bernotat et al. ebd., „dient als (beweiskräftiges) Anzeichen oder als Hinweis auf einen Sachverhalt, der nicht oder nur mit unverhältnismäßig hohem Aufwand direkt gemessen werden kann." Hier sei allerdings darauf hingewiesen, dass strenggenommen auch ein Sachverhalt wie „ausschließliche Speisung durch Niederschlagswasser" (auch ein Konstrukt!) nicht *direkt* gemessen werden kann, sondern auch erst zu messbaren Merkmalen operationalisiert werden muss, um messbar zu sein.

Bei der Interpretation von Sachmodellen für Bewertungen ist zu beachten, dass sich Sachverhaltsklassen, wie oben bereits erläutert, häufig lediglich auf die Ausprägung von Indikatoren beziehen. Wird dies versäumt, kann es zu Missverständnissen bezüglich der Aussagekraft des Sachmodells kommen, die sich formal als sogenannte „Skalenprobleme" äußern können.

3.1.5 Der Unterschied zwischen Typus und Objekt

Obwohl dies aus dem oben Gesagten bereits hervorgeht, soll noch einmal ausdrücklich darauf hingewiesen werden, dass Typen etwas kategorial Anderes sind als Einzeldinge oder Einzelsachverhalte. Dieser Punkt bereitet erfahrungsgemäß oft Probleme (Stichwort „Typus-Objekt-Falle"). Entsprechend der in Logik und Sprachwissenschaften üblichen Unterscheidung zwischen *Type* und *Token* (Typus und Einzelobjekt) kann ein Einzelobjekt oder Einzelsachverhalt als „Vorkommnis" eines Typus gelten, der Typus ist eine abstrakte Entität, die alle aktualen oder möglichen Vorkommnisse des Typus umfasst (vgl. Prechtl & Burkard (Hrsg.) 1999: 612).

Was bedeutet dies nun für Bewertungsverfahren? Wie Wiegleb (1997a: 50) richtig bemerkt, muss es immer ein konkretes *Objekt* geben, welches bewertet wird; üblicherweise werden im Naturschutz *Flächen* in Hinblick auf verschiedene Aspekte (Artenschutz, Landschaftsschutz, Ressourcenschutz) bewertet. *Ein Typus als abstrakte Entität kann nur in dem Sinne einen Wert „haben", dass er für alle möglichen und aktualen Vorkommnisse „steht", die „eigentlich" gemeint sind.* Wie oben erläutert, besteht die Bedeutung (Intension) des Typusbegriffes in *Eigenschaften*, die Gegenstände in der Welt haben können, während die Extension des Begriffes diejenigen *Gegenstände* umfasst, auf welche der Begriff aufgrund seiner Bedeutung *angewendet* wird, anders gesagt: die Menge aller Gegenstände, die unter diesen Begriff „fallen". Welche Eigenschaft(en) ein Begriff ausdrückt, hängt von den in einer Gemeinschaft geltenden Konventionen ab.

Was Praktikern vielleicht zunächst als Haarspalterei vorkommen mag, ist essentiell für die Herstellung sinnvoller Bewertungsverfahren. Vor dem Hintergrund flächenbezogener Bewertungsverfahren ist es nämlich unabdingbar zu klären, welche *Objekte* wirklich in eine Wertrangfolge gebracht werden sollen, nach welchem *Kriterium* (also aufgrund welcher wertgebender Eigenschaften) dies erfolgen soll und welche Gegebenheiten hierfür als *wertgebende Merkmale* benutzt werden. So ist der Satz:

„Je seltener eine naturraumtypische Art ist, desto wertvoller"[18] (Bernotat et al. 2000: 43, Vorentwurf zum Gelbdruck),

wobei der Begriff „Art" ausdrücklich als Typusbegriff angesehen wird (ebd.: 50), zumindestens im Zusammenhang mit *flächenbezogenen* Bewertungsverfahren in der Landschafts- oder Pflege- und Entwicklungsplanung nicht sinnvoll, denn die hier verwendeten Bewertungsverfahren beziehen sich eben auf *Flächen*, denen in Hinblick auf das Ziel „Artenschutz" dann ein großer Wert zugemessen wird, wenn sie eine Population einer seltenen, naturraumtypischen Art beherbergen. Das Kriterium lautet somit „Vorkommen von seltenen, naturraumtypischen Arten". Das konkrete Vorhandensein einer Population einer seltenen, naturraumtypischen Art wird somit zu einer *wertgebenden Eigenschaft einer Fläche*. Je seltener die auf einer Fläche festgestellten Arten in Bezug auf einen größeren Raum (z. B. das Bundesgebiet) sind, desto höher wird die Fläche in der Wertrangfolge der miteinander verglichenen Flächen eingestuft. Die *Begründung* für dieses Verfahren besteht darin, dass seltene Arten im Allgemeinen eine hohe *Schutzpriorität* erhalten. Viele Missverständnisse in der naturschutzfachlichen Bewertungsdebatte (nach dem Motto: „Ich finde nicht, dass ein Schwarzstorch zehnmal so viel wert ist wie eine Blaumeise") könnten vermieden werden, wenn man sich den Unterschied zwischen dem *zu bewertenden Objekt (Wertträger)* und den *wertgebenden Eigenschaften* stets vergegenwärtigte. Also sollten folgende Punkte geklärt werden:

- Was ist das zu bewertende Objekt (Wertträger)?

- In Bezug auf welche Wertungsfrage wird bewertet?

- Nach welchen Kriterien wird bewertet?

- Was sind die wertgebenden Eigenschaften und wie werden sie operationalisiert, also erfassbar oder messbar gemacht?

---

[18] Dieser Satz aus dem Vorentwurf wurde in der Endfassung verändert, in der es nun heißt: „Es ist eine umso höhere Wertzuweisung vorzunehmen, je seltener eine naturraumtypische Art ist." Zugunsten der Autoren ist anzunehmen, dass die „Wertzuweisung" sich auf Flächen bezieht (Bernotat et al. 2002: 185).

3.2 Der logische Ablauf eines Bewertungsvorgangs

3.2.1 Der Subsumtionsvorgang

Ein Subsumtionsurteil ist nach Larenz (z. B. Larenz & Canaris 1995: 94) ein analytisches Urteil, durch das ein spezieller Begriff durch Abstraktion, also durch das Absehen von den ihm spezifischen Merkmalen, auf den in ihm mitgedachten Allgemeinbegriff zurückgeführt wird. Ein Subsumtionsschluss ist die Einordnung unter einen Begriff, dessen Definition hierbei als „Obersatz" fungiert. So kann ein Einzelfall S unter einen Typus T subsumiert werden. Der Vorgang funktioniert im Idealfall folgendermaßen:

> Der Typus T ist vollständig gekennzeichnet durch die Merkmale M_1, M_2 und M_3.
>
> S weißt die Merkmale M_1, M_2 und M_3 auf.
>
> Also ist S ein Fall von T.

Bei *Bewertungen* sind diese „Merkmale" entweder die *wertgebenden Eigenschaften* selbst, oder aber valide *Indikatoren*, von deren Anwesenheit man sicher auf die Anwesenheit von wertgebenden Eigenschaften schließen kann. Eine *problemlose Subsumtion eines Einzelfalles unter einen Typus nach dem obigen Schema* funktioniert nur unter zwei Bedingungen:

- Der Typus muss tatsächlich „vollständig" und unmissverständlich durch Merkmale „gekennzeichnet" sein; es muss also eine eindeutige *operationale Definition* zur Verfügung stehen. In diesem Fall hätte man es mit einem „operational geschlossenen Typusbegriff" im Sinne einer *feststehenden Merkmalsklasse* zu tun. Der Typusbegriff ist demnach durch eine operationale Definition in der Weise festgelegt, dass er auf einen konkreten Sachverhalt „nur dann und immer dann" anzuwenden ist, wenn in letzterem sämtliche angegebenen Merkmale vorhanden sind (vgl. Larenz & Canaris 1995: 42).

- Die zweite Voraussetzung ist, dass diese Merkmale bei dem zu bewertenden Einzelsachverhalt oder Gegenstand während des Verfahrens *praktisch feststellbar* sind. Die schönsten „wertgebenden Merkmale" nützen nichts, wenn die bewertende Person im konkreten Anwendungsfall aus praktischen Gründen nicht in der Lage ist, diese direkt oder über dazugehörige valide Indikatoren mit hinreichender Sicherheit festzustellen (hierzu mehr in Kap. 4.2).

Sind beide Bedingungen erfüllt, ist die Zuordnung zu dem Typus unproblematisch und eindeutig: *entweder* gehört S zu T *oder* nicht. In vielen Fällen ist eine solche Eindeutigkeit allerdings nicht gegeben, worauf später (Kap. 4 und 7) eingegangen wird. Wie in Kap. 3.1.3 erläutert wurde, sind viele im Naturschutz verwendete Typen nicht „geschlossen", sondern „offen", wobei die für die Beschreibung des Typus angegebenen Merkmale nicht sämtlich in einem konkreten Objekt vorzuliegen brauchen, damit dieses unter den Typus gefasst werden kann (vgl. Larenz & Canaris 1995: 42, s. auch Kap. 7.2 dieser Arbeit). Dies hat unter Anderem zur Folge, dass es neben Sachverhalten, die (a) *eindeutig* unter den Typus zu subsumieren sind, und solchen, die (b) *eindeutig nicht* subsumierbar sind, gelegentlich (c) solche Fälle gibt, *bei denen die Regel in ihrer vorliegenden Form nicht zu einem eindeutigen Ergebnis führt*. Im letzteren Fall ist, wie Schröder (1996: 60) lapidar bemerkt, „eine Entscheidung ... mit Hilfe substanzieller Argumente herbeizuführen". Was dies heißen könnte, darauf wird im Kap. 6 ausführlich eingegangen.

3.2.2 Der logische Ablauf einer Bewertung als Subsumtionsvorgang und die interne Begründung

Die Bewertungsprozedur wird im Folgenden durch das von Schröder (1996) entwickelte *theoretische Ablaufschema* für Bewertungen dargestellt. Dieses theoretische Ablaufschema ist der deontischen Logik entliehen (vgl. z. B. Alexy 1996), wobei gleich vorweggenommen werden soll, dass es einen Sonderfall einer Bewertung und nicht die Regel darstellt. Schröder (1998: 341; in Anlehnung an Alexy) erläutert die logische Struktur eines Bewertungsvorgangs an folgendem Beispiel, bei dem ein Sachverhalt, zum Beispiel ein Eingriff, als „umweltverträglich" eingestuft wird. Voraussetzung hierfür ist zunächst die Setzung einer *Bewertungsregel*.

Die *Bewertungsregel* als sogenannter „*normativer Obersatz*" ordnet der Menge der Sachverhalte x mit der Merkmalsausprägung M_n ein Wertprädikat (in dem Beispiel von Schröder „*umweltverträglich*") zu.

(x)   ($M_1 x$ & $M_2 x$ & ... $M_n x$ —> umweltverträglich x)

wobei
(x):   Allquantor „für alle x gilt"
x: Individuenvariable
M: deskriptives Prädikat (Merkmalsausprägung)
&:   „und" (Konjunktion) [19]
—>   „immer dann, wenn" (Implikation, Konditional)

---

[19] In diesem Beispiel enthält die Regel „Und-Verknüpfungen". Ebenso sind jedoch operationalisierte Bewertungsregeln denkbar, die „Oder-Verknüpfungen" enthalten, also z. B. „„wenn x das Merkmal M_1 *oder* M_2 *oder* M_3 aufweist, dann ist x umweltverträglich."

Somit liest sich die Bewertungsregel folgendermaßen:

Für alle x gilt: Wenn x die Merkmalsausprägungen $M_1 ... M_n$ aufweist,
dann ist x umweltverträglich.

Jede Bewertungsregel impliziert eine Setzung. Hier wurde *festgesetzt, bei welcher Merkmalsausprägung (wertgebender Eigenschaften) ein Sachverhalt als „umweltverträglich" gilt*. Dieser Setzung kann beispielsweise eine gemeinsame, diskursiv gewonnene Übereinkunft führender Ökotoxikologen zugrundeliegen, also eine Expertenkonvention. Wenn die Experten (wie es sich gehört) die Setzung und die darauf aufbauende Bewertungsregel transparent und öffentlich gemacht haben, ist diese einer Kritik zugänglich und kann bei Bedarf und erweitertem wissenschaftlichen Erkenntnisstand geändert werden. Dass die Setzung von *Wissenschaftlern* gesetzt wurde, bedeutet nicht, dass sie sich aus wissenschaftlichen Daten ergäbe (vgl. Gethmann & Mittelstraß 1992). Vielmehr handelt es sich um eine normative Setzung, die als solche kenntlich gemacht werden muss (z. B. Lehnes 1994: 424). Im Idealfalle ist die Wertklasse operational definiert und damit „geschlossen" (s. Kap. 3.1.3).

Von großer Relevanz im Bereich der Naturschutz- und Umweltbewertung ist auch die Frage nach dem *Gültigkeitsbereich* der Bewertungsregel, also die Frage, welche Menge von Gegenständen unter „x" fällt. Mit anderen Worten: was wird alles durch ein sprachliches Zeichen bezeichnet, welches in einem bestimmten Sinn Verwendung findet (Lehnes 1994: 424)? Vielleicht wird das Wort „umweltverträglich" hier nur im Sinne von „verträglich für das Grundwasserdargebot und die Nutzbarkeit von Ackerböden" verwendet, was den Schutz von Tier- und Pflanzenarten nicht mit einschließt. Möglicherweise „gilt" die Regel nur für eine festgelegte Nutzungsweise und nur in einer bestimmten Region. Der *Raum- und Sachbezug* ist also zu klären. Sicherlich ist die Regel in dieser Form nicht ohne weiteres auf eine *andere Klasse* zu bewertender Gegenstände übertragbar. Wichtig ist also zunächst die Herausarbeitung des Bedeutungsinhaltes des verwendeten Begriffs, bevor man sich über den *Geltungsbereich* und die *Anwendungsbedingungen* der Bewertungsregel Gedanken machen kann. Wie sich denken lässt, ist dies gelegentlich mit einigen Problemen verbunden, auf die in den folgenden Kapiteln einzugehen sein wird.

In der *Schlußfolgerung* wird ein spezieller Merkmalsträger a (der zu bewertende Sachverhalt, in unserem Beispiel ein geplanter Eingriff) wie die anderen Elemente der Klasse x der mit dem Wertprädikat versehenen Wertträger bewertet, indem er unter den Wertbegriff subsumiert wird. Damit wird der Merkmalsträger a zum Wertträger. In das logische Schlußschema für Wertaussagen lässt sich die Bewertungsregel als normativer Obersatz (auch normative Prämisse genannt) einfügen:

(1) (x) (M_1x & M_2x & ... M_nx —> umweltverträglich x)   *normativer Obersatz*

(2) M_1a & M_2a ... M_na *empirischer Untersatz*

(3) umweltverträglich a   (1), (2)   *Werturteil*

Also lies:

Wenn für alle x gilt: Immer wenn x die Merkmalsausprägungen M_1 ... M_n aufweist, dann ist x umweltverträglich.

und wenn gilt   a weist die Merkmalsausprägungen M_1 ... M_n auf.

dann gilt   a ist umweltverträglich.

Hiermit ist der logische Ablauf eines einfachen Bewertungsvorgangs nachgezeichnet. Das Werturteil „a ist umweltverträglich" folgt somit aus der Bewertungsregel, dem normativen Obersatz, und dem empirischen Untersatz. *Damit gilt es als durch den normativen Obersatz und den empirischen Untersatz begründet* (sogenannte „interne Begründung", vgl. Alexy 1996: 18).

Ein nachvollziehbares Bewertungsverfahren sollte diesem formalen Ablauf folgen, der sich an vorher gesetzten Wertmaßstäben und Wertmerkmalsausprägungen orientiert. Dieser (gleichwohl idealisierte) Aufbau eines Bewertungsverfahrens könnte als Standard für einen rationalen Bewertungsvorgang gelten, nämlich als Konvention, anhand derer Personen, die Bewertungen ausüben, ihr Vorgehen erläutern und gegebenenfalls vor anderen rechtfertigen können[20] (zu Standards: K. Ott 1997: 110).

Wie bereits erläutert wurde, sind die Transparenz und Stringenz des Bewertungsverfahrens ein wichtiges Rationalitätskriterium, daher sollte man einen Bewertungsvorgang daraufhin prüfen (s. Kap. 2.2.2). Das bedeutet, dass stets folgende Punkte geprüft werden sollten:

1. Zum Sachmodell
Sind die Erfassungs- und Abbildungsregeln nachvollziehbar definiert?

---

[20] Das Interaktionsgefüge der *Bewertungspraxis* beinhaltet jedoch außer technischen Standards auch *normative Regeln bezüglich der Bewertungsprozedur*, wie zum Beispiel die Regel, die Standards stets zu beachten und sich um eine möglichst große Rationalität zu bemühen (vgl. Ott 1997).

2. Zum Wertmaßstab
Ist der Wertmaßstab nachvollziehbar dargestellt?
Ist der Wertmaßstab entsprechend den Relationen des interessierenden Kriteriums skaliert?

3. Zur Bewertungsregel
Ist die Bewertungsregel klar formuliert?
Ist der Anwendungs- und Gültigkeitsbereich der Bewertungsregel definiert?

4. Zum Werturteil
Folgt das Werturteil wirklich aus dem Obersatz und dem Untersatz, oder finden sich Widersprüche? Die Beantwortung dieser Frage ist mit einigen Schwierigkeiten verbunden, die im Folgenden näher beleuchtet werden sollen. Vorweggenommen werden soll gleich, dass in der Mehrzahl der Fälle das Werturteil eben nicht logisch aus einem als gültig angesehenen allgemeinen Obersatz und einem empirischen Untersatz folgt, zumindestens dann nicht, wenn man die Kriterien der klassischen Logik zugrundelegt. Als Mindestforderung sollte allerdings gelten, dass sich Obersatz, Untersatz und Werturteil nicht widersprechen dürfen (vgl. Kap. 7).

3.3 Messen und Bewerten

3.3.1 Gleicher verfahrenslogischer Ablauf, aber doch ein kleiner Unterschied – Messen und Bewerten

Der bei Schröder (1996) beschriebene verfahrenslogische Ablauf kennzeichnet nicht nur Bewertungsvorgänge, sondern auch andere Aussagen, in denen einem Sachverhalt ein Prädikat zugeschrieben wird. Hierzu gehören auch Messvorgänge. Unter „Messen" versteht man die Zuordnung von Zahlen zu Merkmalsausprägungen von Objekten und Sachverhalten unter Wahrung analoger Relationen (ebd.: 455). Die Vorgänge des Bewertens und des Messens sind nach Meinung von Schröder *strukturanalog*; das soll heißen, dass normative und empirische Aussagen die gleiche *argumentationslogische Struktur* aufweisen. „Die Ausprägung eines Merkmals wird qualitativ oder quantitativ festgestellt und auf einen klassifikatorischen/nominalen, komparativen/ordinalen oder (einen) metrischen/kardinalen (intervall- oder verhältnisskalierten) Maßstab abgebildet.". So wird zur Temperaturmessung nach Celsius das Merkmal „Volumenänderung von Quecksilber" auf einen Maßstab projiziert, dessen Skalierung durch äquidistante Untergliederung eines mit den Indikatoren „Gefrierpunkt" und „Siedepunkt" von Wasser definierten Intervalls erfolgt ist (ebd.). Hierzu sei allerdings bemerkt, dass man im normalen Sprachgebrauch lediglich dann von einer „Messung" spricht, wenn zumindestens einer der beiden aufeinander abzubildenden Maßstäbe numerisch repräsentiert wird (s. auch Kap. 3.3.4). Hat man es beispielsweise mit zwei nominalen „Ja/ Nein"-Maßstäben zu tun, spricht man normalerweise nicht von einer „Messung".

Was ist nun mit „Strukturgleichheit von Bewertungen und Messungen" genau gemeint? Diese Angelegenheit ist gerade in Hinblick auf die Möglichkeit von *intersubjektiven* Bewertungen von äußerster Wichtigkeit, allerdings sollte sie im Folgenden etwas differenziert betrachtet werden. Wäre eine Bewertung im Prinzip „das Gleiche" wie eine Messung, könnte man schließlich den „Wert" eines Objektes ebenso problemlos „messen" wie zum Beispiel die Lufttemperatur. Endlose „Bewertungsdiskussionen" unter Planern, Gutachtern und Juristen sind jedoch ein Indiz dafür, dass die Sache nicht ganz so einfach ist. Schröders Meinung legt den Eindruck nahe, dass eine Bewertung lediglich in einer logischen Schlussfolgerung bestünde, die wie ein Messvorgang objektive Ergebnisse erbringen könne. Diese Einschätzung ist problematisch, denn eine Bewertung ist gerade dadurch gekennzeichnet, dass auf der Grundlage genereller, normierter *Wertmaßstäbe* ein konkreter Sachverhalt *wertend* beurteilt wird. Bei einem Bewertungsvorgang wird ein *Wertprädikat* zugeordnet (s. o.) und somit ein Sachverhalt unter einem übergeordneten Wertbegriff subsumiert, während bei einem Messvorgang ein prinzipiell wertneutrales Prädikat (meist in Form eines Zahlenwertes) zugeordnet wird. Der Sinn des „Messens" ist, dass Sachverhalte objektiv und reproduzierbar in Form von Zahlenwerten abgebildet werden können. Die Setzung der Messrelationen und der Skalen (Messvorschriften) erfolgt durch eine Konvention, an die sich alle Bürger aus eigenem Interesse halten. Daher ist ein Messvorgang, bei dem die vorher festgesetzten Skalen und Messregeln nur noch angewendet werden müssen, wegen der von vornherein feststehenden Relationen der Maßzahlen untereinander *immer* eindeutig. Dies gilt für Bewertungsvorgänge nicht in diesem Maße, selbst wenn ein *vorhandenes Bewertungsverfahren* auf einen konkreten Einzelfall *angewendet* wird (vgl. Kap. 4). Aber wie ist nun das Verhältnis von Bewertungsvorgang und Messvorgang wirklich? Der Planer Auhagen (1997: 61) äußert sich scheinbar genau entgegengesetzt zu Schröder. Er ist der Meinung, dass alles, was „in physischer Dimension gemessen oder abgeschätzt werden kann", *nicht* Bewertung sei. Diese Aussage bedarf einer Präzisierung. Alles, was im Bewertungszusammenhang in „physischer" Dimension gemessen wird, ist nämlich Teil des *Sachmodells* und damit auch ein Teil des *Bewertungsverfahrens*.

Zur Erläuterung mögen Überlegungen zur *Nutzwertanalyse* von Bechmann (1981, s. Abb. 5) dienen. In der Nutzwertanalyse unterscheidet man zwei Zwischenschritte in der Bewertung, nämlich die Messung der sogenannten *Zielerträge*, welche in einer „physischen" Dimension gemessen werden, und deren Transformation in dimensionslose *Zielerfüllungsgrade*. Die Messung der „Zielerträge" entspricht somit der Darstellung im *Sachmodell*, die anschließende Transformation der Zuordnung der Wertprädikate im *Wertmodell*. Damit die Bewertung funktioniert, müssen einerseits die Bewertungskriterien operationalisiert, also durch Messverfahren definiert worden sein (Vorliegen eines operationalisierten Sachmodells), andererseits muss eine Transformationsregel vorliegen (Bewertungsregel!), mit Hilfe derer man Klassen von Messgrößen eindeutig dimensionslosen Begriffen (Wertprädikaten!) zuordnen kann. Die Messung der Zielerträge innerhalb des Sachmodells entspricht damit einer herkömmlichen Messung. Die Zuordnung des Wertprädikates wird in diesem Modell als Transformation dargestellt. Dieser Vorgang ist nur dann „messanalog" im Sinne von „*eindeutig*", wenn eine *eindeutige Transformationsregel* (Bewertungsregel) vorliegt.

Die von Schröder postulierte Gleichheit von Mess- und Bewertungsvorgängen bezieht sich auf den *verfahrenslogischen Ablauf der Subsumtion*. Es wäre aber tatsächlich falsch, zu behaupten, dass ein Bewertungsvorgang *nichts weiter* als ein Messvorgang sei, weil man dann das Wesen der Bewertung, nämlich die Wertreflexion, vernachlässigen würde. Ein Bewertungsvorgang enthält nämlich eine wie immer geartete *Wertreflexion*, die *nicht nur Empirie* ist. Wertprädikate können niemals ausschließlich durch empirische Prädikate definiert werden (dies führte zu einem naturalistischen Fehlschluss, s. Kap. 2.2.5, Exkurs). *Durch das wertende Element unterscheidet sich der Bewertungsvorgang zumindestens inhaltlich von einem Messvorgang.* Formal kann ein Bewertungsvorgang aber in bestimmten Fällen (nämlich dann, wenn man mit Hilfe einer eindeutigen Bewertungsregel unter festgelegte Merkmalsklassen eines operationalisierten Sachmodells subsumiert, s. Kap. 3.3) einem Messvorgang entsprechen. Prinzipiell spricht nichts dagegen, den Vorgang der Subsumtion unter einen Wertbegriff in Form einer Messvorschrift *intersubjektiv nachvollziehbar zu machen* und für Routineanwendungen so zu *standardisieren*, dass das Ergebnis ebenso *eindeutig* ausfällt wie bei einem Messvorgang. Ein Bewertungsvorgang kann also analog einem Messvorgang aufgebaut werden.

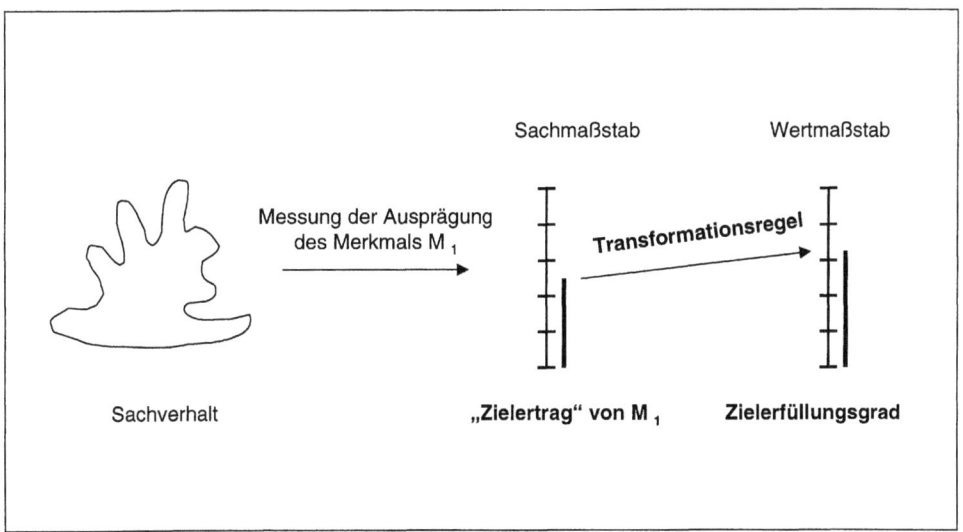

Abb. 5: Nutzwertanalyse mit Zielertrag und Zielerfüllungsgrad. Eigene Darstellung in Anlehnung an Bechmann (1981).

Auhagens (1997: 61) Behauptung, nach der eine Bewertung sich dadurch von einer Messung unterscheide, dass erstere „niemals objektiv im Sinne von ‚unabhängig von

Konventionen'" sei, ist nicht korrekt, denn auch Messungen beruhen, wie oben bereits erläutert, auf Konventionen. Man könnte „einen Meter" ebensogut „103 Schnürks" nennen, wenn man sich denn gesellschaftlich darauf geeinigt hätte. *Messanweisungen und Bewertungsstandards beruhen gleichermaßen auf Konventionen.* Der Unterschied ist aber, dass man sich bei Bewertungsstandards zusätzlich zu technischen Messanweisungen auch noch auf *Wertzuweisungen* einigen muss und damit auf eine Art *ethischen Minimalkonsens*. Damit ergibt sich eine ganz neue Problemdimension. Die auf einem „Wertmaßstab" „gemessenen" Werte haben grundsätzlich eine andere Qualität als die auf dem Sachmaßstab gemessenen, die Gleichsetzung von beiden wäre ein Kategorienfehler (vgl. Deppert & Theobald 1998: 86)[21].

Warum werden nun Bewertungsverfahren gefordert, die Messvorgängen gleichen? Einerseits wären diese für jeden nachvollziehbar und damit kritisierbar. Das Bewertungsergebnis wäre *bearbeiterunabhängig* und damit objektiv und reproduzierbar. Gleichzeitig würde eine großes Maß an Rechtssicherheit für Betroffene garantiert. Ein messanaloges Bewertungsverfahren wäre, mit Plachter (1994: 88) gesprochen, nichts anderes als eine „technische Verfahrensweise", die reproduzierbar *messbare* Zustände und Entwicklungen der Natur mit normativen Wertgrundlagen in Beziehung setzt. Könnte man also sagen, dass der „ideale" Bewertungsvorgang in der Planung einem Messvorgang gliche? Ein *Anwender* einer solchen „Messvorschrift für eine Bewertung" hätte es dann in sofern leicht, als dass die *Reflexionsarbeit bereits durch die Person oder die Personengruppe erledigt worden ist, welche die Messvorschrift hergestellt hat.* Der Anwender bräuchte dann also „nur noch" zu messen und könnte sich jegliche Wertreflexion sparen. Es ergäbe sich also die nur scheinbar paradoxe Situation, dass die Person *zwar eine Bewertung durchführt, aber nicht selbst bewertet.* Mithilfe solcher Messvorschriften könnten Subsumtionsvorgänge „verobjektiviert" werden, wodurch die in Kap. 2.2.2 gelisteten Anforderungen der Personeninvarianz, der Reproduzierbarkeit und der Transparenz leichter erfüllbar wären.

Wie oben bereits angedeutet, ergeben sich bei der sowohl bei der Anwendung als auch bei der Herstellung, Normierung und Standardisierung von Bewertungsvorgängen die vielbeschworenen und unter Planern, Gutachterinnen und Politikern gefürchteten „Bewertungsprobleme". Bewertungen und Bewertungsverfahren sind häufig stark umstritten. *Unmissverständliche* und gleichzeitig von einer Mehrheit von Fachleuten *akzeptierte* „Messanweisungen" für Bewertungen sucht man meist vergeblich. Werturteile sind offensichtlich kaum jemals so eindeutig wie Messergebnisse, was darauf hindeutet, dass man sich auf Wertzuweisungen weniger leicht einigen kann als auf rein technische Verfahrensanweisungen. Neben Messunschärfen und -fehlern, also technischen Problemen, die auch bei Messungen im engeren Sinne auftreten können, hat

---

[21] Einige Denkmodelle übersetzen „Werte" in „Nutzen" und setzen voraus, dass man urteilende Personen als „vollwertige Nutzenmessinstrumente" beschreiben kann, die dem „Reiz-Reaktionsschema" entsprechen (vgl. Hanisch 1999: 208). Allein weil es bei der Naturschutz- und Umweltbewertung um intersubjektiv gültige Werte und nicht nur persönliche Nutzen geht, greifen solche internalistischen und behavioristischen Denkmodelle zu kurz.

man bei Bewertungen eben *zusätzlich* mit Unsicherheiten in Wertfragen zu kämpfen. Dies wiederum hat zur Folge, dass die Auswahl oder Herstellung eines adäquaten und in der Fachwelt weithin akzeptierten Sachmodells oft schwer fällt.

Zunächst sollen in den folgenden Kapiteln die oben genannten Voraussetzungen, unter denen messanaloge Bewertungsverfahren möglich sind, näher erläutert werden. Ebenso wird geklärt, *an welcher Stelle des Bewertungsablaufes und durch wen die Wertreflexion und die Wertzuweisung stattfindet.* Hierbei werden einige grundsätzliche Probleme und ihre Ursachen deutlich, die in vielen Fällen der Verwirklichung „idealer, messanaloger Bewertungsvorgänge" für Umwelt- und Naturschutz im Wege stehen. Zugleich sollen Wege diskutiert werden, wie trotz dieser Probleme rationale und transparente Sach- und Wertmodelle sowie Bewertungsregeln für den Umwelt- und Naturschutz entwickelt werden können.

3.3.2 An welcher Stelle findet bei einem messanalogen Bewertungsvorgang die eigentliche Wertzuweisung statt?

Ein Bewertungsvorgang gleicht, wie in Kapitel 3.3 gezeigt, einem Messvorgang, wenn Sachmaßstab, Wertmaßstab und Bewertungsregel inklusive Gültigkeitsbereich *zweifelsfrei* festgelegt worden sind und die wertgebenden Merkmale selbst oder im Umweg über valide Indikatoren im konkreten Fall feststellbar sind. Der Vorgang der Wertzuweisung sollte so präzisiert sein, dass jeder Anwender zu dem gleichen Ergebnis[22] kommt, wenn er sich an die Mess- und Zuordnungsvorschriften hält (Objektivität und Reproduzierbarkeit des Bewertungsergebnisses, vgl. Kap. 2.2.2). Die Zuordnung der einzelnen Objekte zu Wertklassen wird hierbei nicht durch die subjektive Entscheidung der bewertenden Person, sondern durch das Verfahren selbst bestimmt (Bernotat et al. 2002: 369). Über den Messvorgang, so hofft man, ist ein *zwingender Zusammenhang* herstellbar zwischen den Bewertungsregeln und dem konkreten Werturteil. Der verwendete Wertstandard ist damit *deskriptiver Art* (vgl. Habermas 1981: 66).

Die *Subsumtion des Einzelfalles*, zum Beispiel einer konkreten Fläche, unter einen geschlossenen Typus im Sinne einer festgelegten Sachverhaltsklasse kann also anhand einer unmissverständlich formulierten Bewertungsregel (unter Festlegung des Gültigkeitsbereiches) einem Messvorgang gleichen. Hierbei erhält dieser konkrete Gegenstand einen „Wert" aufgrund seiner *Zugehörigkeit zu einer klar definierten Klasse von Gegenständen, welcher zuvor laut Gesetz, Verwaltungsvorschrift oder Expertenkonvention, die Bewertungsregeln formulieren, dieser Wert zugeschrieben wurde.* Dieser Vorgang entspricht der *„logisch abgeleiteten Wertauszeichnung"* im Sinne der Wertlehre Viktor Krafts:

---

[22] Innerhalb einer gewissen Varianzbreite weichen alle Messergebnisse voneinander mehr oder weniger ab, da es in dieser Welt keine exakt standardisierbaren Bedingungen geben kann. Eine gewisse Messunschärfe ist selbst unter denkbar „idealen" Messbedingungen aus physikalischen Gründen unvermeidbar.

" ... hierbei ergibt sich die Auszeichnung eines Gegenstandes daraus, dass er zu einer Klasse von Gegenständen zugehörig identifiziert wird, die bereits ausgezeichnet ist. Das Ausgezeichnete ist also Element einer bereits definierten Wertklasse" (Bechmann 1988: 3510, nach Kraft).

Die Feststellung der Typuszugehörigkeit gleicht in diesem Falle also einem Messvorgang, ist aber keine Wertzuweisung im eigentlichen Sinne. Der eigentliche Bewertungsschritt (der eine Wertreflexion beinhaltet) entspricht nämlich der Herstellung des Sach- und des Wertmaßstabes sowie der *Setzung der Bewertungsregel* (in der Sprache der Nutzwertanalyse gesprochen: dem Setzen der Transformationsregel), und diese Schritte sind im Vorfeld bereits erfolgt. Durch Herstellung des Sach- und des Wertmodells sowie der Bewertungsregel wurde ein *Standard* geschaffen, also die *einmalige Lösung einer sich wiederholenden Bewertungsaufgabe festgelegt*. Bei der Subsumtion des einzelnen Objekts ist lediglich noch zu klären, ob *dieses wirklich zu der entsprechend bewerteten Klasse gehört*. Hierbei ist die sogenannte *interne Rechtfertigung* (vgl. Alexy 1996: 273 ff.) zu leisten: die Frage ist, ob das Werturteil aus der Verwendung der für die Begründung genutzten *Prämissen* logisch folgt.

Bei einer *vollständigen wissenschaftlich und normativ abgesicherten Operationalisierung* entspräche die Beantwortung dieser Frage einer Angelegenheit der entsprechenden Wissenschaftsdisziplin, weshalb dieser Schritt von vielen Autoren als „wissenschaftliche Beurteilung" von einer „Bewertung" im engeren Sinne abgegrenzt wird (z. B. Eser & Potthast 1997).

3.3.3 Messanaloge Bewertungsvorgänge in der Praxis

In welchen Fällen hat man es nun in der Praxis mit tatsächlich oder annähernd messanalogen Bewertungsverfahren zu tun? Beispielsweise dann, wenn vom Gesetzgeber selbst Bewertungs- und Messvorschriften vorgegeben werden, nämlich durch eine Verdichtung von Umwelt- und Naturschutzzielen auf Normwerte wie Orientierungs-, Richtlinien- und Grenzwerte (vgl. v. Mutius & Stüber 1998: 121). Durch die Vorgabe von Bewertungsregeln in Form von Wenn-Dann-Schemata nimmt der Gesetzgeber die Bewertung für alle von der Regelung erfassten Fälle selbst vor, wobei so eine Regelung meist eine Vielzahl kasuistischer Einzelvorschriften enthält (hohe Regelungsdichte, ebd.). Gleichzeitig sind die Rechtsfolgen bei Eintritt des Tatbestandes festgelegt: *Wenn* ein bestimmter Tatbestand vorliegt, *dann* wird dazu eine bestimmte Rechtsfolge angeordnet (Rüthers 1999: 69). Die Wertreflexion ist damit *im Prinzip* mit der Herstellung von Normwerten und entsprechenden Bewertungsvorschriften vorab geleistet worden. Fachgesetzliche Bewertungsmaßstäbe sind zum Beispiel im § 8 des Abfallgesetzes und § 5 und 6 des Bundesimmisionsschutzgesetzes enthalten.

In vielen Fällen sind Ziele und Grundsätze der Umwelt- und Naturschutzgesetzgebung jedoch zu abstrakt, um unmittelbar Wertmaßstäbe und Bewertungsregeln vorzugeben (u. a. Marticke 1998: 398). Wie der Rechtstheoretiker Kaufmann (1997: 115 ff.) bemerkt, ist die juristische Fachsprache, die in Gesetzen verwendet wird, allgemein keine formale Wissenschaftssprache und damit immer mehr oder weniger unscharf. Wirkliche Eindeutigkeit, so Kaufmann (ebd.:), könnten seiner Meinung nach nur *Zahlen* liefern. Der hohe Abstraktionsgrad speziell in der Natur- und Umweltschutzgesetzgebung ist nach v. Mutius & Stüber (ebd.) Folge des hohen Komplexitätsgrades der Gegenstände „Natur" und „Umwelt", denn „je komplexer ein Sachverhalt ist, desto schwieriger ist es, eine generell verbindliche, auch Einzelfällen gerecht werdende Regelung zu formulieren.". Daher finden sich zum Beispiel im Bundesnaturschutzgesetz sogenannte „unbestimmte Rechtsbegriffe" wie „Funktionsfähigkeit des Naturhaushaltes", „Eigenart" oder „Vielfalt", die nicht weiter konkretisiert werden. V. Mutius und Stüber (ebd.) sehen die rechtlich formulierten Ziele in erster Linie als *Orientierungshilfen* für Verwaltungsentscheidungen und deren Kontrolle an (ebd.: 125).

Um zu verhindern, dass die Bewertungen des Gesetzgebers hinter dem Stand der technischen und wissenschaftlichen Entwicklung zurückbleiben, wird besonders im Umweltrecht zunehmend in Form sogenannter „dynamischer Verweisungen" auf anerkannte Regeln der Bewertungspraxis als „Stand von Wissenschaft und Technik" verwiesen (ebd.: 130). Das bedeutet, dass die Konkretisierung der abstrakten Normen nicht nur in untergesetzlichen Regelungen wie Verordnungen und Verwaltungsvorschriften (z. B. TA Luft, Klärschlamm-VO), sondern auch in Fachkonventionen (sog. „privaten Standards", vgl. Scholles & Putschky 2000) wie DIN-Normen in Form festgelegter Messvorschriften und Bewertungsregeln geleistet werden sollte. Messvorschriften und Bewertungsregeln können von hierzu berufenen *Expertengremien* hergestellt werden. So kommt in diesen Fällen dem „Stand von Wissenschaft und Technik" de facto eine *normative* Bedeutung zu, auch wenn die Frage der demokratischen Legitimierung von Sachverständigengutachten rechtlich bisher nicht geklärt ist (v. Mutius & Stüber ebd.).

Die meisten Bewertungsstandards finden sich heute im Bereich des abiotischen Umweltschutzes (Luft, Wasser, Boden usw.). Dass aber auch im Arten-, Biotop- und Landschaftsschutz messanaloge oder zumindestens quasi messanaloge Bewertungsvorgänge möglich sind, wird in den folgenden Kapiteln anhand zweier Beispiele gezeigt.

3.3.3.1 Beispiel: Die gesetzlich geschützten Biotope

Die Bewertung konkreter Landschaftsausschnitte oder anderer Objekte aufgrund einer Typuszugehörigkeit gehört in der Naturbewertungspraxis heute zur Routine. Der Einfachheit halber wird hier zur Erläuterung des Prinzips und der auftretenden Probleme ein übersichtliches und vertrautes Beispiel gewählt: die Bewertung nach Biotoptypen.

Ein Biotop ist nach der Definition von Wiegleb et al. (2002) „der Lebensraum einer spezifischen Lebensgemeinschaft ..., der im Regelfall durch eine bestimmte Mindestgröße und Abgrenzbarkeit von benachbarten Biotopen gekennzeichnet ist." Diese etwas merkwürdig anmutende Definition sei erst einmal so dahingestellt. Wie die Autoren feststellen, schließt der Begriff in der Praxis auch „Teile der Biozönose" ein. Verschiedene Biotoptypen werden meist anhand verschiedener abiotischen und biotischen Merkmale sowie der anthropogenen Nutzungsform operationalisiert (vgl. Ssymank et al. 1993: 51).

Der Biotoptyp „Binsen- und seggenreiche Nasswiese" ist laut § 15a des LNatSchG Schleswig-Holstein ein „gesetzlich geschützter Biotop": nach § 15 a Abs. 2 LNatSchG sind „alle Handlungen, die zu einer Beseitigung, Beschädigung, sonstigen erheblichen Beeinträchtigung oder einer Veränderung des charakteristischen Zustandes der geschützten Biotope führen können, verboten." *Per se* ist der Typus „Binsen- und seggenreiche Nasswiese" kein Wertbegriff, sondern ein Typus, der „ohne Gedanken an ein Seinsollen" (s. Kap. 3.1.3) und als neutraler vegetationskundlicher Begriff verwendet werden kann.

Die Operationalisierung des Typus „Binsen- und seggenreiche Nasswiese" für Schutzzwecke erfolgt in dem offiziellen Kartierschlüssel des Landesamtes für Natur und Umwelt des Landes Schleswig-Holstein (LANU 1998), dem sich bezüglich des Typus „Binsen- und Seggenreiche Nasswiese" folgende Merkmale entnehmen lassen:

- Fläche gemäht oder beweidet

- Mindestgröße 100 m

- „prägendes" Vorkommen „kennzeichnender Pflanzenarten". Die als „kennzeichnend" geltenden 100 Arten werden in einer Liste aufgeführt, „prägend" bedeutet „mindestens Gesamt-Deckungsgrad „3" nach Braun-Blanquet[23] = 26 – 50%".

- Binsen und Seggen sollten mindestens einen Deckungsgrad von 10% aufweisen

Während die ersten drei Merkmale obligatorisch sind, scheint das vierte Merkmal ein Zusatzkriterium zu sein, was durch die Formulierung „sollte" nahegelegt wird. Zudem werden *Ausnahmen* für die Verknüpfungsregel formuliert: „Dominanzbestände einzelner Kennarten wie z. B. dichte Flatterbinsen-Bestände unterliegen nicht dem Schutz dieses Biotoptyps nach § 15 LNatSchG, es sei denn, entsprechende weitere der (in der Liste genannten, K. R.) Kennarten sind in gewissem Umfang beteiligt, so dass diese übrigen einen Deckungsgrad (Stufe „2" nach Braun-Blanquet = 5 – 10 %) erreichen." Mit Hilfe der im Schlüssel aufgeführten *Merkmale* kann nun eine Bewertungsregel formuliert werden: *Wenn* eine Fläche gemäht oder beweidet wird, eine Mindestgröße

---

[23] Eine in der Pflanzensoziologie gebräuchliche Schätzmethode (vgl. z. B. Dierßen 1990). Genau genommen bezieht sich die Schätzung nach Braun-Blanquet (1964) in Grünlandbeständen auf Probeflächen von ca. 4 m^2, hier ist wohl davon abweichend die Deckung auf der gesamten Fläche gemeint. Wenn „kennzeichnende Arten" nicht gleichmäßig auf der Gesamtfläche verteilt vokommen, kann demzufolge bei fehlendem Flächenbezug der Deckungs-Werte die Flächenabgrenzung ein Problem sein. Zudem müsste ein Aufnahmezeitraum angegeben werden, denn die Deckungswerte verschiedener Pflanzenarten verändern sich naturgemäß innerhalb einer Vegetationsperiode.

von 100 qm aufweist, usw..., *dann* handelt es sich um eine Binsen- und seggenreiche Nasswiese und daher um einen gesetzlich geschützten Biotop.

Zu beachten ist, dass die Definition, wie oben bereits erläutert, mit Hilfe von Setzungen hergestellt wurde. Der umgangssprachliche Begriff „prägend" bespielsweise wird operationalisiert, indem eine messbare Spanne (26 – 50% Deckung) angegeben wird. Warum beginnt diese Spanne ausgerechnet bei 26% und nicht bereits bei 15%? Die Werte drücken keine naturwissenschaftliche Notwendigkeit aus, sondern sind das Ergebnis einer für jeden nachvollziehbaren *Setzung*. „Maße für die Umwelt" enthalten zwangsläufig Setzungen (Gethmann & Mittelstraß 1992).

Ist ein Typus in dieser Weise ausreichend operationalisiert, dürfte die Zuordnung eines konkreten Objektes unproblematisch sein, wenn man davon ausgeht, dass die Kartiererinnen für ihre Aufgabe entsprechend ausgebildet, also etwa in der Lage sind, die „kennzeichnenden Arten" im Gelände zu erkennen. Der Vorgang der Zuordnung ist aber kein eigentlicher Messvorgang, sondern die Größen, wie die Bedeckungsgrade der Arten, werden lediglich *geschätzt*. Die damit verbundenen Ungenauigkeiten können jedoch akzeptiert werden, da es bei der Entscheidung „geschützt/nicht geschützt" nicht auf extreme Exaktheit ankommt. „Ausreichend operationalisiert" heißt also nicht unbedingt, dass tatsächlich etwas mit Hilfe einer Messlatte, Waage oder sonstigen Messapparatur gemessen oder etwas gezählt werden muss!

Sind die Bewertungsregeln ausreichend quantifiziert, dürfte zumindest prinzipiell auch das Problem der „Übergänge" lösbar sein, welches jede Biotopkartiererin zur Genüge kennt und fürchtet: „Soll ich dieses Fleckchen Erde zu einem Trockenrasen „machen" oder „ist" es schon ein mesophiles Grünland, eine Sandheide, eine Ruderalfläche etc.?". Mit anderen Worten: Die Entscheidung, ob eine Fläche ein mesophiles Grünland „ist" oder ein Trockenrasen, stellt sich in diesem Zusammenhang als reine *Definitionsfrage* dar. Solche Definitionsfragen sind oft schutzrelevant. So fällt ein Trockenrasen unter die gesetzlich geschützten Biotope nach § 15a, ein mesophiles Grünland nicht. Die „Grenze" muss irgendwo gezogen werden, obwohl selbstverständlich Arten der Trockenrasen und Arten des mesophilen Grünlandes in allen Abstufungen miteinander gemischt vorkommen können. Im Zuge von Sukzessionsvorgängen können sich Grünlandbestände in Trockenrasen umwandeln und umgekehrt. Der Vorschlag, sogenannte „Mischtypen" zu konstituieren, falls die Deckung der Kennarten beider Typen 33 % überschreiten (z. B. Wiegleb et al. 2002: 304), wäre im Zusammenhang mit der Schutzfrage nur dann hilfreich, wenn man sich etwa dazu entschließen würde, einen so definierten Mischtyp aus Trockenrasen und mesophilem Grünland ebenfalls unter Schutz zu stellen. Hierfür müsste allerdings entweder das Gesetz geändert werden, oder man müsste sich darauf einigen, dass der Mischtypus noch unter „Trockenrasen" zu fallen habe und daher ebenso zu behandeln sei. Dann wäre der Mischtypus allerdings überflüssig, und man müsste lediglich die gültige Definition für „Trockenrasen" derartig verändern, dass eine Deckung „kennzeichnender Arten" von mindestens 33 % für eine Zuordnung ausreiche.

Die Hauptursache für Kartierprobleme ist die *ungenügende oder fehlende Operationalisierung von Biotoptypen*. Damit ist die Bewertungsregel nicht zweifelsfrei anwendbar und es ist unklar, ob eine Fläche dem Typus X zuzuordnen ist oder nicht. Wenn die Typen zwar *beschrieben* werden, eine Quantifizierung jedoch fehlt, ergibt sich häufig das oben geschilderte, gerade in der Biologie häufige „Übergänge"-Problem. Im ungünstigsten Fall werden Typen zwar benannt (zum Beispiel in der Naturschutzgesetzgebung), aber eine Operationalisierung durch Kartierschlüssel fehlt. In den meisten Bundesländern gab es lange Zeit keine offiziellen Kartierschlüssel, obwohl bereits seit Anfang der 1970er Jahre Biotopkartierungen durchgeführt worden waren. Daher kam es oft zu Rechtsstreitigkeiten, ob eine bestimmte Fläche überhaupt einem der geschützten Biotoptypen zuzuordnen war und wo die Grenze des Biotopes verlief (Mehl, mündl.)[24]. Wie Praktiker berichten, reicht der Operationalisierungsgrad des aktuellen schleswig-holsteinischen Schlüssels für einige Typen offensichtlich noch nicht aus, so dass es immer noch zu Zuordnungsproblemen kommt[25].

Fehlen operationalisierte Kartieranleitungen, müssen die Biotopkartierer vor Ort die Einstufung mehr oder weniger „nach eigenem Wissen und Gewissen" vornehmen. Eine erfahrene Kartiererin hat eine festgefügte Vorstellung davon, wie eine „binsen- und seggenreiche Nasswiese" auszusehen hat. Dabei hat sie ihre diesbezüglichen Erfahrungen und ihr Fachwissen *in Gedanken* zu einer Art Typus verdichtet und kann *beurteilen*, ob die Einstufung eines Einzelfalls zu dieser Kategorie sinnvoll ist oder nicht. Hierbei kann man aber nicht von einer Bearbeiterunabhängigkeit des Einstufungsergebnisses sprechen. Ganz im Gegenteil: eine sinnvolle Einstufung wäre nicht *jeder Person* durch Befolgen gegebener methodischer Regeln zugänglich, sondern setzte Erfahrung voraus, die nicht alle haben, mithin ein Fall „privilegierten" Expertenwissens und nicht „öffentlichen", jedem zugänglichen Wissens. Somit hätten wir es mit einem *nicht messanalogen* Subsumtionsvorgang zu tun, bei dem das Urteil auf Kenntnis einer komplexen Gesamtsituation gründete (vgl. Trepl 1994: 57). Die Kartiererin könnte das Ergebnis nicht *beweisen*, sondern nur kraft ihrer fachlichen Autorität *bezeugen*. Zumindest ist daher in solchen Fällen zu fordern, dass die *Gründe*[26], welche zu der Einschätzung geführt haben, möglichst nachvollziehbar dokumentiert werden. Unter anderem aus diesem Grunde wird für jede in der Biotoptypenkartierung enthaltene Fläche ein Aufnahmebogen ausgefüllt, auf dem zum Beispiel die Artenzusammensetzung, besondere strukturelle Merkmale, bemerkenswerte faunistische Funde und andere Sachverhalte festgehalten werden.

---

[24] Wie eine Kartiererin berichtete, wurde in einem Zweifelsfall der zuständige Mitarbeiter im Landesamt für Natur und Umwelt telefonisch kontaktiert, der ihr daraufhin riet: „*Machen Sie das doch nach Gefühl!*"
[25] Bei manchen Typen kommt es nach Auskunft von Kartierern oft zu der gegenteiligen Situation, dass die vorliegende Operationalisierung in bestimmten Einzelfällen nicht sinnvoll anwendbar ist. Als Beispiel wurde genannt, dass eine Küstendüne auf Sylt nach dem Schlüssel als „Heide" eingestuft werden musste, was den beteiligten Kartiererinnen unsinnig vorkam. Verwendet man stark operationalisierte Erfassungs- oder Messanweisungen, so hat man gelegentlich das Problem, dass diese in bestimmten Einzelfällen zu unsinnigen Ergebnissen führen können.
[26] Das Problemfeld „Begründung" wird in Kap. 6 behandelt.

Der Kartierschlüssel des Niedersächsischen Landesamtes für Ökologie (Drachenfels 1994) unterscheidet sich von dem schleswig-holsteinischen Schlüssel unter anderem dadurch, dass auf die Quantifizierung von Deckungs-Werten kennzeichnender Arten verzichtet wird, und dass die Einteilung vielfältiger ist. Der Biotoptyp „binsen- und seggenreiche Nasswiese" des schleswig-holsteinischen entspricht in etwa dem Typ „seggen- binsen- oder hochstaudenreiche Nasswiese" des niedersächsischen Schlüssels (Drachenfels ebd.: 153 ff.), wobei letzterer Typus noch in sechs Untertypen aufgegliedert wird, nämlich „Basen- und nährstoffreiche Nasswiese", „Basenreiche, nährstoffarme Nasswiese", „Magere Nassweide", „Wechselnasse Stromtalwiese", „Nährstoffreiche Nasswiese" und „Seggen- binsen- und hochstaudenreicher Flutrasen". Ohne in diesem Rahmen auf die letzte Einzelheit eingehen zu wollen, sei bemerkt, dass für die Zuordnung von Objekten zu diesen Typen eine profunde Kenntnis des pflanzensoziologischen Systems nötig ist, also einiges wissenschaftliches Expertenwissen. Hier reicht es nicht aus, wenn Kartierer lediglich einige nässezeigende Arten des Grünlandes kennen. Als Beispiel mag der Typus „Magere Nasswiese" dienen, der wie folgt bezeichnet wird:

„Wenig oder nicht gedüngtes, beweidetes Grünland (bzw. entsprechende Brachen) auf (wechsel) nassen, nährstoffarmen Böden, das vegetationskundlich weder den Pfeifengras-Wiesen (Molinion), noch den Sumpfdotterblumenwiesen (Calthion) zuzuordnen ist; kleinseggen- und/oder binsenreich; pflanzensoziologisch teilweise als nasseste Ausprägung zum Cynosurion gestellt; oft mit Übergängen zu Borstgras-Rasen. Im Tiefland regional in kleinflächigen Beständen verbreitet."

Zusätzlich wird eine Liste von „kennzeichnenden Pflanzenarten" für den Obertyp „Seggen-, binsen- oder hochstaudenreiche Nasswiese" sowie für die einzelnen Untertypen angegeben. Eine Quantifizierung über Deckungswerte fehlt wie gesagt, allerdings findet sich auf S. 155 (Drachenfels ebd.) der Hinweis, dass „kennzeichnende Seggen-, Binsen- oder Hochstaudenarten ... in zahlreichen Exemplaren auf der Fläche verteilt sein (müssen)", anderenfalls seien die Objekte in die Typen „meist artenreicheres Intensivgrünland" oder „artenarmes Intensivgrünland" einzustufen.

Der niedersächsische Schlüssel ist nicht so weit operationalisiert, dass man eine Zuordnung eines Objektes zu einem der Typen „messanalog" nennen könnte. Der Text liefert vielmehr eine Art *beschreibende Charakterisierung*, wobei auf Fachtermini der Pflanzensoziologie zurückgegriffen wird. Obwohl insgesamt mehr Typen unterschieden werden, bleiben diese „offener" als im schleswig-holsteinischen Kartierschlüssel, wodurch die Einordnung, wie oben erläutert, ein gewisses vegetationskundliches Wissen und einige Geländeerfahrung erfordert. Zudem bringt die feinere Einteilung die Verschärfung des „Übergänge"-Problems mit sich: Eine Entscheidung zwischen den Typen „magere Nassweide", „seggen-, binsen- oder hochstaudenreicher Flutrasen" oder „meist artenreicheres Extensivgrünland" etwa dürfte nicht immer einfach sein! Für Kartierer ergeben sich *Beurteilungsspielräume*, wobei in einem Zweifelsfall die Gründe für eine Einstufung auf dem Aufnahmebogen vermerkt werden sollten. Im Grunde sind diese Beurteilungsspielräume nicht sehr groß und fallen in der anschließenden Bewertungsdiskussion kaum auf. Im Allgemeinen vertrauen Entscheider und

Gerichte auf die Sachkenntnis der Kartierer. Zu diskutieren wäre allerdings, ob der Differenzierungsgrad des niedersächsischen Kartierschlüssels für die meisten Anforderungen der Planung nicht bereits zu hoch ist. Eine Biotoptypenkartierung sollte nicht so aufwändig und feinauflösend sein wie eine pflanzensoziologische Kartierung. In der Praxis (zum Beispiel für die Bewertung von Trassenvarianten für die BAB 20 Nordwestumfahrung Hamburg) werden deshalb Typen des niedersächsischen Schlüssels gelegentlich zu „Obertypen" zusammengefasst, da das Verfahren ansonsten zu unübersichtlich würde.

„Kartierprobleme" in der Praxis können neben einer unzureichenden oder fehlenden Operationalisierung noch weitere Ursachen haben. Beispielsweise könnte man es mit einem Stück Land zu tun haben, welches keinem der aufgelisteten Biotope sinnvoll zuzuordnen ist (vgl. Wiegleb et al. 2002: 305). Hierbei treffen die *Merkmale* der aufgelisteten Biotoptypen auf den Einzelfall nicht zu. Dieser Fall kann auftreten, wenn der zu kartierende Landschaftsausschnitt durch eine ansonsten unübliche Nutzungsform geprägt worden ist (z. B. auf militärischen Übungsplätzen) und daher über eine ungewöhnliche Art- und Strukturausstattung verfügt[27]. Wiegleb et al. (ebd.) empfehlen, in einem solchen Falle die kartierte Fläche als „nicht zuzuordnen"[28] zu kennzeichnen und zu *beschreiben*, oder einen neuen Typus im Schlüssel zu *definieren*. Dies läuft im Prinzip auf das Gleiche hinaus: als wichtig angesehene *Merkmale* des vorgefundenen Naturstückes werden festgelegt und somit ein *neuer Typus konstituiert*, der allerdings im ersten Falle „offen" ist und im zweiten Falle „operational geschlossen" sein kann. Eine weitere Möglichkeit ist, dass aufgrund der im Schlüssel ausgeführten Zuordnungsregeln ein Stück Land zu verschiedenen Typen zugeordnet werden kann (Wiegleb et al. ebd.). In einem solchen Fall, so Wiegleb et al. (ebd.), solle eine Zuordnungsregel „in Abhängigkeit vom Planungsziel" angegeben werden. Dieses erfordert zumindestens eine kurze Begründung.

Fazit: *Die Bewertung aufgrund der Typus-Zugehörigkeit ist einem Messvorgang analog, wenn der Typus mit Hilfe festgelegter Sachverhaltsklassen ausreichend operationalisiert ist und damit die Verknüpfungsregel zweifelsfrei angewendet werden kann. Ein dementsprechend zu bewertendes Objekt erhält seinen „Wert" durch seine Zugehörigkeit zu einer Klasse von Gegenständen, der zuvor dieser Wert zugeschrieben wurde.*

Die entscheidende Frage ist: „Gehört der Gegenstand wirklich dazu?". Die Frage muss in Form einer *ja/nein-Entscheidung* beantwortet werden: Entweder gehört der Sachverhalt in die Klasse der mit einem Wert belegten Sachverhalte/Typen oder nicht. Im Falle einer unvollständigen Operationalisierung ist eine messanaloge Zuordnung nicht möglich und es ergeben sich bei der Zuordnung Beurteilungsspielräume. Damit eine sinnvolle Zuordnung gewährleistet werden kann, müssen in solchen Fällen größere

---

[27] Die Verfasserin besitzt eine Vegetationsaufnahme von einem militärischen Übungsplatz, in welcher die prägenden Arten *Corynephorus canescens* (Silbergras) und *Phragmites australis* (Schilf) sind.
[28] Im Original „nicht zuordnenbar"

Anforderungen an das Wissen und die Erfahrung der Bearbeiter gestellt werden. Zudem muss darauf geachtet werden, dass die Bearbeiter in Zweifelsfällen *Begründungen* für ihre Einschätzung liefern, damit der Einstufungsvorgang trotz der fehlenden „Messanweisungen" nachvollziehbar ist.

Da das Gesetz im Falle der Biotoptypen klare und eindeutige Vorgaben zum Schutzstatus der entsprechenden Umweltgüter ausdrückt, ergeben sich keine Bewertungsprobleme bezüglich der Typen, sondern höchstens „Zuordnungsprobleme" bezüglich konkreter Flächen. Nun könnte man sich allerdings berechtigterweise fragen, warum denn ausgerechnet der Biotoptyp „Binsen- und seggenreiches Feuchtgrünland" und nicht etwa der Biotoptyp „Mesophiles Grünland" zu den „besonders geschützten Biotopen" in Schleswig-Holstein gehört. Die Antwort lautet: *Weil es so im Gesetz steht.* Die Juristen v. Mutius und Stüber (1998: 120) betonen, dass die „Verrechtlichung" von Umweltgütern bereits eine Bewertung durch den Gesetzgeber darstellt, bei der schon eine *Abwägung* zwischen Umwelt- und Naturschutzbelangen und anderen Interessen stattgefunden hat. Zudem sind wissenschaftliche Expertenmeinungen zur Entscheidungsfindung mit herangezogen worden.

Der eigentliche Bewertungsschritt im Sinne einer Wertzuweisung ist also im Gesetz bereits erfolgt und laut Biotopverordnung und Kartierschlüssel lediglich operationalisiert worden.

Hierzu sei allerdings bemerkt, dass der Schutzstatus eines eigentlich nach § 15 c LNatSchG beziehungsweise § 20 c des BNatSchG geschützten Biotopes *im Nachhinein noch Gegenstand einer Abwägung* werden kann. So besagt Abs. 2 des BNatSchG: „Die Länder können Ausnahmen zulassen, wenn die Beeinträchtigung der Biotope ausgeglichen werden können oder die Maßnahmen aus überwiegenden Gründen des Gemeinwohls notwendig sind." Hier geht es allerdings nicht um die oben erläuterte Frage, ob der vorfindliche Biotop zu einem der gesetzlich geschützten Typen gehört, sondern was eine „Beeinträchtigung" ist und wann diese als „ausgleichbar" bezeichnet werden kann, beziehungsweise ob der Eingriff unter „Maßnahmen, die aus überwiegenden Gründen des Gemeinwohls notwendig sind" zu subsumieren ist. Dass solche „Subsumtionen" sich nicht ganz so einfach gestalten wie im oben erläuterten Beispiel, dürfte klar sein. Es handelt sich hierbei nämlich nicht um Subsumtionen unter *festgelegte Sachverhaltsklassen*, sondern unter offene Begriffe, wobei ein solcher „Subsumtionsvorgang" nicht ohne weiteres dem in Kapitel 3.2 erläuterten Vorgang des logischen Subsumtionsschlusses entspricht (ausführlich Kap. 7).

3.3.3.2 Beispiel: Feststellung der Förderungswürdigkeit von Grünland im Rahmen des MEKA

Im vorangegangenen Kapitel wurde gezeigt, wie ein messanaloges Bewertungssystem aufgebaut sein kann, wie es funktioniert und an welcher Stelle der Bewertungsschritt stattfindet. Am Beispiel der „Feststellung der Förderungswürdigkeit von Grünland im

Rahmen des baden-württembergischen MEKA (Marktentlastungs- und Kulturlandschaftsausgleich[29], Briemle 2000) soll nun erläutert werden, zu welcher Art von Bewertungsanlässen messanaloge Bewertungsverfahren möglich und angebracht sind.

Das Ziel des Landes Baden-Württemberg ist es, extensiv bewirtschaftete, artenreiche, aber futterbaulich und ökonomisch geringwertige Grünlandtypen in ihrem gegenwärtigen Umfang zu erhalten, da diese einerseits aus Naturschutzsicht bedeutsam sind und ihnen andererseits eine wichtige ästhetische Funktion in der Landschaft zukommt. Im Rahmen des MEKA können Landwirte für eine Blumenwiese eine Zusatzhonorierung von „fünf Punkten pro ha à 10 Euro" beantragen. Die Bedingung hierfür ist, dass ihre Fläche unter die Klasse „artenreiches Grünland" fällt.

Bei der Operationalisierung dieser Klasse war zu beachten, dass die Landwirte ihre Flächen eigenständig anzumelden haben und daher in der Lage sein müssen, die Einstufung selbsttätig vorzunehmen. Daher wurde das Vorkommen bestimmter, besonders auffälliger Blütenpflanzen (sogenannter „Kennarten"[30]) als wertgebendes Merkmal gesetzt. Für die Ansprache im Gelände wurde ein Fotokatalog von 28 „Kennarten" zusammengestellt, wobei einige dieser „Kennarten" aus Aggregaten bestehen, zu dem verschiedene, ähnliche Arten zwecks besserer Bestimmbarkeit durch Laien zusammengefasst wurden („Margerite", „Glockenblumen", „Flockenblumen", „Milch- und Ferkelkräuter" usw.). Die Auswahl der „Kennarten" erfolgte nach den Kriterien „regelmäßige, räumliche Verbreitung im Bezugsgebiet" und „optische Auffälligkeit". Bei früheren Bewertungsansätzen, bei denen eine Honorierung bestimmter Leistungen (Bereitstellung von Ackerrandstreifen etc.) *allein vom Vorkommen* bestimmter Pflanzenarten abhängig gemacht wurde, kam es offensichtlich zu Missbrauch. Zahlungen wurden erschlichen, indem Kräuter einfach angesät wurden („Die Saatgutbranche hat längst reagiert", Roweck mündl.). Wohl um zu vermeiden, dass Einzelexemplare von „Kennarten" auf weiterhin intensiv genutzten Wiesen zum Beispiel gepflanzt oder auf Streifen angesät werden, oder um einen solchen Betrug zumindest zu erschweren, wurde für die Grünlandbewertung ein aufwändigeres Einstufungssystem gewählt. Die Operationalisierung lautet folgendermaßen (Briemle 2000: 172):

„(1) Das Grundstück ist entlang einer der beiden Diagonalen ... zu durchschreiten. Dabei ist die Wegstrecke gedanklich in drei gleich lange Abschnitte zu teilen.

(2) Jeder dieser drei Abschnitte ist im Bereich der seitwärts ausgestreckten Arme auf Kennarten zu kontrollieren. Die zu beurteilende Fläche ist ein Streifen links und rechts der ‚Ganglinie' von etwa 80 bis 90 cm (Armlänge). ... Bester Begehungs-Termin ist die Zeit vor der Nutzung des ersten Aufwuchses, also ... die Zeit zwischen Mitte Mai und Mitte Juni."

Die Bewertungsregel lautet wie folgt:

---

[29] Programm des Ministeriums Ländlicher Raum Baden-Württemberg zur Förderung, Erhaltung und Pflege der Kulturlandschaften und von Erzeugungspraktiken, die der Marktentlastung dienen.
[30] Diese „Kennarten" entsprechen ausdrücklich nicht den in der Pflanzensoziologie gebräuchlichen Kennarten (vgl. z. B. Dierßen 1990).

Eine Zusatzhonorierung ... wird gewährt, wenn in jedem dieser drei Abschnitte mindestens vier verschiedene Kennarten gefunden werden.

Selbstverständlich kann es bei der Ansprache der „Kennarten" durch die Landwirte zu Fehlern kommen, besonders wenn die Pflanzen nicht blühen. Insgesamt ist das System aber als recht robust einzuschätzen. Zudem gibt es wohl kaum eine Alternative zur Selbsteinstufung durch die Landwirte, da extra für die Einstufung von der Verwaltung angestellte Fachkräfte viel zu teuer wären.

Standardisierungen sind angebracht in Fällen, in denen ein hohes Maß an Nachvollziehbarkeit und Rechtssicherheit gefordert wird (Knickrehm et al. 2000: 14), zum Beispiel bei Fragen der Honorierung. Eine Einstufung nach Gutdünken verschiedener Bearbeiter würde mit einer großen Wahrscheinlichkeit dazu führen, dass ähnlich ausgestattete Wiesen verschiedener Landwirte unterschiedlich beurteilt werden würden. Eine Ungleichbehandlung von Mitgliedern derselben Wesenskategorie ist jedoch ungerecht, wie der Philosoph Perelman (1967) ausführt. Die formale Gerechtigkeit besteht nach Perelman (ebd.: 58) darin, *„eine Regel zu beachten, welche die Verpflichtung formuliert, alle Wesen einer bestimmten Kategorie auf eine bestimmte Weise zu behandeln"*. Gehört also ein Landwirt zu der Kategorie der „Landwirte, die ‚artenreiches Grünland' besitzen und schonend bewirtschaften", dann steht ihm die Prämie zu. Um die Gleichbehandlung wirklich zu gewährleisten, muss allerdings geklärt sein, was sich hinter dem Begriff „artenreiches Grünland" verbirgt, der Begriff muss also operationalisiert werden. Durch die Operationalisierung wird eine geschlossene Merkmalsklasse gebildet, die Einstufung eine Einzelfläche entspricht damit einer einfachen „Ja/Nein-Entscheidung". Die Operationalisierung gelingt *verhältnismäßig einfach*, da die *Menge* der extensiv bewirtschafteten Wiesen und ihre relevante Merkmalsausprägung im Bezugsraum Baden-Württemberg (also die Bezugsmenge) einigermaßen *überschaubar* ist. Zudem verfolgt die Klassifikation ausdrücklich keine differenzierte Beurteilung nach Naturschutz-Kriterien, etwa im Kontext des Schutzes seltener Arten und Pflanzengesellschaften[31] (Briemle 2000: 172), sondern die Methode zielt vor allem auf visuell-ästhetische Aspekte im Zuge des Kulturlandschaftsschutzes, genauer gesagt auf einen kleinen Teilaspekt davon (Blumenwiesen). Daher ist das Bewertungssystem nicht so komplex wie manche im Naturschutz gebräuchlichen Bewertungsverfahren. Zudem erfordert es nicht so viel verallgemeinerbares wissenschaftliches Wissen, das bei vielen komplexeren Naturschutzbewertungen oft fehlt.

Offensichtlich gelingen sinnvolle Operationalisierungen und damit Standardisierungen von Bewertungsverfahren also am einfachsten, wenn *Bewertungsfragestellung und Bezugsraum eng eingegrenzt sind*. Man spricht in diesem Zusammenhang oft von „sektoralen" Bewertungsverfahren (z. B. Dierßen & Roweck 1998). Gleichzeitig wird eine Standardisierung erleichtert, wenn eine ausreichende Menge *verallgemeinerbares*

---

[31] Wie der Autor allerdings bemerkt, gehören viele der prämienwürdigen bunte Blumenwiesen gleichzeitig zu den geschützten Lebensraumtypen nach der FFH-Richtlinie, zum Beispiel „artenreiche montane Borstgrasrasen auf Silikatböden", „magere Flachland-Mähwiesen" und „Berg-Mähwiesen", wodurch sich ein „Mitnahmeeffekt" ergibt.

Wissen zur Verfügung steht, und wenn über die *Wertzuweisung selbst* mehr oder weniger Konsens herrscht Die Wertschätzung für bunte Blumenwiesen wird wohl innerhalb unserer Gesellschaft von der Mehrheit geteilt. Dieses Prinzip erklärt auch, warum man im abiotischen Bereich eher standardisierte Wertzuweisungen findet als etwa im Landschafts-, Arten- und Biotopschutz. Eine Operationalisierung einer Wertklasse „Trinkwasser guter Qualität" dürfte weniger Meinungsverschiedenheiten hervorrufen als eine Operationalisierung einer Wertklasse wie „aus Naturschutzsicht schützenwerte Flächen", da sich im abiotischen Umweltschutz im Allgemeinen weniger Wertkonflikte ergeben als im Arten-, Biotop- oder Landschaftsschutz.

3.3.4 Sind intersubjektive Bewertungsverfahren denkbar, die keine numerisch repräsentierten Maßstäbe besitzen?

Nachdem nun die Bewertung aufgrund der Zugehörigkeit zu operational „geschlossenen" Wertklassen anhand zweier Beispiele erläutert wurde, sei darauf hingewiesen, dass intersubjektive Bewertungsschritte nicht nur mittels *numerischer Messanweisungen* möglich sind. Unsicherheiten in Bewertungsverfahren betreffen oft die Intension von Begriffen („Was *bedeutet* der Begriff „erheblicher Eingriff" in diesem Fall?").

Einerseits kann man solche Unsicherheiten vermeiden, indem man, wie oben erläutert wurde, numerisch operationalisierte Wertklassen bildet. Andererseits sind intersubjektiv nachvollziehbare Bewertungsverfahren ohne Messungen prinzipiell möglich, wenn man innerhalb der Adressatengemeinschaft („Sprechergemeinschaft") eine *Einigung erzielen würde über die Intension aller verwendeten Begriffe*. Damit wäre eine rein sprachliche und trotzdem intersubjektive Bewertung möglich. Im Planerjargon werden solche sprachlichen Bewertungsverfahren „verbal-argumentativ" oder „planerisch-argumentativ" genannt.

Die gelegentlich geäußerte Einschätzung, „verbal-argumentative" Ansätze *ohne Messungen* seien generell fachlich schlechter zu beurteilen als Ansätze *mit Messungen*, weil erstere keine „formale Struktur" hätten (z. B. Bastian & Schreiber 1999: 395), ist fragwürdig. Exemplarisch hierzu ein Zitat des Planers Auhagen (1997: 97, Her. K. R.): „Planerisch-argumentative Ansätze können wegen Fehlens einer formalen Struktur auch ohne Messungen auf Basis von Abschätzungen oder intuitiven Beurteilungen verfolgt werden. *Allerdings leidet ihre fachliche Qualität darunter"*. Wenn nach dem Subsumtionsschema aus Kap. 3.2 vorgegangen wird, haben auch „verbal-argumentative" Ansätze ohne Messungen im engeren Sinne eine korrekte formale Struktur. Auf keinen Fall darf „verbal-argumentativ" von vornherein mit „intuitiv" und „Abschätzung" gleichgesetzt werden. Im Prinzip kann ein Bewertungsverfahren, in dem mit Begriffen *unzweifelhafter Intension* gearbeitet wird, ebenso intersubjektiv nachvollziehbar sein wie ein Verfahren mit numerischen Messanweisungen. Hat man zum Beispiel die Bewertungsregel als Prämisse: „Wenn in einem Wald der Schwarzstorch brütet, dann ist der Wald für den Artenschutz besonders wertvoll"

und den Sachverhalt: „Im Schierenwald brütet der Schwarzstorch.",

dann folgt daraus das Werturteil: „Der Schierenwald ist für den Artenschutz besonders wertvoll".

Dieser Bewertungsablauf kann als unzweifelhaft und intersubjektiv nachvollziehbar gelten, weil alle Begriffe hinreichend bestimmt sind und der Sachverhalt daher auch ohne einen Messvorgang im engeren Sinne zweifelsfrei ermittelt werden kann.

Nun könnte man jedoch einwenden, dass der Begriff „Messvorgang" in einem weiten Sinne aufgefasst werden kann[32]. Danach könnte man den oben erläuterten Vorgang der Subsumtion auch als Messvorgang bezeichnen, wobei die Sachskala die beiden Klassen „Gebiet mit Brutvorkommen des Schwarzstorches" und „Gebiet ohne Brutvorkommen des Schwarzstorches", die Wertskala die Klassen „für den Artenschutz besonders wertvoll" und „für den Artenschutz nicht besonders wertvoll" aufweist (nominale Skaleneinteilung). Ein logisches[33] und zugleich sachliches Problem wird hier jedoch deutlich, denn obwohl die positive Aussage „Wenn in einem Wald der Schwarzstorch brütet, dann ist der Wald für den Artenschutz besonders wertvoll" wahr ist, stimmt die Aussage „Wenn in einem Wald *kein* Schwarzstorch brütet, dann ist der Wald für den Artenschutz *nicht* besonders wertvoll" in dieser generellen Form nicht. Wir haben es also in diesem „schwarzstorchbezogenen Fall" *nicht* mit einem binären nominalen Wertmaßstab „besonders wertvoll/ nicht besonders wertvoll" zu tun. Das Brutvorkommen des Schwarzstorches ist vielmehr nur *ein* Merkmal, welches ein „für den Artenschutz besonders wertvolles Gebiet" auszeichnen *kann*. Für fast alle Wertklassen in naturschutzfachlichen Bewertungsverfahren gilt, dass *nicht nur ein Merkmal für die Einstufung relevant ist*. Außerdem ist die Menge der Merkmale, die ansonsten noch zu beachten sind, im Normalfall nicht von vornherein festgelegt. Wegen der unendlichen Vielzahl denkbarer Fällen ist dieses gar nicht möglich. *Wenn* jedoch ein Schwarzstorchweibchen brütend auf dem Nest sitzt, kann man sich seiner Sache sicher sein. Aufgrund der zweifelsfreien Einigung über die Intension aller verwendeten Begriffe sind die *positiven Relationen festgelegt*. Wertzuweisungen dieser Art, bei denen Sach- und Wertebene rein begrifflich repräsentiert werden und bei denen trotzdem aufgrund zweifelsfreier Intensionen die zumindestens die positiven oder negativen Relationen festgelegt sind, sollten allerdings nicht als „Messungen" oder als „mess-

---

[32] wie Schröder (1996) dies offensichtlich tut
[33] Dies ist ein allgemeines logisches Problem. Aus logischer Sicht hat man es mit dem sog. *modus ponens* zu tun, bei dem aus einem Konditionalsatz mit Hilfe eines kategorischen Satzes auf einen anderen kategorischen Satz geschlossen wird:"Wenn A ist, ist B; A ist, also ist B". Der *modus tollens*, bei dem aus der Verneinung des Bedingten auf die Verneinung der Bedingung geschlossen wird („Wenn A ist, ist B; B ist nicht, also ist A nicht.") stellt aus Sicht der strengen Logik eine sog. „kategoriale Entgleisung" dar, denn eine Negation des Nachsatzes kann nicht zu einer Negation des Vordersatzes führen (vgl. Kaufmann 1997: 73 f.).

analog" bezeichnet werden, da hier keine formal vollständige nominale Wertskala mit *sich ausschließenden Klassen* vorhanden ist.

Da allerdings die Einigung über die Intension von Begriffen oft nur annähernd ist, viele Begriffe in ihrer Bedeutung vage sind und sich zudem Begriffsinhalte einer lebenden Sprache ständig wandeln, erscheint es in vielen Fällen problematisch, sich bei der Herstellung von Bewertungsverfahren darauf zu verlassen, dass die verwendeten Begriffe von jedem Adressaten verstanden und in der gleichen Weise gebraucht werden. Wie wir Begriffe verwenden, hängt von unserer Situation und unserem Erlebnishintergrund ab; es schwingen historische, soziale, milieugeprägte, regionale und oft subjektive Vorstellungen und Erfahrungen mit. Einen von den Umständen völlig unabhängigen Wortsinn gibt es in der normalen Sprache kaum (Rüthers 1999: 91ff.). Trotz allem: Für viele praktische Fragestellungen, wie etwa die des obengenannten Beispiels, sind Sprecher und Adressatenkreis sich der Verwendung der Begriffe einig. Von vornherein ist wohl jedem klar, dass unter „Wald" in diesem Zusammenhang nicht unbedingt eine Ansammlung von Bäumen in einem Wildpark zu verstehen ist, in der ein Käfig mit einem brütenden Schwarzstorchpärchen steht, obwohl der reine Wortlaut des Textes diese Interpretation nicht ausschließt. Vorausgesetzt wird, dass ein sprachlicher Ausdruck von angesprochenen Personen im entsprechenden *Zusammenhang* aufgefasst und verstanden wird.

Die Bedeutung vieler anderer Begriffe ist allerdings nicht so klar. Seit einiger Zeit wird daher viel Mühe darauf verwandt, „Standarddefinitionen" für seit langem in Planung und Bewertung gebräuchliche Begriffe zu schaffen (z. B. Bernotat et al. 2002, Kaiser et al. 2002, Wiegleb et al. 2002). Die definitorische Klärung grundlegender Begriffe ist ein ebenso wichtiges wie schwieriges Unterfangen, denn selbst so grundlegende Begriffe wie „Biotop", „Ökosystem" oder „Artenvielfalt" sind Gegenstand kontroverser Diskussionen.

Hierzu sei allerdings bemerkt, dass viele Begriffe der „Naturschutzfachsprache", die in Bewertungsverfahren verwendet werden, durchaus von Mitgliedern der Zunft verstanden und in einem übereinstimmenden Maße und zielführend verwendet werden, und dies selbst dann, wenn den entsprechenden Personen die „offizielle" wissenschaftliche Definition gar nicht bekannt ist. Wenn man Biotopkartierer nach der Definition für „Biotop" fragte, hätten viele einige Schwierigkeiten. Trotz allem ist mit diesen Begriffen ein *gewisser Grad* von Intersubjektivität erreichbar, der für die erfolgreiche Ausübung der praktischen oder wissenschaftlichen Tätigkeit ausreicht (z. B. der Biotopkartierung), auch wenn sie keine „idealen" Begriffe im Sinne der Carnapschen Wissenschaftssprachen sind („fachliche Umgangssprache", vgl. Kaufmann 1997: 115). Für fachfremde Personen sind derartige Ausführungen allerdings oft nicht verständlich und müssen aus dem „Fachjargon" erst einmal in die normale Umgangssprache übersetzt werden.

4 Versuch einer Verortung und Systematisierung von „Bewertungsproblemen" bei der Anwendung vorhandener Verfahren

4.1 Herleitung der Grundkategorien

In den folgenden Kapiteln soll eine Übersicht über mögliche Bewertungsprobleme und ihre Ursachen gegeben werden. Als erstes sind jene Probleme zu analysieren, die bei der *Anwendung* gegebener Bewertungsregeln und Bewertungsverfahren auftreten können. Danach (Kap. 5) wird auf die Schwierigkeiten eingegangen, die sich bei der *Herstellung* neuer Bewertungsverfahren oder –regeln ergeben.

Bekanntlich ergeben sich „Bewertungsprobleme" nicht erst dann, wenn neue Bewertungsverfahren herzustellen sind. In der Praxis tauchen Probleme bereits auf, wenn formalisierte und mehr oder weniger operationalisierte Bewertungsverfahren zur Verfügung stehen. Welche Arten von Problemen sind es nun, die sich bei der *Anwendung von Bewertungsverfahren* ergeben können?

Ein formales Bewertungsverfahren schreibt vor, dass Objekte der gleichen Merkmalskategorie in der gleichen Weise bewertet werden sollen (vgl. Kap. 2.2.4). Eine operationalisierte Bewertungsregel als Kernstück des Bewertungsverfahrens liefert dabei die Merkmale und ihre Ausprägung. Sie ermöglicht es zu bestimmen, wann eine Objekt in eine bestimmte Wertklasse gehört. Gleichzeitig wird das Werturteil intern durch die Bewertungsregel begründet (vgl. Kap. 3.2.2). Formal gesehen wären hiermit alle „Bewertungsprobleme" gelöst, denn für jedes Objekt a wäre zweifelsfrei bestimmbar, ob es in einer bestimmten Weise zu bewerten sei oder nicht. So ergibt sich vereinfacht folgender logischer Syllogismus:

Wenn a ein X ist und alle X sollen den Wert W erhalten, dann muss a den Wert W erhalten.

In der Praxis gestaltet sich die Anwendung vorhandener Verfahren jedoch schwieriger. Wie bereits in Kap. 2.2.4 erläutert wurde, können Bewertungsprobleme ihre Wurzel sowohl in *Zweifeln an der Gültigkeit der Bewertungsregel* als auch in *Zweifeln an der Wahrheit des empirischen Untersatzes* haben. Die Gültigkeit der Bewertungsregel wiederum kann *in Bezug auf die Wahrheit der ihr zugrundegelegten empirischen Annahmen oder die Angemessenheit der verwendeten Wertstandards* zweifelhaft sein. In der Theorie ist diese Unterscheidung logisch, in der Praxis jedoch bereitet sie oft große Schwierigkeiten. Dies macht Bewertungsprobleme so verzwickt und vielschichtig. Nach Auffassung der Bearbeiterin lassen sich viele Bewertungsprobleme leichter lösen, wenn man ihre Herkunft und Ursache kennt. Im Folgenden sollen daher Probleme, die sich bei der Anwendung von Bewertungsverfahren ergeben können, in Grundkategorien eingeteilt werden. Die im Folgenden angegebenen Kategorien sind nicht exklusiv; immer sind Fälle denkbar, die mehreren Kategorien zuzuordnen sind. Zudem ist nicht ausgeschlossen, dass sich noch andersartige Probleme bei der Anwendung vorhandener Verfahren oder –Regeln ergeben können[34]. Nach Meinung der Verfasserin gibt die Einteilung jedoch eine gute Hilfe, die häufigsten Bewertungsprobleme zu systematisieren und ihre Ursachen zu prüfen. Vor allem soll das Schema dazu dienen, empirische und technische Probleme von Unsicherheiten in Wertfragen so gut wie möglich zu trennen. Viele Missverständnisse innerhalb der Bewertungsdebatte resultieren nämlich aus der Tatsache, das technische Probleme, wissenschaftlich-empirische Fragen und Wertfragen „in einen Topf geworfen" werden und infolgedessen kaum rational lösbar sind.

Zunächst sollen die *Grundkategorien anhand logischer Überlegungen hergeleitet* und im Bewertungsablauf verortet werden. Nehmen wir uns zwecks Strukturierung des Bewertungsablaufes noch einmal den logischen Syllogismus vor:

Wenn a ein X ist und alle X sollen den Wert W erhalten, dann soll a den Wert W erhalten.

In diesem Satz finden sich

(1) die Bewertungsregel:	Alle X sollen den Wert W erhalten
(2) der Untersatz:	a ist ein X
(3) das Werturteil als Schlussfolgerung	a soll den Wert W erhalten.

Hier wird ein Einzelfall a, also üblicherweise eine bestimmte Fläche, als Wertträger identifiziert, indem sie unter den Typus X subsumiert wird, welcher wiederum anhand der Bewertungsregel „Alle X sollen den Wert W erhalten" bewertet wird. Als erstes ist immer die logische Schlüssigkeit des Werturteils zu prüfen. Hat man etwa den Syllogismus: „Wenn a ein X ist und alle X sollen den Wert W erhalten, dann soll a *nicht* den Wert W erhalten", liegt ein logischer Fehler vor. In den meisten Fällen dürfte dies jedoch nicht das Problem sein.

An der logischen Schlüssigkeit des Werturteils besteht also meist kein Zweifel, wohl aber an der *inhaltlichen Richtigkeit*[35]. Zweifler können hier an mehreren Punkten ansetzen:

---

[34] In der Praxis dürften zudem Probleme eine Rolle spielen, die z. B. durch psychologische Beeinflussung von Diskursteilnehmern in hierarchischen Sprechsituationen oder durch Konkurrenzdruck oder Missgunst innerhalb realer Fachdiskurse verursacht werden. Solche psychologisch erklärbaren Probleme werden in dieser Arbeit nicht berücksichtigt.
[35] zum Begriff der „Richtigkeit" vgl. Alexy (1996).

(a) Sie bezweifeln, dass a ein X ist.

(b) Sie erkennen zwar an, dass a ein X ist, bezweifeln aber, dass es sinnvoll sei, dem Einzelfall a wie allen anderen in der gleichen Weise bewerteten Objekten (die auch alle X sind) den Wert W zuzuerkennen, obwohl sie nichts dagegen einzuwenden haben, andere Gegenstände so zu bewerten. Ihr Zweifel gilt allein der Bewertung des *Einzelfalles* a nach dem vorgegebenen Schema.

(c) Sie bezweifeln generell die Gültigkeit der Bewertungsregel „Alle X sollen den Wert W erhalten".

Hiermit sind die folgenden drei *Grundkategorien* hergeleitet:

GK (a) Zweifel an Subsumtion des Einzelfalls unter die Sachkategorie („Ist a wirklich ein X?")

GK (b) Zweifel an Subsumtion des Einzelfalls unter die Wertkategorie („a ist zwar ein X, aber soll a auch den Wert W bekommen?")

GK (c) Zweifel an der Gültigkeit der Bewertungsregel („Sollen wirklich alle X den Wert W bekommen?")

Diese Grundkategorien (Abb. 6) sollen im Folgenden noch weiter verfeinert werden.

Wenn a ein X ist, und (R) alle X sollen den Wert W erhalten, dann soll a den Wert W erhalten.

GK (a)	GK (b)	GK (c)
Zweifel an Subsumtion des Einzelfalls unter Sachkategorie	Zweifel an Subsumtion des Einzelfalls unter Wertkategorie	Zweifel an Gültigkeit der Bewertungsregel
„Ist a wirklich ein X?"	„a ist zwar ein X, aber soll a auch den Wert W bekommen?	„Sollen wirklich alle X den Wert W bekommen?"

a: Individuenvariable X: Sachkategorie
W: Wertkategorie R: Bewertungsregel

Abb. 6: Darstellung der Grundkategorien

4.2 Zweifel an Subsumtion des Einzelfalls unter die Sachkategorie (Grundkategorie a)

(a) *Jemand bezweifelt (oder weiß nicht genau), ob a ein X ist.*

In diesem Fall wird also die Richtigkeit des Untersatzes bezweifelt (Abb. 7). Woran kann das liegen? Hier ergeben sich zwei Möglichkeiten, die man wiederum anhand eines Syllogismus strukturieren kann. In diesem Syllogismus ist die Wertklasse X durch wertgebende Merkmale gekennzeichnet, also *operationalisiert* worden (die ausführliche Version dieses Syllogismus findet sich in Kap. 2.2.4).

Wenn ein X durch die Merkmale m_1 bis m_n gekennzeichnet ist, und a die Merkmale m_1 bis m_n aufweist, dann ist a ein X.

Einerseits können sich Probleme ergeben, weil in dem Bewertungsverfahren, das man anwenden möchte, die *Klasse X nicht ausreichend bestimmt ist (Problem der fehlenden oder unzureichenden Operationalisierung, a.1)*, und man damit nicht in der Lage ist, am konkreten Einzelfall festzustellen, ob es sich um ein X handelt. Die Unsicherheit betrifft also den Obersatz des zuletzt genannten Syllogismus. Weil nicht klar und deutlich angegeben wird, durch welche Merkmale sich Vertreter der Klasse X auszeichnen, weiß man nicht, worauf man achten soll, wenn man versucht, ein Objekt zu bewerten. Wenn übrigens umgekehrt in einem Bewertungsverfahren einfach *behauptet wird, a sei ein X, jedoch ohne dass gesagt wird, woran man ein X erkennt*, zählt auch dies zu den Fällen fehlender Operationalisierung. Zu einem Problem wird dieser Sachverhalt allerdings erst dann, wenn andere an der Einstufung von a als X *zweifeln*.

Vom Problem der fehlenden oder unzureichenden Operationalisierung grundsätzlich zu unterscheiden sind *Erfassungsprobleme (a.2)*. Diese treten auf, wenn zwar bekannt ist, worin die wertgebenden Merkmale bestehen, *es aber aus bestimmten praktischen, technischen oder stochastischen Gründen nicht möglich ist, diese Merkmale am konkreten Objekt festzustellen*. Die Unsicherheit betrifft also den Untersatz des Syllogismus: man weiß nicht genau, oder man bezweifelt, ob a die wertgebenden Merkmale m_1 bis m_n *wirklich aufweist*.

a. 1: Schwierigkeiten wegen fehlender oder unzureichender Operationalisierung der Sachkategorie

Die erste Problemkategorie aus (a) umfasst also alle Probleme, die ihre Ursache in einer *unzureichenden oder fehlenden Operationalisierung der Sachkategorie* haben. Auf diese Art von Problemen wurde in Kap. 3.3.3.1. bereits theoretisch und am Beispiel der Biotoptypen eingegangen: ist ein Biotoptyp in einem Kartierschlüssel nicht ausreichend operationalisiert, kommt es zu „Kartierproblemen", das heißt, man ist sich unsicher, ob eine Fläche einem bestimmten Typ zuzuordnen ist oder nicht.

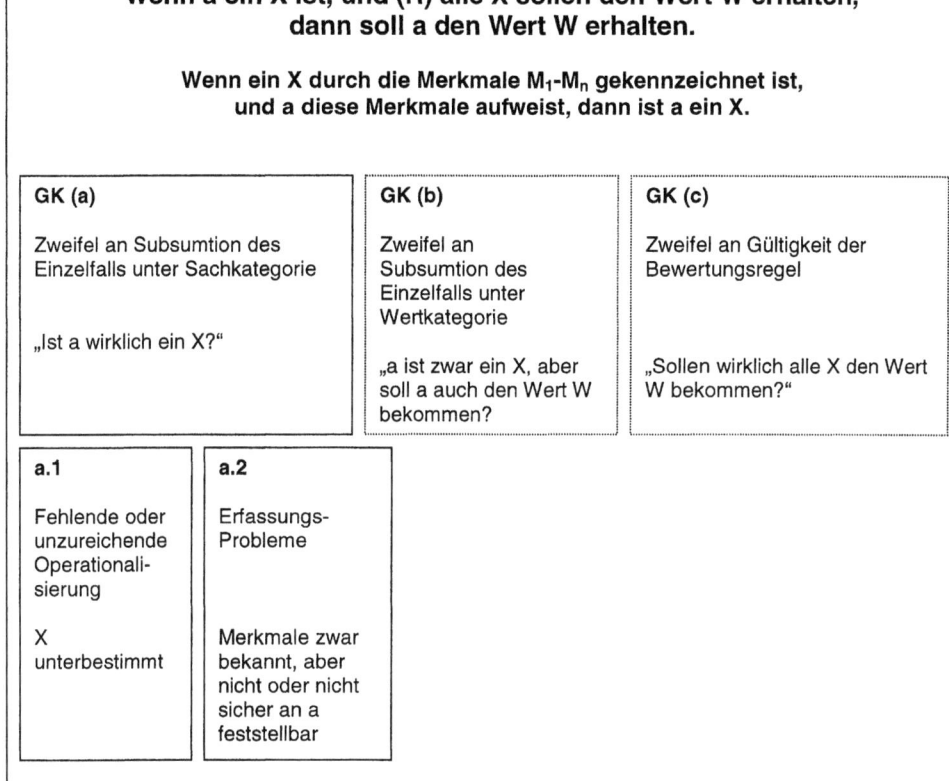

Abb. 7: Darstellung und Differenzierung der Grundkategorie (a)

Besonders schwierig wird es, wenn fließende Übergänge zwischen den Typen existieren („Übergänge-Problem"). Handelt es sich also um einen Sandmagerrasen oder um ein mesophiles Grünland; eine Sandheide oder ein Trockengebüsch? Um es allgemein zu formulieren: die Klasse X ist in einem solchen Maße *unbestimmt*, dass man nicht genau weiß, ob *ein spezieller, zu bewertender Sachverhalt a unter die Menge der Sachverhalte (X) fällt, die laut Regel in einer bestimmten Weise bewertet werden sollen*. Die Formulierung der *Merkmale* und eventuell der dazugehörigen Messvorschriften fehlt entweder ganz, oder es sind für die Bezeichnung der Eigenschaften *unklare und mehrdeutige Begriffe* verwendet worden. Wie in Kap. 3.3.3 gezeigt wurde, ist in solchen Fällen ein messanaloger Bewertungsvorgang nicht möglich, weil man nicht weiß, was man messen soll, oder anders ausgedrückt, weil man nicht weiß, woran man Vertreter der Klasse X überhaupt erkennen soll. Wie man sich in einem solchen Fall behelfen kann, wird in Kap. 7 erläutert.

Wie oben bereits gezeigt, kann das Problem ebenso in Erscheinung treten, wenn in einem Bewertungsverfahren ein Objekt entweder direkt oder über einen bestimmten Typus einer Wertklasse zugeordnet wird, ohne dass Zuordnungsregeln angegeben werden. Falls es sich um eine Einstufung handelt, die innerhalb des Anwender- und Adressatenkreises nicht angezweifelt wird (zum Beispiel, weil alle Beteiligten sie als „evident" ansehen, vgl. Kap. 8.1), gibt es kein Problem. Problematisch wird die Sache dann, wenn andere die Einstufung anzweifeln und sie deshalb prüfen möchten. Wegen der fehlenden Operationalisierung ist sie nämlich nicht prüfbar in dem Sinne, dass zugrundegelegte empirische Daten oder Annahmen überprüft werden könnten.

Ein Beispiel aus der Praxis: Ein Teilbereich eines militärischen Übungsplatzes der Bundeswehr, der aufgrund von Fahraktivitäten mit Panzern beinahe vegetationsfrei war, bekam im Rahmen einer UVP eine besonders niedrige Hemerobiestufe[36] zugeordnet. Gründe für die Einstufung oder gar Zuordnungsregeln wurden nicht angegeben, die Hemerobiestufe ist in diesem Fall also unterbestimmt. Daher ist die Einstufung schwer nachzuvollziehen. Zweifel an der Einstufung können nur in Form von Zweifeln an deren *Plausibilität* geäußert werden. In der Tat ist es nicht gerade plausibel, dass eine Dünenlandschaft, die durch Befahren mit Panzern vegetationsfrei gehalten wird, einem niedrigen Hemerobiegrad zugeordnet wird.

a. 2: Erfassungsprobleme

Diese Problemkategorie zeichnet sich dadurch aus, dass *die wertgebenden Merkmale M_1 bis M_n bei dem Einzelfall a aus praktischen Gründen nicht oder nicht sicher festgestellt werden können*. Im Gegensatz zur vorherigen Kategorie ist jedoch *bekannt, worin die wertgebenden Merkmale bestehen*. Man kann sie nur im Einzelfall nicht nachweisen.

Mit dieser Art von Problem haben wir es zu tun, wenn eine zuverlässige Erfassung der wertgebenden Merkmale oder der dazugehörigen (validen) Indikatoren zum Beispiel aus praktischen oder finanziellen Gründen in einem Anwendungsfall *zu aufwändig* ist. Probleme ergeben sich in der Praxis häufig dann, wenn die Erfassungs- und Kartierzeiträume aus pragmatischen oder politischen Gründen so ungünstig gewählt werden, dass zum Beispiel wertgebende Arten oder Indikatorarten zum Kartierzeitpunkt gar nicht oder nur mit großer Unsicherheit nachgewiesen werden können (*unbrauchbare Kartierergebnisse*). Zu knappe Untersuchungszeiträume, zum Beispiel eine UVP in einem drei Monate dauernden Raumordnungsverfahren, welches im Oktober beginnt (vgl. Scholles 1997: 184), sind in der Praxis eine häufige Ursache. Aus finanziellen oder politischen Gründen wird der Untersuchungsumfang oft so stark zusammenge-

---

[36] Hemerobie ist ein integrierendes Maß für den menschlichen Kultureinfluss, in dem die „Gesamtheit aller Wirkungen, die bei beabsichtigten und nicht beabsichtigten Eingriffen des Menschen in Ökosysteme stattfindet" zusammenfasst wird (Blume & Sukopp 1976: 83). In Bewertungen wird ein niedriger Hemerobiegrad oft als wertgebendes Kriterium verwendet.

strichen, dass die gesammelten Daten kaum Aussagen über die ökologische Wertigkeit von Gebieten zulassen.

Zudem reichen übliche Untersuchungsstandards in bestimmten Fällen nicht aus, um wertgebende Merkmale mit ausreichender Sicherheit zu erfassen. Wie viele Untersuchungen belegen, tritt dieses Problem häufig innerhalb zoologischer Fachbeiträge auf, denn viele wertgebende Arten sind generell schwer zu erfassen. Planerische Untersuchungsstandards, wie Tagfaltererfassungen mittels einiger Begehungen zur Flugzeit sind vielfach nicht ausreichend, um wertgebende Falterarten zuverlässig nachzuweisen. Wie Hermann (1996: 152) berichtet, wurde ein Vorkommen des hochgradig gefährdeten Segelfalters (*Iphiclides podalirius*) von professionellen Kartierern übersehen, weil diese, wie es dem planerischen Standard entspricht, nur nach fliegenden Tieren gesucht hatten. Hingegen fand „im gleichen Untersuchungsgebiet und im selben Jahr ein mit der Art sehr gut vertrauter Experte über 50 Segelfalter-Raupen. Zwischenzeitlich konzipierte Schutzmaßnahmen für die stark gefährdete Population wären vermutlich nicht einmal erwogen worden, wenn man der Planung allein die von anderen Bearbeitern ermittelten Bestandsdaten zugrundegelegt hätte." Nicht zuletzt kann der Einsatz schlecht ausgebildeter Kartierer oder ein unglücklicher Zufall wie ein plötzlicher Wetterumschwung während des Kartierens dazu führen, dass wertgebende Merkmale, zum Beispiel das Vorkommen gefährdeter Arten, einfach übersehen werden (vgl. Hermann 1996: 143).

Manchmal ist auch das Gegenteil der Fall: wertgebende Merkmale werden fälschlicherweise festgestellt. Gelegentlich „finden" Kartierer irrtümlicherweise in einem Gebiet hochgradig gefährdete Arten. Solche Fehlbestimmungen fallen dann unangenehm auf, wenn diese Arten ansonsten im Naturraum noch gar nicht nachgewiesen worden waren oder der Standort gänzlich ungeeignet erscheint. So berichtet Hermann (ebd.):

„(Es) waren früher erhobene faunistische Daten anderer Bearbeiter auszuwerten. Die Artenliste eines mit Heuschrecken-Untersuchungen beauftragten Biologen enthielt u. a. den Rotleibigen Grashüpfer (*Omocestus haemorrhoidalis*), eine hochgradig gefährdete Magerrasenart. Die Fundstellen waren in einer Karte verzeichnet. Dabei handelte es sich um Brombeergebüsche und Säume entlang eines eutrophen Grabens. Erwartungsgemäß ergab die Überprüfung angeforderter Belegtiere ausnahmslos Fehlbestimmungen."

Der Kartierer hatte sich also geirrt, ein Fachmann schöpfte angesichts der ungeeigneten Standortqualitäten Verdacht, die Angaben waren wegen der Karteneintragung und der aufbewahrten Belegtiere falsifizierbar. In vielen Fällen ist eine Falsifizierung der Kartierergebnisse im Nachhinein allerdings nicht mehr möglich, schon allein deswegen, weil kein Fachpersonal zur Kontrolle unplausibler Kartierergebnisse zur Verfügung steht. Die Folge können völlig unsinnige Wertzuweisungen und unangemessene Prioritätensetzungen im Naturschutz sein. Daher regt Hermann (ebd.) an, dass Kartierergebnisse zum Beispiel von Naturschutzbehörden auf ihre Vollständigkeit im Vergleich zu Erwartungswerten und auf ihre Plausibilität geprüft werden sollten. Zudem fordert der Autor Kartierer dazu auf, ihre eigenen Erfassungsmöglichkeiten und Kenntnisse selbstkritisch einzuschätzen.

Man könnte nun einwenden, dass es sich bei „Erfassungsproblemen" doch meist um Probleme handelte, die aufgrund einer unklaren oder fehlenden Messanweisung zustandekommen. Würde man zum Beispiel bei der Erfassung von Tagfaltern aufgrund der Erfahrung mit den Segelfaltern die Standards und die Messanweisungen verändern, also zusätzlich zu den Begehungen zur Flugzeit auch noch die Suche nach Larvalstadien und Eiern zum Standard machen, so könnte man argumentieren, dann hätte man doch das Problem gar nicht. *Erfassungsprobleme, könnte man folglich schließen, sind eigentlich Operationalisierungsprobleme.* Viele Autoren argumentieren in dieser Weise, die Konsequenz ist die Forderung nach einer vermehrten *Standardisierung* von Untersuchungsmethoden (z. B. Finck et al. 1995, Fründ et al. 1994, Bernotat, Schlumprecht et al. 2002). Prinzipiell ist dem zuzustimmen, denn durch eine fachlich angemessene Art der Operationalisierung (und Standardisierung) kann man eine Reihe von Erfassungsproblemen aus der Welt schaffen, wie in Kap. 3.3.3 bereits erläutert wurde. Insbesondere kann man durch standardisierte Methoden den *Bearbeiter-Einfluss* vermindern und damit eine bessere *Vergleichbarkeit* von Ergebnissen erreichen.

Hermann (ebd.: 152) allerdings bezweifelt, dass eine methodenbezogene Standardisierung wirklich die zuverlässige Ermittlung wertgebender Eigenschaften eines Gebietes mit ausreichender Wahrscheinlichkeit garantiert. Das Ziel einer Erfassung läge schließlich primär in der Ermittlung der Wertigkeit für den Naturschutz; die Bearbeiterunabhängigkeit und Vergleichbarkeit von Daten dürfe kein Selbstzweck sein. So fordert der Autor zusätzlich zu inhaltlichen Standardisierungen eine „Standardisierung der Bearbeiter-Qualifikation auf ausreichend hohem Niveau". Der Faktor „Erfahrung der Bearbeiter" ist allerdings, wie Hermann auch selbst einräumt, nicht leicht zu standardisieren. In einem Beispiel wird dies deutlich:

"Im Rahmen der UVU für ein Freiburger Bauvorhaben wurde eine Heuschreckenart wiedergefunden, die in Deutschland seit mehr als 20 Jahren als ausgestorben galt. Ursprüngliche Bebauungsabsichten gerieten dadurch ins Wanken ... Was aber wäre passiert, wenn der Bearbeiter des Heuschrecken-Fachbeitrages darauf verzichtet hätte, gegen Ende seiner Bestandsaufnahme einem ‚inneren Instinkt' zu folgen und eine eher uninteressant wirkende Fläche noch einmal intensiver zu begehen? Die Braunfleckige Beißschrecke wäre nicht wiedergefunden ... worden, ihr Habitat im Rahmen der UVU anders bewertet und mit hoher Wahrscheinlichkeit vollständig überbaut worden." (ebd.: 143).

Jeder Kartierer kennt das intuitive Gefühl, irgendwo noch einmal intensiver suchen zu wollen, weil man einfach „spürt", dass ein Standort zum Beispiel für eine bestimmte, zu erwartende Art geeignet sein könnte. Operationalisierbar ist so etwas kaum. Man kann höchstens fordern, dass für bestimmte Kartierungen nur Fachleute eingesetzt werden, die so viel Erfahrung haben, dass man erwarten kann, dass ihr ‚innerer Instinkt' sie selten trügt. Zu beachten ist allerdings, dass eine *personelle Standardisierung* (nur ausgewiesene Fachleute mit ausreichender Erfahrung dürfen kartieren, vgl. z. B. Bernotat, Schlumprecht et al. 2002: 153) im Grunde genommen nur etwas bringt, wenn gleichzeitig die methodischen Vorgaben nicht zu streng sind! Wenn die Fach-

leute so stark an Erfassungsregeln gebunden sind, dass sie ihrem ‚inneren Instinkt'
gerade *nicht* mehr folgen können, sondern nur nach ‚Schema F' ihre Durchgänge *abhaken* müssen, könnte ihr Einsatz teilweise nicht unbedingt mehr bringen, als wenn
‚Durchschnittskartierer' eingesetzt worden wären. Hier bestätigt sich die bereits in
Kap. 3.3.3 anklingende Einschätzung, dass streng operationalisierte Erfassungsregeln
im Prinzip von jedem angewandt werden können und gleichzeitig gut kontrollierbar
sind, während solche Ansätze, die Freiraum für Expertenwissen und -entscheidungen
lassen, größere Anforderungen an die Kenntnisse und die Erfahrung der Bearbeiter
stellen und bezüglich des Ablaufes weniger gut nachvollziebar sind. Dafür besteht aber
eher die Möglichkeit, dass unerwartete Aspekte zu Tage gefördert werden, die sich
dann oft als besonders aussagekräftig für die naturschutzfachliche Einschätzung eines
Gebietes erweisen. Auf der anderen Seite gilt, wie bereits in Kap. 3.3.3 erläutert, dass
Expertenurteile nicht *unkontrollierbar* sein dürfen. Auch von Experten muss die Einhaltung eines gewissen ‚Standes der Technik' (vgl. Plachter et al. 2002: 28) und vor
allem die *transparente Dokumentation* der Methoden und Feldergebnisse verlangt
werden. Das Bundesamt für Naturschutz hat deshalb zusammen mit der Arbeitsgruppe
um Plachter und unter Mitarbeit vieler Experten eine Auswahl bestimmter Erhebungsmethoden als Standards für Landschafts- und Pflege- und Entwicklungspläne
vorgeschlagen (z. B. Bernotat et al. 2002: 154). Solche Standards bieten zwar Hilfe bei
der Vergleichbarkeit verschiedener Aufnahmedaten, schaffen aber nicht automatisch
alle „Erfassungsprobleme" aus der Welt.

„Erfassungsprobleme" zählen eigentlich nicht zu den „Bewertungsproblemen" im engeren Sinne (vgl. Winkelbrandt 1997b: 44), weil Probleme bei der Feststellung eines
wertgebenden Merkmals oder bei der Messung einer wertgebenden Merkmalsausprägung rein *empirischer* Art sind. Gleichwohl ist dieser Problemkomplex in der Praxis
weit verbreitet. So manches theoretisch gut durchdachte, stringente Bewertungssystem
dürfte in der Praxis an solchen empirischen Erfassungs- und Messproblemen scheitern.
Angesichts mancher besonders „integrativ" und „ökosystemar" daherkommender Bewertungsverfahren, die im Zuge hoch dotierter und datenintensiver Forschungsprojekte entwickelt worden sind, drängt sich der Verdacht auf, dass bei der Konzeption an
praktische Erfassungsprobleme gar nicht gedacht wurde. Dringend muss daher bei der
Herstellung von Bewertungsverfahren auf eine auch routinemäßig mögliche Erfassbarkeit der wertgebenden Merkmale geachtet werden.

4.3 Zweifel an Subsumtion des Einzelfalles unter die Wertkategorie (Kategorie b)

Wie in Kap. 4.1 erläutert wurde, wird in diesem Falle zwar anerkannt, dass ein konkreter Einzelfall zu der Gegenstandsklasse X eines bestimmten Bewertungsverfahrens
gehört. Der Untersatz des in 4.1 genannten Syllogismus bleibt also zweifelsfrei gültig.
Man bezweifelt aber, dass es sinnvoll sei, dem Einzelfall a wie allen anderen in der
gleichen Weise bewerteten Objekten (die auch alle zu X gehören) den Wert W zuzuer-

kennen, obwohl die generelle Gültigkeit der Bewertungsregel, also des normativen Obersatzes, auch weiterhin anerkannt ist. Der Zweifel gilt allein der Bewertung des *Einzelfalles* a und der Zuerkennung des Wertes W zu a in regelgerechter Weise, also dem auf den Fall a bezogenen *Werturteil* (Abb. 8: „a soll den Wert W bekommen").

Wenn a ein X ist, und (R) alle X sollen den Wert W erhalten, dann soll a den Wert W erhalten.

GK (a)	GK (b)	GK (c)
Zweifel an Subsumtion des Einzelfalls unter Sachkategorie	Zweifel an Subsumtion des Einzelfalls unter Wertkategorie	Zweifel an Gültigkeit der Bewertungsregel
„Ist a wirklich ein X?"	„a ist zwar ein X, aber soll a auch den Wert W bekommen?	„Sollen wirklich alle X den Wert W bekommen?"

Abb. 8: Darstellung der Grundkategorie (b)

Zwar wird die Gültigkeit der Bewertungsregel also in ihrer allgemeinen Form nicht bezweifelt, es bestehen aber Unklarheiten darüber, *ob die Regel aus Wertungsgründen in dem konkreten Fall sinnvoll anwendbar ist*. Wie der Philosoph Chaim Perelman (1967) gezeigt hat[37], kann sich die Kritik in so einem Fall gegen das *Einteilungsprinzip* richten: man bezweifelt, dass ein konkreter Fall in die Klasse *der in einer bestimmten Weise bewerteten Gegenstände* zu fallen habe und möchte daher für das Bewertungsverfahren die *Klasseneinteilung verfeinern*. Wichtig ist nun die Feststellung, *dass diese Kritik aus normativen Gründen erfolgt und nicht, weil man glaubt, der konkrete Fall a gehöre aus empirisch-wissenschaftlichen Gründen nicht in die Klasse X.* Damit unterscheidet sich dieser Fall von der Kategorie (a), bei der aus *empirischen Gründen* die Zuordnung unklar ist. Dies klingt zunächst kompliziert, lässt sich aber an einem einfachen Beispiel erläutern.

Ein typisches Beispiel ist die intensiv geführte Debatte über die Schutzwürdigkeit von „seltenen und gefährdeten Arten". Obwohl das Kriterium „Vorkommen von seltenen oder gefährdeten Arten" in den meisten Bewertungen im Naturschutzkontext verwendet wird (vgl. z. B. Usher 1994: 24), gibt es offenkundig eine Reihe von Fällen, bei

---

[37] Perelman (1967) beschäftigt sich mit Fragen der formalen Gerechtigkeit. Die von ihm herausgearbeiteten Prinzipien lassen sich auch auf Bewertungsfragen anwenden.

denen ein Vorkommen einer seltenen oder gefährdeten Art auf einer Fläche *nicht* als wertgebende Eigenschaft angesehen werden sollte, oder es zumindestens gute Gründe gegen eine solche Einstufung gibt. Dabei wird die Zugehörigkeit der einzelnen Art zu der Klasse „gefährdete Arten" nicht angezweifelt, und folglich auch nicht die Zugehörigkeit einer zu bewertenden Fläche a unter die Klasse „Flächen mit dem Bestand einer gefährdeten Art". Ebensowenig besteht Zweifel über die Gültigkeit der generellen Bewertungsregel „Flächen mit einem Bestand einer gefährdeten Art sind schutzwürdig". Der Zweifel gilt allein dem Bestreben, den *Einzelfall* mit Hilfe dieser Regel zu bewerten. Heidt und Plachter (1996: 210) liefern ein Beispiel hierfür[38]:

„Auf der Ebene der Arten ist der Bestand des Flussregenpfeifers *(Charadrius dubius)* zweifellos schutzwürdig. Brütet er hingegen auf der geschotterten Fläche eines Parkplatzes in einem Niedermoor, so wird man dieses „Austattungsmerkmal" des Niedermoores doch wohl eher negativ bewerten."

Die Tatsache, dass Flussregenpfeifer auch gelegentlich auf solchen Flächen brüten, die aus Sicht des Naturschutzes insgesamt eher negativ zu bewerten sind, spricht also nicht gegen die allgemeine Gültigkeit der Bewertungsregel „Flächen mit einem Bestand einer gefährdeten Art sind schutzwürdig". Die generelle Regel bleibt also weiterhin gültig. Man könnte aber für eine Modifikation der *Klasseneinteilung* plädieren mit dem Ziel, dass „geschotterte Flächen von Parkplätzen in Niedermooren" und andere Lebensräume, die man in einer Landschaft aus Naturschutzsicht ablehnt, *von der Regel ausgenommen werden.*

Um dieses Problem zu lösen, könnte man nun für die Operationalisierung ein *Zusatzkriterium* einführen, also zum Beispiel das der „Leitbildkonformität" eines Artvorkommens. So geben Bernotat, Schlumprecht et al. (2002: 181) folgenden „Standard: Verwendung des Kriteriums Gefährdung der Arten" vor:

„Die Gefährdung sollte als Kriterium nicht unkritisch angewandt werden. Beim Vorkommen von gefährdeten Arten sollte geprüft werden, ob es sich um lebensraumtypische Arten handelt oder lediglich um Zufallsfunde. Die Heranziehung der Gefährdung als Bewertungskriterium ist nur zulässig, wenn die Art im entsprechenden räumlichen Bezugsraum lebensraumtypisch bzw. leitbildkonform ist."

Dieser „Standard" formuliert eine „Meta-Regel" oder „Regel zweiter Stufe", also eine Regel, welche die Anwendung der eigentlichen Bewertungsregel („Flächen mit dem Bestand einer gefährdeten Art sind schutzwürdig") regelt. Was bedeutet dies nun für den logischen Ablauf des Bewertungsverfahrens? Durch die Einführung eines Zusatzkriteriums (nehmen wir einmal die ‚Leitbildkonformität') würde der Gültigkeitsbereich der ursprünglichen Bewertungsregel verengt; die derart modifizierte Regel lautete folglich:

Flächen mit einem Bestand einer gefährdeten, leitbildkonformen Art sind schutzwürdig.

---

[38] Allerdings in einem anderen Argumentationszusammenhang. Die Autoren möchten darauf hinweisen, dass auf der Biotopebene nach anderen Kriterien bewertet werden muss als auf der Artebene.

Das bedeutet, dass man, wenn man den Gültigkeitsbereich verändert, zwangsläufig auch die Klasseneinteilung modifiziert. Das Prinzip lautet:

Aus einer Merkmalsklasse („Vorkommen gefährdeter Arten") mache zwei Merkmalsunterklassen, nämlich „Vorkommen gefährdeter Arten, die leitbildkonform sind" und „Vorkommen gefährdeter Arten, die nicht leitbildkonform sind."

In die erste Merkmalsunterklasse gehörte beispielsweise ein Vorkommen des Großen Brachvogels, der als typische Art mooriger Niederungen als „Leitart" für Niedermoore gilt, in die zweite ein Vorkommen des Flussregenpfeifers. Diese Herstellung zweier neuer Unterklassen bedeutet eine *Verfeinerung* des Bewertungssystems, wodurch die Komplexität ansteigt. Das Prinzip „Verfeinerung der Bewertungsregel" und damit die Verfeinerung der Merkmalsklassen wird in der Abb. 9 schematisch dargestellt.

Hat man für eine Region ein schlüssig abgeleitetes und abgestimmtes Leitbild (Kap. 7.5) zur Verfügung, ist die Formulierung, Operationalisierung und Anwendung solcher modifizierter Bewertungsverfahren möglich („Die ausgewählten Bewertungskriterien bzw. ggf. ihre Kombination müssen sich immer auf allgemeine oder konkrete Ziele des Naturschutzes im jeweiligen Planungsraum (Leitbild) zurückführen lassen", Bernotat et al. 2002: 379). In den meisten Fällen fehlt ein solches Leitbild jedoch, oder es ist so vage formuliert, dass es im konkreten Fall kaum Hilfe bietet. Insgesamt sind derartige Modifikationen von Bewertungsverfahren als problematisch einzuschätzen, zumindest dann, wenn man einen gewissen *Universalisierungsgrad* der neuen Bewertungsregeln anstrebt (zu dieser Problematik der immer weitergehenden Verfeinerung von ‚universalen' Bewertungsregeln s. Kap. 6.4).

Die Frage ist nun: gibt es Fälle, bei denen sich eine Modifikation des Bewertungssystems in der oben erläuterten Weise erübrigt? Heidt und Plachter (1996: 210) haben mit dem „geschotterten Parkplatz im Niedermoor" bewusst einen Extremfall gewählt, bei dem jedem Naturschützer *intuitiv* klar ist, dass die oben genannte Bewertungsregel nicht sinnvoll anwendbar ist. Geschotterte Parkplätze in Niedermooren (womöglich auf früheren *Kleinseggenriedern*, vgl. Kap. 6.1) finden Naturschützer einfach *scheußlich*, und dies selbst wenn dort ein Flussregenpfeifer brütet. Wir haben es mit einer *intuitiven Abwägung* zu tun, die ergibt, dass ein Niedermoor ohne Parkplatz in diesem Fall einem überbauten Niedermoor mit Flussregenpfeiferbrutplatz vorzuziehen ist. Die mutmaßliche Übereinstimmung eines überwiegenden Teils der Fachwelt in dieser Frage macht diese „Abwägung" so einfach. Die Abwägung ist sogar *so* einfach, dass sie von den Beteiligten *gar nicht als solche wahrgenommen wird*. Wegen der großen Einigkeit erübrigt sich eine explizite Begründung, und so wird die Fragestellung vielleicht von Fachleuten fälschlicherweise gar nicht als Wertfrage wahrgenommen, sondern als wertneutrale Frage des „wissenschaftlichen Naturschutzes" angesehen. Der Nachteil solcher intuitiver Abwägungen ist die mangelnde Nachvollziehbarkeit für Personen, welche die Intuition nicht teilen. Zudem sind andere Fälle leider nicht ganz so eindeutig und dürften mehr argumentativen Aufwand bereiten („neutrale Kandidaten", vgl. Kap. 3.1.3).

Abb. 9: Darstellung des Prinzips: „Verfeinerung der Bewertungsregel und der Merkmalsklasse"

Man bedenke, dass der Flussregenpfeifer, ursprünglich an Schotter- Kies- und Sandinseln an Flüssen gebunden, heute mit über 90 % der Brutpopulation in Mitteleuropa auf anthropogen stark überformten Flächen vorkommt, vor allem auf solchen mit Kies- oder Schotterauflage (Bauer & Berthold 1996: 169). Sind neue Kiesgruben und künstliche Schotterflächen jemals *leitbildkonform*? Oder, allgemeiner gesagt, wie sollen wir Vorkommen gefährdeter Arten „bewerten", die nicht ohne weiteres in das Schema allgemeiner Naturschutzleitbilder passen?

In die oben genannte Problemkategorie (übergeordnete Bewertungsregel zweifelsfrei gültig, aber Einzelfallbewertung zweifelhaft) können auch solche Fälle fallen, bei denen eine auf einen größeren Bezugsraum zugeschnittene Bewertungsregel bei der Anwendung auf Teilgebiete wegen bestimmter *regionaler Besonderheiten* als aus normativen Gründen nicht angemessen angesehen wird. Solche Probleme werden besonders in der geografischen Literatur oft verkürzend als vermeintlich rein fachlich oder gar allein mit statistischen Mitteln zu lösende „Skalenprobleme" abgearbeitet, wobei der Begriff in diesem Falle nicht, wie in Kap. 3.1.1.2 erläutert, die formale Inkommensurabilität verschiedener Skalen meint, sondern *Unsicherheiten über den räumlichen Bezugsbereich einer Bewertungsregel*[39]. In Wirklichkeit bestehen einige der sogenannten „Skalenprobleme" aus Meinungsverschiedenheiten in *Wertfragen*. Dies haben Naturschützer früh erkannt. Der Geobotaniker Raabe (1977) gibt hierfür ein Beispiel:

„ (Die Stadtgemeinde Norderstedt, K. R.) liegt ... in einer verhältnismäßig monotonen, ebenen Landschaft. Diese wird allerdings durch die Reste dreier kleinerer Hochmoore aufgelockert, des Glasmoores, des Wittmoores und des Ohemoores. Obwohl diese drei Moorreste nur noch andeutungsweise den ursprünglichen Charakter von Hochmooren widerspiegeln, ... (und sie deshalb, K. R.) von Landesebene betrachtet, verhältnismäßig bedeutungslos sind, so ist ihnen doch lokal (für den Naturhaushalt und die Erholung, K. R.) ein ganz außerordentlicher Stellenwert zuzuschreiben. In einer Landschaft, die so überbelastet ist ... bedürfen solche letzten Reste der Natürlichkeit ... einer zielstrebigen Erhaltung."

Hier geht es darum, dass eine landesweite Gleichbehandlung von Hochmooren anhand weniger Kriterien, nämlich in diesem Falle dem der „Ursprünglichkeit" oder der „Intaktheit" (vgl. Kap. 3.1.3), im *Einzelfall* „Norderstedt" zu einem unangemessenen, weil *ungerechten Ergebnis* führen würde. Denkbar wäre nun, die generellen Einteilungskriterien dahingehend zu erweitern, dass man außer dem „Ursprünglichkeits- und Intaktheitsgrad" der Hochmoore auch noch die „regionale Bedeutung für den Naturhaushalt und die Erholung" berücksichtigte und damit zu einer neuen Einteilung gelangte. Ein anthropogen stark veränderter Hochmoorrest würde folglich bei der Anwendung dieses erweiterten Verfahrens in einer ansonsten noch vergleichsweise naturnah ausgestatteten Landschaft weniger „wiegen" als ein entsprechender in einer belasteten, ausgeräumten Landschaft. Eine andere Möglichkeit wäre die Herstellung neuer, regionalisierter Bewertungsverfahren, die ergänzend zu den bereits vorhandenen Verfahren eingesetzt werden können (zur Herstellung neuer Bewertungsverfahren Kap. 5). Der Gedanke, dass Bewertungsverfahren regionalisiert werden müssen, ist nicht neu (vgl. z. B. Dierßen & Dierßen 1984). Die Verfasserin möchte an dieser Stelle

---

[39] Der Begriff „Skalenproblem" wird in der Literatur in diesen beiden Bedeutungen verwendet, was zu Unklarheiten führt. Daher plädiert die Verfasserin dafür, diesen Begriff jeweils zu präzisieren, also von „Unsicherheiten über den räumlichen oder zeitlichen Bezugsbereich" oder von „formaler Inkommensurabilität verschiedener Skalen" zu sprechen.

jedoch auf den *argumentationslogischen Ablauf* von „Regionalisierungen" als *Verfeinerungen von Bewertungsverfahren* hinweisen.

Zusammenfassend lässt sich also sagen: Schwierigkeiten bezüglich der Klasseneinteilung sowie des Bezugsareals und -zeitraumes können sich sowohl durch Unsicherheiten in Wertfragen („a ist zwar ein X, aber soll a auch den Wert W erhalten?"), als auch in empirischen oder wissenschaftlich-klassifikatorischen Fragen („Ist a wirklich ein X?") ergeben. Hierbei ist zu beachten, dass die beiden genannten Kategorien schwieriger auseinanderzuhalten sind, als man zunächst glauben könnte. Vermeintlich wertungsfreie „wissenschaftliche Beurteilungen" im Sinne von Eser & Potthast (1997) sind manchmal in Wirklichkeit mit Wertfragen verbunden. Für die Tatsache, dass dies im Naturschutz und in der Ökologie oft der Fall ist, hat sich erst in den letzten Jahren ein breiteres Bewusstsein gebildet (vgl. z. B. ebd.; Jessel 1998). In anderen Lebensbereichen, zum Beispiel in der Medizin, wird uns dies intuitiv klarer. Als aktuelles Beispiel kann die Debatte um den Embryonenschutz angeführt werden: hier ist es unumstritten, dass die Frage, ob ein Embryo schon der Kategorie „Mensch" zuzuordnen und damit Grundrechtsträger oder lediglich ein rechtloser Zellhaufen sei, keine rein wissenschaftlich-medizinisch zu entscheidende Frage ist, sondern ein ethisches Problem. Sowohl bei Unsicherheiten in Wertfragen, als auch in wissenschaftlich-empirischen Fragen muss nach *Begründungen* für die Zuordnungsregeln gesucht werden. Hierauf wird im Kap. 6 weiter einzugehen sein. Falls sich das vorhandene Bewertungsverfahren als nicht adäquat erweist, muss ein anderes Verfahren herangezogen werden, wobei man entweder auf andere, bereits bestehende Standards zurückgreifen oder ein neues Verfahren herstellen muss. Was hierbei zu beachten ist, wird im Kap. 5 erläutert.

4.4 Zweifel an der Gültigkeit der Bewertungsregel (Kat. c)

Wenn jemand die Gültigkeit einer Bewertungsregel bezweifelt, so kann dies wiederum auf zwei Ebenen geschehen. Auf der einen Seite kann man bezweifeln (c.1), *ob das Vorhandensein der Merkmale M_1 bis M_n überhaupt etwas für die Bewertung austrägt*, obwohl man den *prinzipiellen Sinn* der Bewertungsregel, also das *Bewertungsprinzip*, das dahintersteht, unterstützt. Diese Kategorie sei „*Zweifelhafte Operationalisierung*" genannt. Sie beinhaltet die große Menge der Fälle, in denen *Zweifel an der Validität der verwendeten Indikatoren* (c.1.1) bestehen. Bezweifelt wird hier, dass die verwendeten Indikatoren überhaupt das abbilden, was sie abbilden sollen.

Der Begriff der Validität kann in verschiedenen Bedeutungen gebraucht werden, was bisher in der naturschutzbezogenen Bewertungsliteratur vernachlässigt wurde. Die Frage nach der Validität ist nach Formulierung der meisten Autoren die Frage, ob eine Methode tatsächlich „das misst, was sie zu messen vorgibt" (z. B. Bernotat et al. 2002 nach Harfst & Scharpf 1987). Diese allgemeine Formulierung ist sicher richtig, hilft aber bei der Lösung von Bewertungsproblemen nicht viel weiter. Zweifel an der Validität eines Bewertungsmodells können nämlich auf zwei Ebenen auftreten. Einerseits kann sich die Frage nach der Validität von Indikatoren auf das Maß der *Korrelation* zwischen einer (bekannten) Indikatorausprägung und (prinzipiell bekannten) Wert*merkmalen* beziehen. „Validitätsprobleme" dieser Art sind wenigstens prinzipiell auf dem statistisch-empirischen Wege mit Hilfe wissenschaftlicher Untersuchungen lösbar. In anderen Fällen gehen die Zweifel tiefer, nämlich dann, wenn die Zweifel der *Sinnhaftigkeit* einer bestimmten Art und Weise der Operationalisierung gelten. Diese Art von Problemen sei *„Zweifel an der Angemessenheit der Operationalisierung"* (c.1.2) genannt.

Während im ersten Fall eine empirisch-statistische Validierung des zweifelhaften Modells ansteht, muss im zweiten Fall eine sogenannte „konzeptionelle Validierung" (Rykiel 1996) oder „Inhalts-Validierung" (Bechmann 1988) durchgeführt werden, bei der die interne Logik des Modells und sein Zusammenhang zu übergeordneten Wertprämissen geprüft wird. In vielen Aufsätzen zur Bewertungsproblematik werden diese beiden Aspekte unter dem „Validitäts"-Begriff (s. Kap. 2.2.3) unterschiedslos zusammengefasst, wodurch die Gefahr entsteht, dass empirische Probleme und Wertungsaspekte miteinander vermengt werden. Um solche Missverständnisse zu vermeiden, wird die Problematik in dieser Arbeit unter dem Begriff „zweifelhafte Operationalisierung" zusammengefasst. Nur prinzipiell empirisch-statistisch prüfbare Zweifel werden unter die Kategorie „Zweifel an der Validität der Indikatoren" subsumiert.

Neben Zweifeln an der Art und Weise der Operationalisierung ist es auch möglich, dass (c.2) der *Sinn der Bewertungsregel generell* abgelehnt oder angezweifelt wird, wobei die Operationalisierung im Einzelnen völlig unerheblich ist. Diese Kategorie sei *„Zweifel an der prinzipiellen Gültigkeit der Bewertungsregel"* genannt. Sie wird später behandelt.

(c.1) Zweifelhafte Operationalisierung

Die Kategorie „Zweifelhafte Operationalisierung" wurde, wie oben erläutert, in zwei Unterkategorien aufgeteilt, nämlich „Zweifel an der Validität der Indikatoren" (c.1.1) und „Zweifel an der Angemessenheit der Operationalisierung" (c.1.2). Hiermit soll verdeutlicht werden, dass „Operationalisierungsprobleme" sowohl auf *Unsicherheiten im empirisch-statistischen Bereich* als auch auf *Meinungsverschiedenheiten in Wertfragen* zurückgehen können. „Operationalisierungsprobleme" werden erst dann lösbar, wenn die Problemkategorie erkannt worden ist. Beginnen wir zunächst mit der Kategorie (c.1.1): *„Zweifel an der Validität der Indikatoren"*.

(c.1.1) Zweifel an der Validität der Indikatoren

Wie oben gezeigt, werden in vielen Fällen Indikatoren für Bewertungen genutzt. Die Klassen im Sachmodell sind also keine Ausprägungsklassen wertgebender Merkmale im engeren Sinne, sondern es handelt sich um Ausprägungsklassen von Indikatoren. Somit stellt sich die Frage, ob mit Hilfe dieser Indikatoren überhaupt der Grad der Werterfüllung gemessen werden kann oder nicht, also die Frage nach der *Validität der Indikatoren*. Wie in Kap. 3.1.4 bereits erläutert, werden solche Indikatoren als valide bezeichnet, die eng korreliert sind mit den in der Definition der Wertklassen verwendeten Merkmalen, die im Anwendungsfall des Bewertungsverfahrens nicht direkt feststellbar sind. In diesem engeren Sinne entspricht die Validität einem *statistischen Wahrscheinlichkeitsmaß*[40]. Folglich ist eine Bewertung über Indikatoren immer eine Hypothese, deren Richtigkeit angezweifelt werden kann. Bekannte oder vermutete Korrelationen von Merkmalen gehen als Backing (s. Kap. 2.2.6.2) von Bewertungsregeln in Bewertungsverfahren ein.

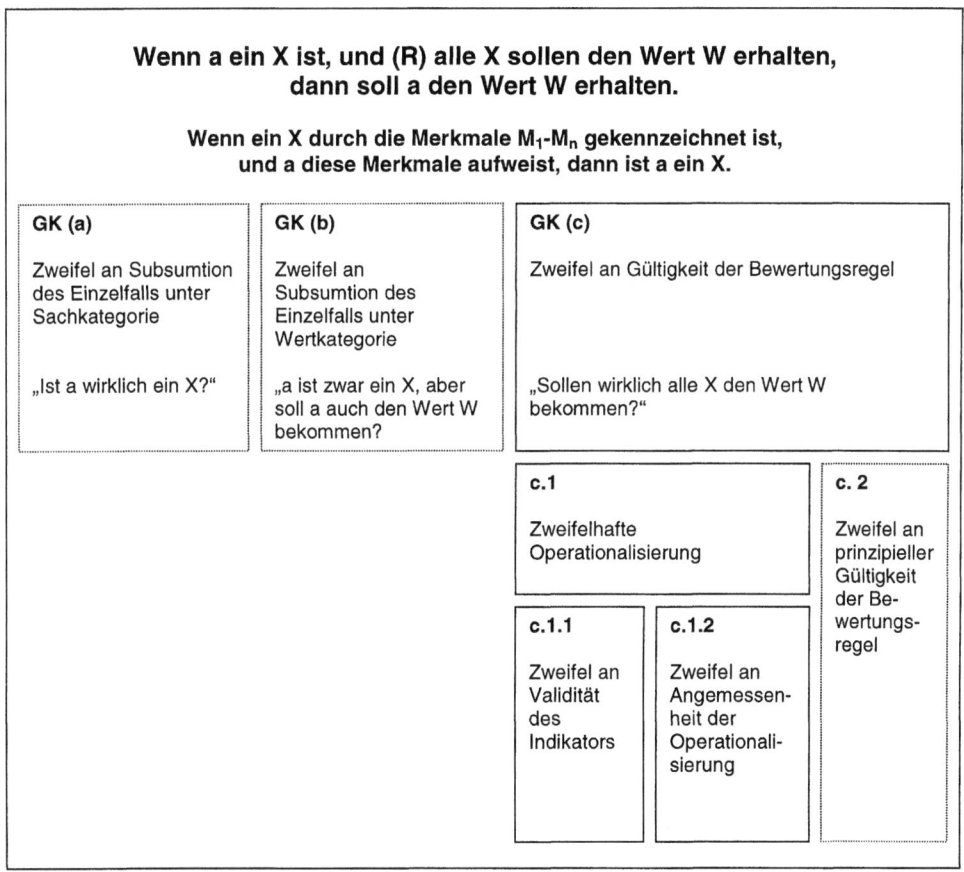

Abb. 10: Darstellung und Differenzierung der Grundkategorie (c)

---

[40] Gelegentlich wird der Begriff weiter gefasst, wobei darunter sowohl Fragen der Angemessenheit (s. nächster Absatz) als auch der Statistik subsumiert werden. Die Unterscheidung ist aber notwendig, weil Wertfragen auch als solche diskutiert werden müssen und nicht als stastistische Fragen maskiert werden dürfen.

Wenn sich herausstellt, dass die Korrelation des Indikators mit den wertgebenden Merkmalen nur schwach oder gar nicht vorhanden ist, wird damit die operationalisierte Form der Bewertungsregel hinfällig. Gelegentlich findet man heraus, dass ein Indikator nur bezogen auf einen bestimmten Naturraum valide ist. In solchen Fällen gilt es, geeignetere Indikatoren zu finden und mit ihrer Hilfe die Regel neu zu operationalisieren.

Das folgende Beispiel für Zweifel an der Validität eines Indikators stammt aus dem Umweltschutz. Für ein Kontrolling langfristiger Umweltziele hat das schleswig-holsteinische Ministerium für Umwelt- Natur und Forsten die Entwicklung eines Indikatorensets beim Ökologiezentrum der Universität Kiel in Auftrag gegeben (Barkmann et al. 2000). Eines der vom Land formulierten Umweltschutz-Ziele besteht in der Verminderung der Stickstoff-Frachten in die Nord- und Ostsee einschließlich ihrer Ästuare. Als Indikator für die Zielerreichung galt bisher die Stickstoffbelastung aller schleswig-holsteinischen Fließgewässer, ausgedrückt in LAWA-Güteklassen, wobei als abgeleitetes Umweltqualitätsziel die „Einhaltung der chemischen Güteklasse II für Gesamtstickstoff für alle Fließgewässer"gesetzt wurde. Die LAWA-Güteklasse II wird beispielsweise eingehalten, wenn eine dreizehn Mal im Jahr beprobte Mess-Stelle in zwölf Fällen eine Gesamt-N-Konzentration von unter 3 mg/l aufweist. Barkmann und MitarbeiterInnen bezweifeln nun die Validität dieses Indikators im Bezug auf das Indikandum, nämlich die Stickstoff-Frachten in Nord- und Ostsee (ebd.: 32). Sie weisen darauf hin, dass die chemische Güteklasse II nur dann in einem aussagekräftigen Verhältnis zu den relevanten N-Frachten steht, wenn sich die Mess-Stelle direkt an der Mündung des Fließgewässers beziehungsweise an der Grenze zum Tide-beeinflussten Bereich befindet. Selbst in diesem Fall, so die AutorInnen, sollte jedoch *der tatsächliche Konzentrationswert,* nicht aber die Güteklasse, mit den entsprechenden Abflussmengen multipliziert werden. Außerdem müssten die Direkteinleitungen aus Klärwerken der Tide-Elbe und der Nord- und Ostsee mit in die Rechnung einbezogen werden. Die Validität des Indikators „chemischen Güteklassen, ermittelt an verteilten binnenländischen Messpunkten verschiedener Fließgewässer" ist also in Bezug auf das Indikandum „Stickstoff-Frachten in marine Ökosysteme" zweifelhaft, wie die AutorInnen plausibel darlegen[41]. Daher schlagen sie vor, die hydrologische Gesamtfracht für Stickstoff in Nord- und Ostsee als Summe von Direkteinleitungen der Klärwerke in Nord- und Ostsee, vom Anteil der Klärwerkseinleitung oberhalb der Tide-Elbe und der Stickstoff-Frachten der Flüsse an der Grenze des Tideeinflusses zu berechnen[42]. In diesem Fall wurde also bezweifelt und plausibel begründet, warum der bisher verwendete Indikator nicht in der Lage ist, das Indikandum, also die Stickstoff-Fracht in die

---

[41] Für die Qualität von Fließgewässern *selbst* sind die chemischen Güteklassen jedoch brauchbare und routinemäßig verwendete Indikatoren.

[42] Die Formulierung einer Bewertungsregel war in diesem Fall nicht möglich, weil das Ministerium noch keine konkreten Ziele formuliert hatte, wie zum Beispiel „Die Stickstoff-Frachten der schleswig-holsteinischen Fließgewässer und des direkten Klärwerkablaufs in Nord- und Ostsee werden auf Grundlage des Basisjahres y um x % vermindert". Messprogramme sind erst dann sinnvoll für Bewertungen zu gebrauchen, wenn man die erhobenen Daten mit Ziel- oder Grenzwerten vergleichen kann.

Meere, valide abzubilden. Dabei geht man davon aus, dass die tatsächliche Stickstoff-Fracht als Summe von Einträgen aus verschiedenen Quellen hinreichend genau berechnet werden kann, wenn nur genügend Messdaten von geeigneten Messpunkten zur Verfügung stehen. Diese Meinungsverschiedenheit bezüglich der Validität des Indikators ist also zumindestens prinzipiell empirisch lösbar. Völlig wertungsfrei ist eine Diskussion über die Validität von Indikatoren allerdings nicht, denn es sind zum Beispiel Entscheidungen darüber zu treffen, welche Messunschärfen man zu tolerieren bereit ist oder welchen Messaufwand man treiben möchte.

c.1.2: Zweifel an der Angemessenheit der Operationalisierung

Innerhalb dieser Kategorie ist die Wahl der allgemeinen Bewertungskriterien nicht strittig, bezweifelt wird vielmehr, dass die gewählten messbaren Merkmale oder die daraus abgeleiteten Größen oder Indizes diese Bewertungskriterien *angemessen repräsentieren*. Man glaubt also, dass der *Sinn oder das Bewertungsprinzip*, welches hinter dem Kriterium steht, durch die gewählten Daten im Sachmodell nicht abgebildet wird. Die Angemessenheit einer Operationalisierung ist *im Gegensatz zur statistisch definierbaren Validität des Indikators prinzipiell nicht empirisch prüfbar*, denn ob man eine Operationalisierung für angemessen hält oder nicht, ist eine *Wertentscheidung*. Gemäß den allgemeinen Diskursregeln (s. Kap. 2.2.4) muss auch ein Zweifel an der Angemessenheit der verwendeten Indikatoren mit Argumenten untermauert werden.

Folgendes Beispiel für eine zweifelhafte Operationalisierung in diesem Sinne stammt aus dem Bereich des Lebensraumschutzes. Viele Autoren befürworten zwar generell eine Bewertung von Flächen anhand des Kriteriums „Artenvielfalt", wenn dieses regions- und lebensraumspezifisch betrachtet wird. Jedoch kritisieren sie mit Recht die gebräuchliche *Operationalisierung der Artenvielfalt als „Diversität"* mit Hilfe des aus der Informationstheorie stammenden Shannon-Indexes oder modifizierter Kenngrößen (Simpson- u. Brilloin-Index, vgl. z. B. Mühlenberg 1993: 353) . Unter anderem[43] entzündet sich die Kritik daran, dass mit Hilfe des Shannon-Indexes solche Flächen höher bewertet werden, bei denen die Individuenzahl der Arten (ermittelt auf Probeflächen) gleich verteilt ist. Für Naturschützer ist es nämlich nicht nachvollziehbar, warum solche Flächen höher bewertet werden sollen, die von jeder Art etwa die gleiche Anzahl von Individuen aufweisen. Hierfür lässt sich kaum eine vernünftige Begründung finden. Mit dem ursprünglichen *Sinn des Bewertungsprinzips*, „vielfältige" Flächen hoch zu bewerten, hat dies nichts zu tun. Eine vollkommene Gleichverteilung wäre nach Meinung von Reck (1996: 42) gar ein „widernatürlicher Zustand". Da „widernatürliche Zustände" nicht gerade bevorzugte Entwicklungsziele des Naturschutzes sind, ist die Anwendung des Shannon-Indexes zumindest für Bewertungen im Naturschutzkontext nicht sinnvoll. Sinnvoller ist es, das Kriterium „Artenvielfalt" mit Hilfe von Artenzahlen und Abundanzen zu operationalisieren. Die gelegentlich in der Literatur

---

[43] Zudem gibt es zahlreiche sachliche, methodische, logische und mathematische Einwände, hierzu u. a. Scherner (1994), Reich (1994).

zu findende Auffassung, dass artenreiche Biozönosen mit einem „ausgeglichenen" Bestandsaufbau, die anhand des Shannon-Indexes besonders hoch eingestuft werden, stabiler seien als solche mit einer geringeren Artenzahl und geringeren Gleichverteilung (z. B. Mulsow 1980: 13), wurde in verschiedenen Untersuchungen zumindest in genereller Form widerlegt (vgl. Schlüpmann 1988: 156). Das Argument, dass die Shannon-Diversität als Maß für die „Strukturiertheit" eines Biotops diene, und diese wiederum, unabhängig von der Stabilität, positiv zu bewerten sei (Schlüpmann ebd.), überzeugt wenig und erscheint eher als hilfloser Versuch, den Shannon-Index „doch noch zu retten", weil er so schön wissenschaftlich wirkt und bei Laien Eindruck macht.

Weitere Beispiele für zweifelhafte Operationalisierungen finden sich häufig im Bereich biologischer Fachbeiträge. Die *Wahl der Parameter*, nämlich die Entscheidung darüber, welche Arten und Artengruppen erfasst werden sollen und welche nicht, prägt das Bewertungsergebnis erheblich. Daher wird die Einführung von „Standardtiergruppen" für verschiedene Planungsaufgaben seit langem in der Literatur besonders unter Zoologen kontrovers diskutiert; viele Beispiele sind bekannt, in denen die Operationalisierung der Wertklasse „für den Artenschutz wertvolle Flächen" beispielsweise allein durch das Merkmal „Vorkommen von seltenen Arten aus ‚planerischen Standardtiergruppen' wie Vögeln und Amphibien" zu im Nachhinein irreführenden Ergebnissen geführt hat. In vielen Fällen vermitteln nämlich die einfachen planerischen Standardparameter, die oft lediglich aus Daten hinsichtlich Vegetation, Avifauna und bestenfalls noch Amphibien bestehen, einen fehlerhaften Eindruck vom Wert der Flächen für den weiter gefassten Artenschutz. Zahllose Beispiele hierfür lassen sich in der Literatur finden, exemplarisch Fründ et al. (1994: 15):

„Im Gebiet eines geplanten NSG sollten Möglichkeiten zur Vernetzung von Trockenrasen- und Heidestandorten untersucht werden. Das ca. 50jährige Eichenwäldchen war als wahrscheinlich „minderwertiger Standort" in Betracht gezogen worden, ... entfert zu werden. Die üblichen Standardparameter zeigten einen in seiner spezifischen Ausstattung unbedeutenden und eher verzichtbaren Biotop. Erst die zusätzlichen, vom Standard abweichenden Parameter (Schnecken, Nachtfalter, ...) ... ließen den wirklichen Wert der Flächen erkennen".

Viele Biologen und Planerinnen würden jetzt vermutlich einwenden, dass diese Art von Problem doch besser in die Kategorie „Zweifel an der Validität der Indikatoren" gehörte. Viele Fachleute nämlich möchten Daten zum Vorkommen von ‚Standardtiergruppen' als sogenannte „Bioindikatoren" oder „Zooindikatoren" interpretiert wissen, welche so etwas wie die „biotische Qualität" von Lebensräumen *allgemein* anzeigen (z. B. Stüßer 1993, Brinkmann 1997). Diese Auffassung ist deshalb problematisch, weil die auf einer zu bewertenden Fläche vorkommenden Populationen seltener und gefährdeter Arten nicht nur bestimmte Standorteigenschaften wie zum Beispiel Wärmebegünstigung oder oligotrophe Verhältnisse anzeigen, sondern die Artvorkommen auch *selbst* als wertgebende Eigenschaften gelten. Folglich ist die Auswahl dieser wertgebenden Eigenschaften, also der zu erfassenden Tiergruppen, primär eine *Wertentscheidung* und erst nachrangig eine Angelegenheit der Statistik. Die Validitätsprüfung eines „Bioindikators", der „sich selbst" anzeigt, ist sicherlich nicht unbedingt sinnvoll. Dass Daten zur Vogelwelt im Normalfall nicht dazu geeignet sind, Aussagen zur Nachtfalter- und Schneckenfauna zu treffen, dürfte ohnehin klar sein. Die Entscheidung, welche und wieviele Arten oder Artengruppen erfasst werden, besitzt nicht zuletzt auch eine pragmatische Komponente, denn der Untersuchungsaufwand, besonders für viele Wirbellosentaxa, kann enorm hoch sein. Wie Reck (1996: 46, Her. K. R.) erläutert, sollten „verschiedene, ökologisch gut untersuchte, jeweils für die Fragestellung und den betroffenen Biotoptyp geeignete (u. a. die potentiell ‚*wertvollsten*') Artengruppen genauer untersucht werden, in der Regel aber nicht mehr als 4 – 8 taxonomisch-methodische Einheiten je Biotoptyp". Bernotat et al. (2002: 149 f.) empfehlen die Auswahl solcher Artengruppen, mit Hilfe derer auch Detailfragen wie die der Empfindlichkeit von Lebensräumen geklärt werden können.

Gegenüber methodischen und pragmatischen Fragen keinesfalls zu vernachlässigen ist die Tatsache, dass die Auswahl der zu untersuchenden Artengruppen der *Setzung der wertgebenden Eigenschaften* für das Bewertungsverfahren entspricht und damit eine der wichtigsten *Wertentscheidungen* innerhalb der naturschutzfachlichen Flächenbewertung ist. Nicht umsonst spricht Reck (1996: ebd.) von den „potentiell wertvollsten" Tiergruppen. Die in Planungsbüros oft geübte Praxis, die Auswahl der zu erfassenden Tiergruppen von der Verfügbarkeit entsprechender Bearbeiter abhängig zu machen, ist daher kritisch zu sehen. Unbestritten ist aber auch, dass bei der Auswahl der teilweise schwer erfassbaren Artengruppen auch pragmatische Kriterien eine Rolle spielen müssen (u. a. Stüßer 1993: 9).

c.2: Zweifel an der *prinzipiellen* Gültigkeit einer Bewertungsregel

Unter der Kategorie „Zweifel an der Operationalisierung" wurden solche Probleme zusammengefasst, bei denen zwar der generelle Sinn der Bewertungsregel befürwortet wird, die Schwierigkeiten aber im Detail liegen. Möglich ist aber zudem, dass Zweifel an der prinzipiellen Gültigkeit einer Bewertungsregel bestehen, und zwar ganz unabhängig von Operationalisierungsdetails (Abb. 11). Meinungsverschiedenheiten bezüglich der prinzipiellen Gültigkeit von Bewertungsregeln treten gewöhnlich im Zuge einer Diskussion über allgemeine Naturschutz-Ziele und Naturschutz-Prinzipien auf. Wenn Grundsätze und bisher gesetzte Schutzprioritäten plötzlich in Frage gestellt werden, stehen damit auch die hierauf basierenden Bewertungsregeln zur Diskussion.

Die Ursache für solche prinzipiellen Zweifel an Bewertungsregeln kann einerseits sein, dass sich das wissenschaftliche oder empirische Backing (Kap. 2.2.6.2) aufgrund neuerer Erkenntnisse als zweifelhaft oder gar als falsch herausgestellt hat, und/oder dass neue wissenschaftliche oder auch normative Aspekte in die Diskussion getragen worden sind. Die Naturschutzdiskussion unterliegt wie jede gesellschaftliche Veranstaltung auch Modeströmungen.

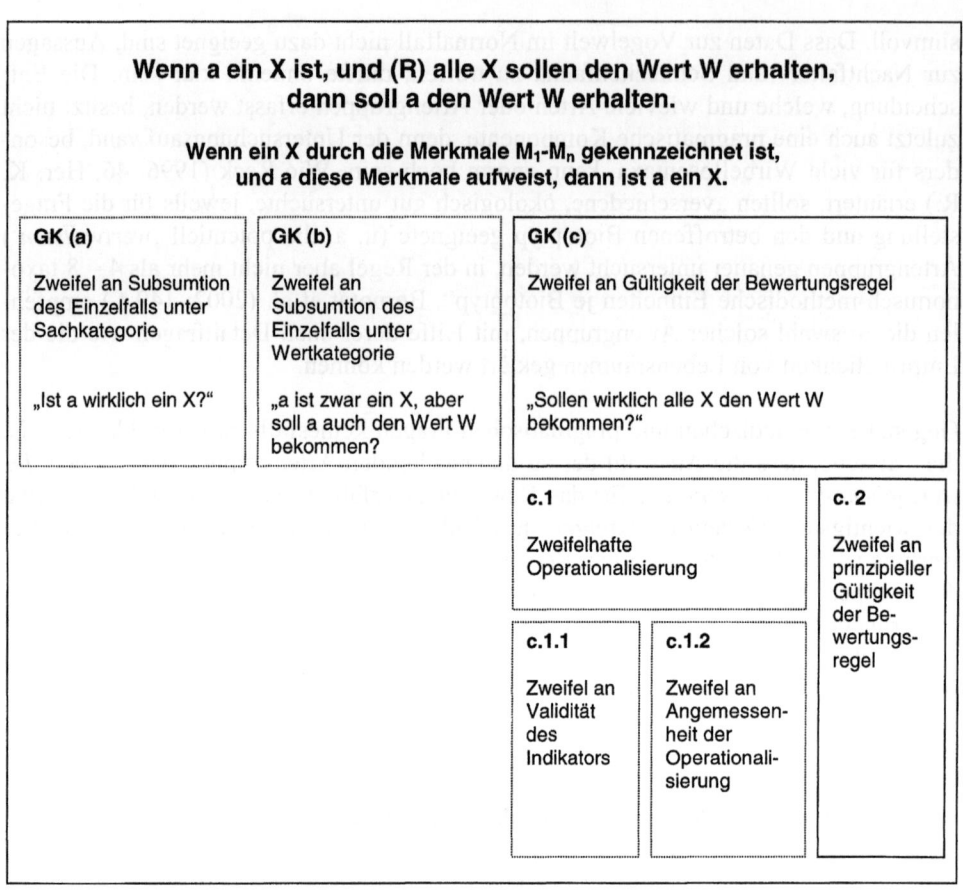

Abb. 11: Einordnung und Darstellung der Kategorie (c.2)

War vor einiger Zeit der „Biotopverbund" der Renner (z. B. Jedicke 1990), sind heute die Begriffe „halboffene Weidelandschaften" (z. B. Riecken et al. 1997), „Management durch Katastrophen" (z. B. Schröder et al. 1997) und „neue Wildnis" (z. B. Trommer 1997, Weinzierl 1999) in aller Munde. Das Prinzip „Biotopverbund" ist sogar in den letzten Jahren etwas in Verruf geraten (z. B. Geißler-Strobel et al. 2000), weil es in der Praxis oft mit „zu jeder Gelegenheit Hecken pflanzen" verwechselt wurde. In welcher Weise sich neue „Naturschutzvisionen" innerhalb der Fachwelt herausbilden, auf welche Denktraditionen sie zurückgehen, und warum etablierte Motive wieder in Vergessenheit geraten oder gar bekämpft werden, ist ein interessantes Forschungsfeld (vgl. z. B. Peters et al. 2000, Callicott et al. 1998). Sicher ist jedoch, dass veränderte naturschützerische Werteinstellungen und neue wissenschaftliche Erkenntnisse sich idealerweise gegenseitig ergänzen.

Ein Beispiel für die Wirkung neuer normativer Aspekte und aktueller Datengrundlagen auf überkommene Bewertungsverfahren ist die Diskussion über „neue Prioritäten im deutschen Vogelschutz" (Darstellung nach Flade 1998). Bisher, so Flade, habe sich der Vogelschutz in Deutschland vor allem mit solchen Arten beschäftigt, die entweder sehr attraktiv sind, oder die in Deutschland am äußersten Rand ihres Verbreitungsgebietes und damit teilweise am „Existenzminimum" leben. Schwarzstorch, Seeadler, Kranich, Birkhuhn, Großtrappe und Wiedehopf sind bekannte Beispiele für Arten, die bislang im Brennpunkt des Naturschutzinteresses standen. Diese Arten sind deutschlandweit gefährdet. Schaut man allerdings über die deutschen Grenzen hinaus, so stellt sich die Gefährdungssituation einiger dieser Arten anders dar: Global gesehen ist zum Beispiel der Kranich weit verbreitet und gar nicht bestandsgefährdet. Der Wiedehopf etwa besitzt seinen Verbreitungsschwerpunkt im Mittelmeerraum und ist dort häufig.

Im Zuge der Biodiversitäts-Konvention von Rio aus dem Jahre 1992 wird gefordert, dass jeder Staat einen Beitrag zum Schutz der globalen Biodiversität zu leisten habe. Dabei solle „jeder Staat ... vorrangig diejenigen Arten schützen, für deren Fortbestand er die größte Verantwortung trägt. Dies sind Arten, die auf seinem Territorium den größten Teil oder einen Großteil ihres globalen oder kontinentalen Bestandes haben". Seitdem hat sich innerhalb der ornithologischen Fachwelt eine intensive Diskussion um neue Prioritäten im Vogelschutz entsponnen, denn die bisher im Mittelpunkt des Interesses stehenden Vogelarten sind oft gerade nicht diejenigen, für welche eine nationale Verantwortung besteht. Eine nationale Verantwortung besteht vor allem für sogenannte „Europäische Endemiten", die in Deutschland regelmäßig brüten und deren Weltverbreitung sich ausschließlich oder weitgehend auf Europa beschränkt, und solche Arten, von denen ein großer Anteil der Weltpopulation in Deutschland brütet. Flade hat Listen dieser Arten mit Hilfe der Verbreitungskarten des neuen EBCC Atlasses der Brutvögel Europas (Ward et al. 1997) erstellt und ist zu erstaunlichen Ergebnissen gekommen. In Tab. 1 sind deutsche Brutvogelarten gelistet, die in ihrer Weltverbreitung auf Europa beschränkt sind. Tab. 2 zeigt deutsche Brutvogelarten, die mit über zehn Prozent ihres europäischen Bestandes in Deutschland brüten und bei denen die deutsche Population die größte oder zweitgrößte in Europa ist. Nach dieser neuen Einstufung erweisen sich teilweise solche Arten als schutzwürdig, die bisher vom Naturschutz kaum wahrgenommen wurden, zum Beispiel der Mäusebussard und der Habicht (über 50% bzw. ca. 35 % des europäischen Gesamtbestandes in Deutschland), das Sommergoldhähnchen und die Sumpfmeise (europäischer Verbreitungsschwerpunkt und ca. 25 % deutscher Anteil an der Weltpopulation). Wie Flade berichtet, errieten die 400 Teilnehmer der 130. Jahresversammlung der Deutschen Ornithologen-Gesellschaft, von den Arten der Tab. 1 zwar den Rotmilan und den Mittelspecht, also Arten, die auch traditionell bereits das Interesse der Vogelschützer auf sich gezogen haben. „Die zweite Art jedoch, das Sommergoldhähnchen (über ein Viertel des Weltbestandes in Deutschland) hat keiner geraten!" (ebd.: 350). Dies gibt zu denken. Allerdings gibt der Autor zu: „vor der zeitraubenden Auswertung des EBCC-Atlasses hätte ich es selbst allerdings auch nicht besser gewusst".

In diesem Fall hatte also die allgemeine Diskussion über die nationale Verantwortlichkeit im Zuge der Rio-Konvention dafür gesorgt, dass man die neu verfügbaren Daten aus dem EBCC-Atlas aus einem neuen Blickwinkel als bisher im Naturschutz üblich interpretiert hat und dabei zu neuen Ergebnissen bezüglich von Schutzprioritäten gelangt ist. Somit wurde das wissenschaftliche Backing erweitert.

Tab. 1: Deutsche Brutvogelarten, die in ihrer Weltverbreitung auf Europa beschränkt sind (nach Flade 1998, verändert). xxx: ausschließlich, xx: weitestgehend, x: überwiegend. V = Vorwarnliste

Art, isolierte Unterart(en)	Konzentration Verbreitung in Europa	Anteil an Weltpopulation	Rote-Liste-Status Deutschland
Rotmilan	xx	ca. 60 %	
Sommergoldhähnchen	xxx	> 25 %	
Sumpfmeise	xxx	ca. 24 %	
Ringeltaube	x	> 20 %	
Girlitz	x	> 20 %	
Mittelspecht	xx	ca. 20 %	V
Misteldrossel	xxx	ca. 20 %	
Brandseeschwalbe	xxx	> 15 %	V
Grünfink	x	> 15 %	
Heckenbraunelle	xx	ca. 15 %	
Blaumeise	xx	ca. 15 %	
Gartenbaumläufer	xx	> 12 %	
Sumpfrohrsänger	xxx	> 10 %	
Mönchsgrasmücke	x	> 10 %	
Gebirgsstelze	xxx	ca. 10 %	
Uferschnepfe	xxx	< 10 %	2
Grünspecht	xxx	< 10 %	
Höckerschwan	xxx	ca. 8 %	
Teichrohrsänger	xxx	ca. 5 %	
Heringsmöwe	xxx	< 5 %	
Wiesenpieper	xxx	< 5%	
Zwergtaucher	xxx	ca. 4 %	3
Haubenmeise	xxx	ca. 4 %	
Waldlaubsänger	xxx	ca. 2 %	
Schreiadler	xxx	< 2 %	
Kleinralle	x	< 1 %	
Seggenrohrsänger	xx	< 1 %	
Berglaubsänger	xx	< 1 %	
Halsbandschnäpper	xxx	< 1 %	

Was könnte dies nun für die Bewertungspraxis bedeuten? Bisher wurde in gängigen Bewertungsverfahren (z. B. Wilms et al. 1997) vor allem das Vorkommen solcher Arten als wertgebendes Merkmal gewertet, die auf den deutschen Raum bezogen als selten und gefährdet eingestuft worden waren, also „Rote-Liste-Arten" wie Kranich, Seeadler oder Birkhuhn.

Tab. 2: Deutsche Brutvogelarten, die mit über zehn Prozent ihres europäischen Bestandes in Deutschland brüten und bei denen die deutsche Population die größte oder zweitgrößte in Europa ist (nach Flade 1998, verändert). V: Vorwarnliste

Art	Anteil D	Rote-Liste-Kategorie D
Mäusebussard	> 50 %	
Habicht	ca. 35 %	
Hausrotschwanz	ca. 30 %	
Kernbeißer	> 25 %	
Waldohreule	> 20 %	
Schwarzspecht	> 20 %	
Feldschwirl	> 20 %	
Waldkauz	ca. 20 %	
Amsel	ca. 20 %	
Turmfalke	> 15 %	
Grauspecht	> 15 %	
Feldlerche	> 15 %	V
Bachstelze	> 15 %	
Singdrossel	> 15 %	
Waldbaumläufer	> 15 %	
Tannenmeise	ca. 15 %	
Stockente	> 10 %	
Hohltaube	> 10 %	
Kleinspecht	> 10 %	
Klappergrasmücke	> 10 %	
Kohlmeise	> 10 %	
Kleiber	> 10 %	
Feldsperling	> 10 %	V
Buntspecht	ca. 10 %	

Artvorkommen von Kleiber, Sommergoldhähnchen oder Sumpfmeise werden nicht einzeln gewertet[44]. Hierdurch bekommen zum Beispiel Waldgebiete mit einer großen Anzahl in Deutschland häufiger Singvogelarten, aber ohne Arten der deutschen oder der landeseigenen Roten Liste, häufig gar keinen ornithologischen „Wert" zugesprochen, also noch nicht einmal den Status „lokal bedeutsam", während beispielsweise Grünlandbereiche regelmäßig als deutlich „wertvoller" eingestuft werden, sofern sich noch ein paar Braunkehlchen finden lassen.

Konzentriert man sich im Artenschutz wie bisher allein auf die „Rote-Liste-Arten" der Bundes- und Landeslisten, so sind solche Bewertungsergebnisse plausibel. *Vor dem Hintergrund der Biodiversitätskonvention und des neuen „Backings" durch Daten jedoch erscheint diese Bewertungspraxis zweifelhaft*, denn, wie Flade (ebd.: 351) her-

---

[44] Höchstens als Bestandteil teilweise dubioser „Diversitäts-Indizes", kritisch hierzu u. a. Scherner (1995)

ausstellt, sind circa 50 % der von ihm gelisteten Arten „echte Waldvögel, und etwa ein Drittel ist stark an Buchen- und Eichenwälder und ihnen ähnliche Parks mit altem Baumbestand gebunden!". Offensichtlich spielen Laubwälder eine große Rolle für den Schutz jener Arten, für die Deutschland europa- und weltweit verantwortlich ist, was sich allerdings bisher in gängigen Bewertungsverfahren noch nicht wiederspiegelt. Daher wird es Zeit, dass man auch in der ornithologischen Bewertungspraxis in Zukunft „über den deutschen Tellerrand" schaut. Für Bewertungsverfahren hieße dies, dass das Vorkommen von „Verantwortungs-Arten" in den Rang eines maßgebenden Wertmerkmals gerückt werden müsste. Weitere wegweisende Ansätze hierfür stammen zum Beispiel von Müller-Motzfeld et al. (1997) zur „Raumbedeutsamkeit" gefährdeter Arten oder von Bernotat, Schlumprecht et al. (2002: 162). Letztere Autorengruppe möchte die „Analyse von arealkundlichen Besonderheiten" wie Endemismus, Verantwortlichkeit, aber auch „Vorkommen am Arealrand" als Standard für Landschafts- sowie Pflege- und Entwicklungspläne setzen.

4.5 Zweifel an der generellen Gültigkeit von Bewertungsregeln sind nicht immer tiefgreifende Wertkonflikte!

Wie das obige Beispiel zeigt, dürfen Zweifel an der generellen Gültigkeit einer Bewertungsregel nicht ohne weiteres mit „tiefgreifendem, nahezu unlösbaren Wertkonflikt" im Naturschutz gleichgesetzt werden. Wie im Kap. 2.2.4 erläutert wurde, dürfen nach der Argumentationslastregel Zweifel an einer bestimmten, eingeübten Bewertungspraxis nicht ohne Grund geübt werden. Zweifler müssen somit Gründe für ihren Zweifel anbringen, die in Form *sachbezogener* Argumente in den Fachdiskurs eingebracht werden. Zweifel auf dieser Ebene beziehen sich also auf die Art und Weise der Ausgestaltung von Bewertungsregeln im Artenschutz („Wie sollen wir angesichts neuer Prioritäten und verbesserter Kenntnisse im Artenschutz heute bewerten?"), aber nicht auf so grundsätzliche Dinge wie die Frage, ob Artenschutz überhaupt sinnvoll sei. Möchte man eine rationale Diskussion über die Art und Weise der Bewertung im Artenschutz führen, muss eine *Übereinkunft in dieser grundsätzlichen Frage* vorausgesetzt werden.

Zweifelt eine Person generell an einer Bewertungsregel und gibt Gründe für ihren Zweifel an, so impliziert dies, dass sie sich auf eine *rationale* Erörterung eines *Bewertungsproblems* einlässt. Wie bereits im Kapitel 2.2.4 erörtert, werden Tatsachen als Begründung für Zweifel angegeben. In Anlehnung an Perelman (1967: 75) sei darauf hingewiesen, dass ein solcher Stand der Dinge dann erreicht wird, wenn es gilt, sich über die *Einteilung von Objekten in Wertkategorien* auseinanderzusetzen, oder aber, wenn die *Behandlung der Mitglieder bestimmter Kategorien* erörtert wird. Die Art und Weise der Argumentation entspricht daher der im Rahmen der Grundkategorie (b) dargestellten (Kap. 4.3). In diesem Zusammenhang lässt sich die Flade´sche Argumentation wie folgt umreißen: Bisher galten vor allem solche Arten als Mitglieder der Kategorie „schutzwürdige Arten", die bezogen auf die Bundesrepublik Deutschland als selten und gefährdet galten. Vor dem Hintergrund der Biodiversitätskonvention und der neuen Daten plädiert der Autor nun dafür, den Umfang der Klasse „schützenswerte Arten" so zu erweitern, dass diejenigen Arten, für die Deutschland eine weltweite Verantwortung hat, hierunter ebenfalls subsumierbar sind. Folglich wird der Umfang der Wertklassen für die *Flächenbewertung* verändert, wobei das Vorkommen solcher Arten, für die unser Land eine Verantwortung trägt, als *Wertmerkmal von Flächen* dient. Gleichzeitig werden Auswahlregeln für die Klasse dieser „Verantwortungs-Arten" angegeben, die Klasse wird also wie folgt operationalisiert:

„Deutsche Brutvogelarten, die in ihrer Weltverbreitung auf Europa beschränkt sind"

„Deutsche Brutvogelarten, die mit über zehn Prozent ihres europäischen Bestandes in Deutschland brüten und bei denen die deutsche Population die größte oder zweitgrößte in Europa ist".

Übrigens geht Flade nicht so weit, deutschlandweit seltene Arten und Sympathieträger wie den Kranich von jetzt ab aus der Klasse „Schützenswerte Arten" ausschließen zu wollen. Ihm geht es zunächst vor allem um eine Erweiterung der Klasse. Allerdings regt er an, zu unterscheiden zwischen Arten, deren Schutz global gesehen für uns „Pflicht" und solchen, deren Schutz „Kür" ist. So wird also die Behandlung der Mitglieder der Kategorie „schützenswerte Arten" diskutiert mit dem Vorschlag, *zwei Unterklassen abgestufter Schutzpriorität* zu bilden, nämlich a) „*Arten, deren Schutz Pflicht ist*", operationalisiert als diejenigen Arten, für die Deutschland Verantwortung besitzt, und b) „*Arten, deren Schutz Kür ist*". In diese Kategorie sollen in Deutschland gefährdete Arten gehören, die nicht zu a) gehören, und solche Arten, die besonders attraktiv sind. Der Wiedehopf, so Flade, ist schon allein schützenswert, weil er „so ein schicker Kerl ist" (ebd.: 349). Schutzpriorität sollen allerdings diejenigen Arten bekommen, bei denen die Weichen für ihr globales Überleben zu einem großen Teil in Deutschland gestellt werden. Nach Einschätzung der Verfasserin ist diese Argumentation im Grundsatz plausibel und dürfte unter Artenschützern konsensfähig sein.

Im obigen Absatz wurde also eine Diskussion innerhalb der Artenschützer-Community wiedergegeben. Dies ist zu unterscheiden von *Grundsatzdiskussionen* über den Sinn von Artenschutz allgemein. Wer Artenschutz für überflüssig, schädlich oder lästig hält, wird selbstredend eine Bewertungsregel ablehnen, nach denen solche Flächen besonders schützenswert sind, die seltene Arten beherbergen. Ebenso wird er modifizierte Regeln ablehnen. Im Grunde genommen würde er sich überhaupt nicht auf eine Diskussion über Bewertungsregeln, Schutzprioritäten und andere Detailfragen aus dem Bereich des Artenschutzes einlassen. Er würde mit seiner Argumentation auf einer anderen Ebene beginnen. Seine Zweifel an Grundsätzen des Artenschutzes („Wir sollen gefährdete Arten schützen") würde er vielleicht mit Argumenten untermauern, welche belegen sollen, dass Artenschutz unsozial oder schädlich für das Wirtschaftswachstum sei, oder er würde anmerken, dass er einen Großteil der Arten für völlig nutzlos hielte und daher das Aussterben dieser Spezies kein großer Verlust sei. Diese Argumente kommen im obengenannten „Artenschutzdiskurs" gar nicht vor, weil man hier die Notwendigkeit, Arten zu schützen, bereits vorausgesetzt hat. Konflikte im

Artenschutzdiskurs beziehen sich also nicht auf das „ob", sondern das „wie, wo und wieviel". Dass es jedoch tiefgreifende Wertdifferenzen innerhalb unserer Gesellschaft gibt, ist nicht zu leugnen. Auch diese gilt es zu diskutieren und auf eine sachliche Grundlage zu stellen, wobei man irgendwann allerdings auch hier gezwungen ist, vor letzten normativen Prinzipien haltzumachen, die sich nicht weiter durch Argumente begründen lassen. *Eine Wertediskussion kann nur unter der Prämisse vorausgesetzter grundsätzlicher gemeinsamer Wertvorstellungen überhaupt für sich in Anspruch nehmen, rational zu sein.*

Mehr oder weniger tiefgreifende Wertkonflikte oder Interessenskonflikte kommen also vor, es sind aber nicht die Probleme, die normalerweise unter dem Begriff „Bewertungsprobleme im Naturschutz" subsumiert werden. Wichtig für die Verortung und Lösung von „Bewertungsproblemen" ist es, nicht jede Meinungsverschiedenheit bezüglich Bewertungsverfahren im Naturschutz sofort als fundamentalen Wertkonflikt hinzustellen (zum Beispiel zwischen Öko-, Bio-, Anthropo-, Ego- und sonstigen „Zentrikern"[45]) die aufgrund verschiedener Wertvorstellungen und Einzelinteressen in der illustren Gesellschaft der Naturschützer oder gar innerhalb der gesamten Gesellschaft ohnehin nicht rational lösbar sei. Hiermit machte man es sich zu einfach und könnte eine vernünftige Konsensfindung vereiteln. So sei die Behauptung gewagt, dass zumindestens innerhalb der Fachwelt, aber wahrscheinlich sogar innerhalb der gesamten bürgerlichen Gesellschaft, eine größere Übereinstimmung in *grundsätzlichen* Wertfragen vorhanden ist, als oft behauptet. Folglich sollte man bei Bewertungsdiskussionen innerhalb des Naturschutzes versuchen, die gemeinsame Wertebasis für den Diskurs aufzudecken, die als Grundlage rationalen Argumentierens unverzichtbar ist.

Andereseits, so werden viele Leser jetzt einzuwenden haben, ist innerhalb der „Ökologen"-Szene eine große Meinungsvielfalt unübersehbar. So mancher Autor breitet genüsslich aus, wie Naturschützer sich streiten um Orchideen- versus Limikolenschutz, Sukzession versus Pflege, ökosystemzentrierten versus arten- oder lebensgemeinschaftenzentrierten Naturschutz (z. B. Dierßen & Roweck 1998). Diese Konflikte existieren und pausen sich auch auf die Bewertungsdiskussion durch. Wie soll man nun *als Wissenschaftlerin* damit umgehen? Bekanntlich dürfen zwar Wissenschaftler, genau wie andere Teilnehmer des Bewertungsdiskurses auch, ihre Wertvorstellungen zum Ausdruck bringen und begründen. Allerdings sollten sie darüber hinaus noch mehr beitragen. *Da Meinungsverschiedenheiten in Bewertungsfragen immer auch einen sachlich zu prüfenden Gehalt haben*, sollte dieser von Wissenschaftlerinnen als solcher erkannt und geprüft werden.

Dann nämlich könnte sich herausstellen, dass in Bewertungsfragen im Umwelt- und Naturschutz ein Gutteil *vermeintlicher* Wertungsdifferenzen auf *divergierende Überzeugungen oder einen unterschiedlichen Kenntnisstand in wissenschaftlich-empi-*

---

[45] Einschlägige Literatur zu diesem Thema z. B. Krebs (1996, 1997 Hrsg.), Birnbacher (1997, Hrsg.), Gorke (1996).

rischen Fragen zurückzuführen ist (vgl. Nida-Rümelin 1996, 58 f.[46]). Fälschlicherweise werden solche prinzipiell empirisch prüfbaren Überzeugungsunterschiede gelegentlich in Wertkonflikte übersetzt. Nida-Rümelin (ebd.) fürchtet, dass oftmals so ein hohes Maß der *Übereinstimmung in normativen Grundfragen* systematisch überdeckt würde. Oft liegt das Problem oft nicht in divergierenden Wertauffassungen, sondern in geteilten Ansichten darüber, wie sich ein Ziel erreichen lässt.

Ein Beispiel: Oft wird das Kriterium „Lage im Biotopverbund" für Bewertungen herangezogen. Hierbei geht man zum Beispiel davon aus, dass bestimmte Verbundstrukturen wie Hecken, Knicks und Säume als Korridore für die Ausbreitung von Arten dienen (z. B. Jedicke 1990). Außerdem soll der Verbund die sogenannte „Biotopvernetzung" erhöhen, nämlich die Summe der organismischen Interaktionen zwischen Lebensräumen (z. B. Roweck et al. 1987). Insgesamt verfolgt man mit Hilfe des Verbundes das Ziel, die genetische Vielfalt innerhalb regionaler Populationen zu erhöhen und diesen damit zu einer höheren Überlebenswahrscheinlichkeit zu verhelfen. Heute ist das Prinzip „Biotopverbund" allerdings zum Teil in Verruf geraten. Man vermutet, dass der Verbund in der Kulturlandschaft vor allem die Ausbreitung von Ubiquisten fördere und sich so durch die Förderung von Antagonisten und Konkurrenten seltener Arten für den Artenschutz insgesamt eher negativ auswirke (z. B. Dierßen 1991: 14 f., Roweck 1993: 12). Möglich sei sogar die Auslöschung kleiner oder besonders empfindlicher Populationen, falls durch den Verbund für die Art suboptimale Habitate erschlossen würden, welche als Senken wirkten (vgl. Henle 1994: 143). Belegt sind Fälle, in denen Populationen gefährdeter Offenlandarten durch die Anlage von Hecken, die als Verbundstrukturen gedacht waren, gefährdet oder gar zum Verschwinden gebracht wurden. Geißler-Strobel et al. (2000) dokumentieren beispielsweise, dass nach Gehölzpflanzungen an Straßenrändern in Baden-Württemberg eine Population des seltenen Bläulings *Glaucopsyche nausithous* stark dezimiert wurde.

Der Meinungsaustausch um das Wertkriterium „Biotopverbund" oder „Lage im Biotopverbund" ähnelt gelegentlich zwar gelegentlich einer leidenschaftlich geführten Wertediskussion, da sich besonders einige Praktiker das leicht umzusetzende und schnellen sichtbaren Erfolg versprechende Prinzip mit Begeisterung zu eigen gemacht haben. Hierbei ist allerdings zu beachten, dass der „Biotopverbund" *ohne bestimmte empirische Annahmen überhaupt kein Wert ist*. Der Biotopverbund ist kein Selbstzweck, sondern soll bestimmten Artenschutzzielen dienen. Ob sich diese wirklich mit dem Instrument erreichen lassen, kann zumindestens prinzipiell innerhalb von populationsbiologischen Projekten empirisch geprüft werden. „Die vermeintliche Werthaltung entpuppt sich also als eine auf fundamentalere Normen und Werte zurückführbare Folge bestimmter empirischer Annahmen, die grundsätzlich auch empirisch-einzelwissenschaftlich überprüfbar sind." (vgl. Nida-Rümelin ebd.: 59). Hielte man sich dies stets vor Augen, so könnte so mancher mit religiös anmutendem Eifer geführte „Grabenkrieg" innerhalb des Naturschutzes wieder auf die Ebene des rationalen Diskurses zurückgebracht werden.

---

[46] Nida-Rümelin zeigt dies am Beispiel der Technikfolgenabschätzung.

Auf der anderen Seite weist Nida-Rümelin (ebd.) aber auf das Problem hin, dass viele zugrundegelegten wissenschaftlichen Annahmen aus pragmatischen Gründen *gar nicht prüfbar sind*. Ausbreitungsraten von Organismen, um bei dem obigen Beispiel zu bleiben, lassen sich schwer messen (Henle 1994: 142). Daher wird in Planungen meist lediglich ein „Verbundpotenzial" abgeschätzt (Wulf 2001: 208). Auch wenn der heutige Erkenntnisstand noch nicht ausreicht, um alle Meinungsverschiedenheiten um das Thema „Biotopverbund" beizulegen, wird wohl die moderne populationsökologische Forschung in Zukunft einiges entscheidungserhebliches Wissen liefern. Heute werden Migrations- und Dispersionsvorgänge in Populationen bereits intensiv untersucht (Übersicht z. B. in Henle, Vogel et al. 1999).

So bleibt die Hoffnung, dass vernünftige Entscheidungen möglich seien, wenn wir nur ein ausreichend dichtes Netz von wissenschaftlichen Fakten geliefert bekämen. In Bezug auf manche komplexe Fragen des Ökosystemmanagements ist hierbei allerdings eher eine gewisse Skepsis angezeigt. Obwohl inzwischen in Großprojekten der ökologischen Forschung große Mengen von Daten zusammengetragen wurden, scheint die Ausbeute von praktisch anwendbarem Wissen eher gering zu sein. Oft hat es den Anschein, dass *mehr Ökosystem-Daten* nicht unbedingt immer *mehr Klarheit im Bewertungsdiskurs* bringen. In diesem Sinne bemühen sich Ökosystem-Forscher heute, einen stärkeren Anwendungsbezug herzustellen (vgl. Zölitz-Möller et al. 1998). Dabei kann es sinnvoll sein, den Stand der Forschung in „Faustregeln" für die Planungspraxis verständlich zusammenzufassen, die zusammen mit den ökologischen Kenntnissen weiterentwickelt werden können (z. B. Henle, Amler et al. 1999: Populationsbiologische Faustregeln).

Der Philosoph Meyer-Abich (1997: 32) kritisiert, dass mit dem Aspekt des Nichtwissens oft zu leichtfertig umgegangen würde: Anstatt das unvermeidbare Nichtwissen anzuerkennen, würde es als Zustand gewertet, der überwunden werden müsse, um ethische Fragen überhaupt entscheiden zu können. Dabei ist es einerseits nicht zu leugnen, dass im Umgang mit probabilistischen Ökosystemen das Nichtwissen und die Unsicherheit immer eine große Rolle spielen werden (vgl. z. B. Breckling 1992), und andererseits, dass wir es im Umweltdiskurs teilweise mit Fragen zu tun haben, die tatsächlich auf tiefgreifenden Wertdifferenzen beruhen und sich deshalb *prinzipiell* nicht allein wissenschaftlich lösen lassen. Die Frage, wie viele Flächen welcher Größe für den Artenschutz zur Verfügung gestellt werden sollen, lässt sich nicht mit Hilfe von Populationsgefährdungsanalysen allein beantworten, sondern erfordert Wertentscheidungen. Der seit einigen Jahren auch innerhalb der Ökologie geführte *Nachhaltigkeitsdiskurs* beinhaltet die ethische Frage nach der Verteilungsgerechtigkeit (z. B. Barkmann 2002). Das Dilemma lässt sich keinesfalls umgehen, indem man versucht, Wertfragen einfach auf die Ebene der „Fakten" *zu reduzieren*. Oft wird von Seiten der Wissenschaftler suggeriert, dass uns angesichts komplexer Umweltprobleme und gar gesellschaftlicher Verteilungsprobleme lediglich die „Datengrundlage" fehlte, um entscheiden zu können, was zu tun sei (bezeichnenderweise vor allem dann, wenn es darum geht, größere Mengen von Forschungsmitteln für wissenschaftliche Großprojekte einzuwerben). Politikern ist dies oft hochwillkommen, lassen sich doch so anstehende

Entscheidungen mit dem Hinweis auf noch fehlende wissenschaftliche Grundlagen zumindestens noch bis zur nächsten Legislaturperiode verzögern. Schon Max Weber hat davor gewarnt, Wertfragen durch die Übersetzung in ökonomisches oder technisches Vokabular den *Anschein objektiver Endscheidbarkeit* zu geben. Moralisch verwerflich ist es nach Weber, scheinbar nur die Tatsachen sprechen zu lassen und normativ-moralische Probleme in ökonomische oder technische Sachzwänge zu umschreiben (K. Ott 1997: 167f.). Wie Dahl (1995: 88) bemerkt, muss ebenso die ökologische Wissenschaft scheitern, falls man ihr auferlegen wollte, „Vernunftgründe für nicht weiter begründbare und auch nicht begründungsbedürftige Ziele und Wertvorstellungen zu liefern, Rechtfertigungen zu beschaffen für die Bewahrung eines nicht von uns gemachten Reichtums an Gestalten und Lebensvollzügen; sie muss an dieser Zumutung scheitern, weil diese Wissenschaft sich ... kundig dünkt, wo sie ahnungslos ist, aufgeklärt, wo sie im Dunkeln tappt, bevollmächtigt, wo sie ohnmächtig ist."

Was bedeutet dies alles nun für den Bewertungsdiskurs? Vor allem zeigt die Diskussion, dass es gelingen muss, *angesichts einer Vielzahl von Meinungen, Einstellungen und Äußerungen einerseits Sachfragen als solche zu prüfen, andererseits Wertkonflikte zu erkennen und als solche zu diskutieren.* Empirisches Nichtwissen sollte als solches benannt werden. Zudem sollten Naturwissenschaftler im akademischen Bereich ihre besondere Aufgabe in der Prüfung strittiger Sachfragen sehen und nicht darin, Wertentscheidungen aufgrund einer falsch verstandenen Autorität an sich zu reißen. Sicherlich sind Wissenschaftler dazu aufgefordert, ihre Wertauffassungen zur Geltung zu bringen, aber hierfür ist es nötig, wie Max Weber (1968a: 196 f., Orig. 1904) betont, „jederzeit deutlich zu machen, ... wo der denkende Forscher aufhört und der wollende Mensch anfängt zu sprechen."

Zusammenfassend kann man sagen, dass sich bei der Anwendung etablierter Bewertungsverfahren Zweifel und Probleme auf verschiedensten Ebenen ergeben können. *Offensichtlich stehen bei eher vage formulierten, grundsätzlichen „Bewertungsprinzipien", die noch nicht operationalisiert worden sind, vor allem Meinungsverschiedenheiten um Wertfragen in den Vordergrund, wohingegen bei stark standardisierten Verfahren noch zusätzlich weitere Probleme auftauchen, wie Zweifel an der Validität von Indikatoren oder Zweifel an der Angemessenheit der Operationalisierung.* Hiermit ist auch die Frage aus der Einleitung beantwortet, warum Bewertungsverfahren im Allgemeinen *umso mehr Kritik auf sich ziehen, desto konkreter sie werden.*

Mithin haben Unstimmigkeiten um Bewertungsverfahren zur Folge, dass für bestimmte Aufgaben entweder vorhandene Bewertungsverfahren erweitert und verbessert, oder aber ganz neue Bewertungsverfahren hergestellt werden müssen. Welche Aspekte bei der Herstellung von Bewertungsverfahren beachtet werden müssen und welche Probleme auftauchen können, soll in den Kapiteln 5-8 erläutert werden.

5 Die Herstellung von Bewertungsverfahren: Grundlagen und Probleme

5.1 Herkunft und Wesen von Wertmaßstäben – „datengeleiteter" versus „leitbildbezogener" Ansatz

Die Herstellung von Bewertungsverfahren ist meist eine schwierige und zum Teil undankbare Aufgabe, besonders dann, wenn bisher keinerlei wissenschaftlich-normative Orientierungswerte, ordnungsrechtliche Grenzwerte, Standards oder ähnliches existieren, auf die Bezug genommen werden könnte (vgl. Abb. 12). Wie eingangs gesagt, werden viele neue Bewertungsverfahren von der Fachwelt sogleich nach ihrem Erscheinen aufs Schärfste kritisiert. Um dies zu vermeiden, reagieren Bearbeiter entweder mit einer unreflektierten angeblichen „Ableitung" von Wertmaßstäben aus „harten" Datengrundlagen, um sich möglichst unangreifbar zu machen. Gern bedienen sie sich dabei möglichst ausgeklügelter Statistik. Die Gefahr ist allerdings groß, dass Bewertungen so in die Nähe des naturalistischen Fehlschlusses geraten, oder dass unbewusst eigene Wertmaßstäbe zur Grundlage gemacht werden, was dann mit Hilfe hochkomplizierter mathematischer oder statistischer Rechengänge verschleiert wird. Andere Fachleute behelfen sich damit, den Bewertungsschritt ganz zu verweigern mit der Begründung: „Wir Wissenschaftler können gar nicht bewerten, weil wir sonst automatisch einen naturalistischen Fehlschluss begehen würden. Daher muss die Gesellschaft bewerten". Beide Positionen sind für die Naturschutzpraxis nicht gerade hilfreich, und so ist die Frage, wie argumentativ und sachlich korrekt vorzugehen sei. Worauf ist also bei einer Herstellung problembezogener Bewertungsverfahren zu achten?

Eine Grundfrage der Bewertungsdebatte ist die nach der Herkunft und dem Wesen von Wertmaßstäben. Um diese Frage näher beleuchten zu können, muss man sich zunächst klar darüber werden, dass der Begriff „Bewertung" in zwei unterschiedlichen Bedeutungen verwendet wird. Hierfür sind Überlegungen des amerikanischen Philosophen P. W. Taylor hilfreich. Taylor (zit. in Habermas 1981) unterscheidet zwei verschiedene Arten von Werturteilen, nämlich das *Value-Grading* und das *Value-Ranking*. Um dies zu erläutern, bemerkt Taylor, dass man zum Beispiel für die „Bewertung" eines Präsidenten der Vereinigten Staaten auf zweierlei Art und Weisen vorgehen könnte. Einerseits könnte man einen Präsidenten als „gut" bezeichnen, weil er in bestimmter Hinsicht besser ist als der Durchschnitt aller bisherigen Präsidenten. Andererseits könnte man ihn an einer „Idealvorstellung" messen, also an einem „Leitbild", wie eine Planerin sagen würde.

„To say that someone was a good president in (the first, K. R.) sense means that he was better than the avarage. It is to claim that he fulfilled certain standards to a higher degree than most of the other men who were president. „Good" is used as a ranking word. In the second case, our class of comparison is not the class of actual presidents but the class of all possible (imaginable) presidents. To say that a certain president was good in this sense means that he fulfilled to a high degree those standards whose complete fulfillment would define an ideal president. „Good" is here used as a grading word."

Hier werden zwei Aspekte angesprochen, nämlich einerseits die Möglichkeit, zwischen einer Einstufung in Wertklassen (grading) und einer Einstufung in eine Wertrangfolge (ranking) zu unterscheiden. Während eine Einstufung in Wertklassen Werturteile erlaubt wie „a ist wertvoll" oder „a gehört zur Wertstufe 5", können aus einem Ranking relative Werturteile („a ist besser als b") abgeleitet werden (vgl. hierzu auch Wiegleb 1997a: 49). Im Gegensatz zu Taylor misst die Verfasserin diesem Unterschied jedoch eher eine untergeordnete Bedeutung zu, denn um ein Ranking nachvollziehbar zu gestalten, kann und sollte ebenfalls mit Wertklassen gearbeitet werden, die dann auf einer komparativen Skala angeordnet werden können („Gewässergüteklasse 2 ist besser als Gewässergüteklasse 4"). Ebenfalls ist ein Ranking anhand eines Abgleichs mit einem Idealzustand möglich, indem verschiedene Sachverhalte nach ihrer Nähe zum Idealzustand aufgereiht werden. Wichtiger als dieser formale Aspekt erscheint aber die *Herkunft und der Charakter der verwendeten Wertmaßstäbe*, die Taylor herausgearbeitet hat.

Einerseits besteht nämlich die Möglichkeit, einen Sachverhalt an einem Maßstab zu messen, der *empirisch* beziehungsweise *statistisch* hergestellt wurde (sogenannter „datengeleiteter Ansatz"). Entweder wird der zu bewertende Ist-Zustand einem bestimmten, empirisch ermittelten Referenzzustand gegenübergestellt, also etwa ein Bezug auf einen Referenzzeitpunkt wie ein Basisjahr oder eine Referenzfläche („War-Ist-Abgleich" oder „Ist-Ist-Abgleich"), oder die Gesamtmenge aller bisher bekannten oder untersuchten Fälle wird aufgrund eines bestimmten Kriteriums auf einer Skala angeordnet. Letzteres erlaubt zum Beispiel die Bildung eines statistischen *Durchschnittswertes*, der dann als „normal" bezeichnet wird und mit einem Ist-Wert verglichen werden kann („Ist-Durchschnitt-Abgleich", vgl. Abb. 12). Zudem ermöglicht diese Methode die Herstellung der Skalen-Endpunkte anhand von Daten besonders „gut" und besonders „schlecht" eingeschätzter Einzelfälle. Heidt und Plachter (1996: 197) bemerken, dass „Bewertung immer einen Vergleich impliziert, so etwa mit Situationen an anderer Stelle oder zwischen einem gegebenen und einem historischen oder zukünftigen Zustand".

Falls für einen Abgleich keine gegebenen Orientierungswerte zur Verfügung stehen, benötigt man also empirische Daten, welche man zu seinem Ist-Zustand in Relation setzen kann, also zum Beispiel:

- Historische Daten von bestimmten Referenzzeitpunkten („Vergleich der Knickdichte in der Gemeinde Tastrup (Schleswig-Holstein) der Jahre 1877, 1971 und 1984. Bezogen auf die landwirtschaftliche Nutzfläche wurden die folgenden Knickdichten ermittelt: 1877: 120 m/ha, 1971: 90 m/ha, 1984: 45 m/ha." Deutscher Grenzverein 1987, in Finck et al. 1997: 38).

- Daten von einzelnen, herausragenden Referenzflächen („Im westslowakischen Erzgebirge besitzt der Weißrückenspecht eine Populationsdichte von 40 Brutpaaren pro 10 ha, in Bialovieza beträgt die Populationsdichte bis zu 20 Brutpaare pro 10 ha.", vgl. Mühlenberg & Gottschalk 1999: 36).

- Durchschnittswerte aus einer repräsentativen Stichprobenmenge („In Niederungen Schleswig-Holsteins finden sich durchschnittlich 0,15 Brutpaare des Braunkehlchens pro 10 ha.", nach Busche 1988, in Mühlenberg & Gottschalk 1999: 36).

Bezugnahme auf:

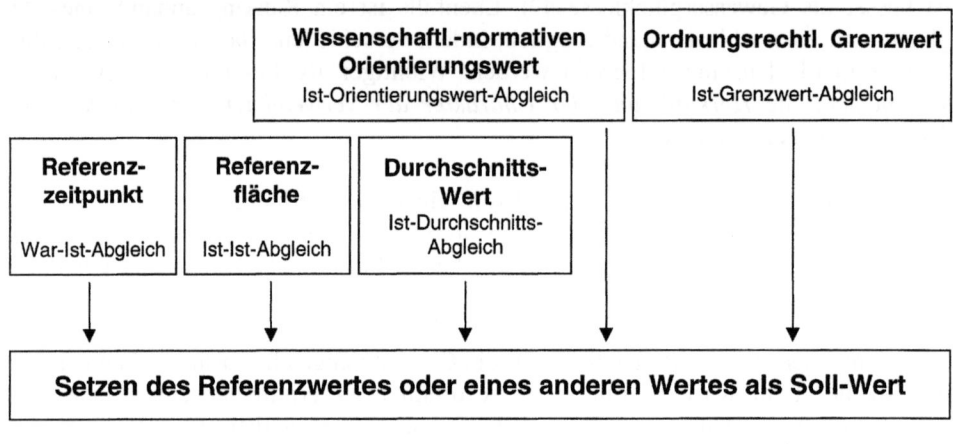

Messanaloges Bewerten als Soll-Ist-Abgleich

Abb. 12: Bezugnahme auf empirische Daten oder gesetzte Grenz- und Orientierungswerte bei der Herstellung von Wertmaßstäben.

Auch wenn der Vorgang der Herstellung des Maßstabes aus empirischen Daten vordergründig als eine rein empirische oder statistische Angelegenheit erscheint, sind doch im *Vorfeld bereits Wertentscheidungen nötig*, nämlich bei der Auswahl der verwendeten *Wertkriterien* und ihrer Operationalisierung, bei der Entscheidung für *Referenzflächen* und *-zeitpunkte* oder der Festlegung des *Stichprobenumfangs* für statistische Operationen. Zudem muss *begründet* werden, warum man ein Basisjahr oder eine Vergleichsfläche wählt, und wie man den Grad der Abweichung davon *bewertet*. Ein simpler *Index*, zum Beispiel die „Entwicklung der CO_2-Emissionen im Vergleich zu 1960" als Ist-War-Abgleich ist noch keine Bewertung, denn, wie bereits erläutert wurde (Kap. 2.2.5.2, Exkurs), ergibt sich ein Werturteil nicht einfach aus dem Vergleich zweier empirisch ermittelter Daten. Daher muss in diesem Fall ein *Soll-Wert* oder ein *Soll-Bereich* gesetzt werden, mit dem der Ist-Wert verglichen werden kann.

Diesem Prinzip folgt zum Beispiel das in den Niederlanden entwickelte Amöbe-Diagramm (z. B. Colijn 1989, Abb. 13), bei dem für verschiedene Messgrößen in marinen Lebensräumen ein historischer Referenzzustand, der als Soll-Zustand gesetzt wird, mit dem heutigen und zukünftigen erwarteten Zuständen verglichen wird (Soll-Ist- und Soll-Wird-Abgleich). In dem in Abb. 14 wiedergegebenen Beispiel wurden die Organismenbestände in der Nordsee im Bezugsjahr 1930 denen des Jahres 1988 gegenübergestellt.

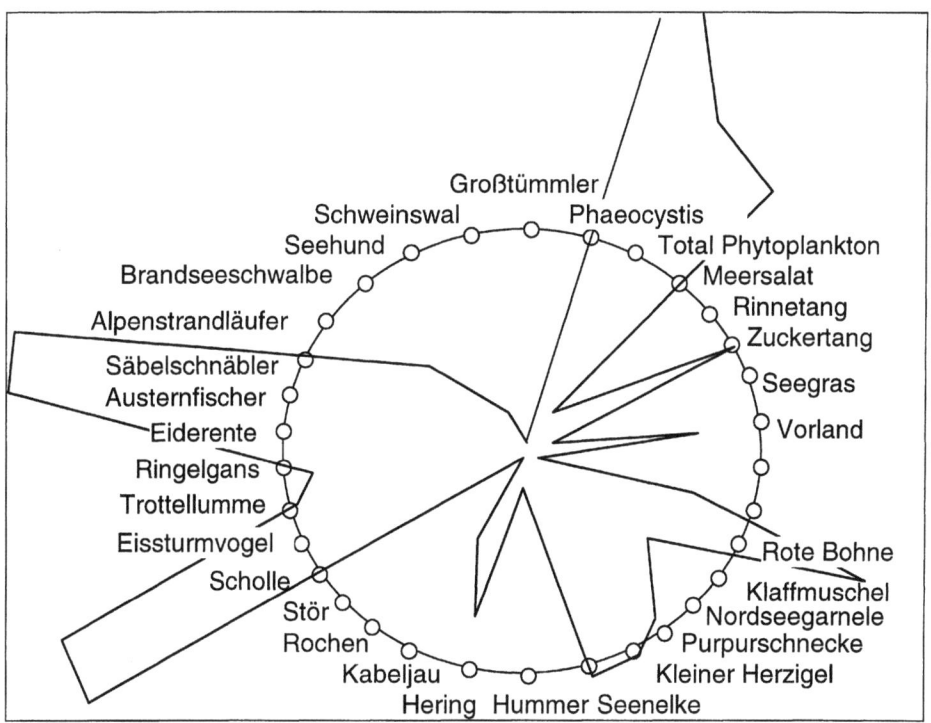

Abb. 13: Amöbe-Diagramm nach Colijn (1989)

Knospe (1998: 41) schlägt eine Einteilung des Wertmaßstabes vor, der ein Optimum, ein Pessimum und einem sogenannte „Vorsorgewert" beinhaltet, wobei letzterer irgendwo zwischen Optimum und Pessimum liegt. Auf die Problematik des „Setzens" von Grenz- und Zielwerten, „Vorsorgewerten" und ähnlichem in empirisch hergestellte Skalen und der Begründung hierfür wird im Folgenden noch des Öfteren einzugehen sein. Festgehalten sei, dass für die Herstellung eines Wertmaßstabes innerhalb eines statistischen, sogenannten „datengeleiteten" Ansatzes eine *vorgängige Bewertung* bereits vorausgesetzt werden muss. Ohne die Kenntnis über *wertgebende Eigenschaften* und deren *Operationalisierung* und zumindest eine grobe Vormeinung über die *gewünschte Ausprägung* der Eigenschaften ist dieser Ansatz nicht denkbar.

Die andere angesprochene Möglichkeit besteht darin, die zu bewertenden Sachverhalte mit einer *Idealvorstellung* zu vergleichen. Idealvorstellungen werden, wie oben bereits erwähnt, in der Planung häufig *Leitbilder* genannt. Die Bewertung besteht darin, die Diskrepanz zwischen dem Ideal und dem Ist-Zustand festzustellen („Ist-Ideal-Abgleich"). Das Problem, das auch Taylor (zit. in Habermas 1981) herausstellt, ist nun, dass viele Ideale und der Abstand eines realen Sachverhaltes vom Ideal kaum klar definiert werden können („It is not possible to specify exactly to what degree the standard must be fulfilled for a man to be graded as a good president"). Zunächst muss geklärt werden, *welche Eigenschaften wichtig sind*. Welche Eigenschaften hat ein „idealer Präsident"? Welche Eigenschaften hat eine „nachhaltige Landnutzung"? Eine Bewertung mit Hilfe eines Idealzustandes entspricht zunächst noch nicht einer Einstufung realer Objekte auf einer festgelegten Skala, und zwar aus dem einfachen Grunde, dass eine solche Skala in Form eines operationalisierten Maßstabes zu diesem Zeitpunkt noch nicht existiert. Ein Leitbild taugt nicht als Schema, sondern enthält Ordnungs- und Grenzbegriffe, weshalb die Bewertung von Einzelobjekten kaum in Form eines „ja oder nein", sondern eines „mehr oder weniger" stattfindet.

Schon der erste Operationalisierungsschritt, nämlich das Festlegen wertgebender Eigenschaften, gestaltet sich aus verschiedensten Gründen, auf die später näher eingegangen werden soll, oftmals schwierig. Laut Taylor ist es oft einfacher, sich das Gegenteil des Ideals vorzustellen, zum Beispiel einen *schlechten* Präsidenten. Der Grund hierfür mag darin liegen, dass man wohl bisher mehr Erfahrungen mit schlechten Präsidenten machen musste als mit solchen, die einer Idealvorstellung nahekommen. Denn was es bisher noch nicht gab, kann man sich kaum vorstellen, während sich Vorstellungen von „schlechten" oder zumindest „weniger guten" Präsidenten der Erfahrung gemäß zum Beispiel mit der Eigenschaft „korrupt" und anderer Eigenschaften konkretisieren lässt. Eine Idealvorstellung („Idee" im platonischen Sinne), in die *überhaupt* keine empirischen Erfahrungen einfließen, ist kaum denkbar. Dies gilt im besonderen Maße für den Naturschutz: Wie soll man sich etwa eine „ideale halboffene Weidelandschaft" als Ziel vorstellen und reale Flächen an diesem Maßstab messen, wenn man noch nie ein als positiv bewertetes Beispiel wie das „Borkener Paradies" im Emsland oder den „New Forest" in Südengland gesehen hat? Daher sind Idealvorstellungen laut Taylor auch um so besser fassbar, je *näher sie an der Realität* sind. Anzunehmen ist, dass Menschen ihre Umwelt ständig bewerten, indem sie Personen und Dinge mit ihren Idealvorstellungen vergleichen, auch wenn dahingestellt bleiben muss, woher diese stammen. Hierbei kann man allerdings nicht ohne weiteres von intersubjektiv nachvollziehbaren Bewertungen sprechen.

Um eine intersubjektiv nachvollziehbare Bewertung durchführen zu können, müssen vielmehr, wie oben bereits erläutert, Ideale und Wertvorstellungen zunächst in wertgebende *Eigenschaften* übersetzt werden. Nehmen wir an, eine Naturschützerin ist gerade aus dem „New Forest" zurückgekehrt und schwärmt einem Kollegen vor, es handele sich um eine ausgesprochen *wertvolle* „halboffene Weidelandschaft". Der Kollege wird wissen wollen, was genau an dieser Landschaft so wertvoll sei, und so wird die Urlauberin von einer „großen landschaftlichen Vielfalt" oder einer „großen Artenvielfalt" berichten, also wertgebende Eigenschaften aufzählen. Mit der Aufzählung wertgebender Eigenschaften ist bereits ein gewisser Grad an Intersubjektivität erreichbar, der für eine *Verständigung im Gespräch* meist ausreicht. So wird der Kollege sich die Landschaft in seiner Vorstellung ausmalen und die Wertschätzung nachvollziehen können. Der Konsens innerhalb der Naturschützergemeinde darüber, was als wertgebende Eigenschaften angesehen wird, ist offensichtlich verhältnismäßig groß, weshalb bestimmte Bewertungskriterien wie „Artenvielfalt" immer wieder verwendet werden (vgl. u. a. Usher 1994, Wulf 2001, s. auch Kap. 6.1 in dieser Arbeit). Bewertungskriterien geben darüber Auskunft, welche wertgebenden Eigenschaften für eine Bewertung von Flächen herangezogen werden. Eine wertvolle Fläche hat also zum Beispiel die *Eigenschaft*, eine *Vielfalt von Arten* zu beherbergen.

Dieser Konkretisierungsgrad mit Hilfe verbal formulierter „wertgebender Eigenschaften" reicht für viele Anforderungen der Bewertungspraxis aus. Probleme ergeben sich aber, wenn *messanaloge* Bewertungsverfahren gefordert sind. Für Bewertungsverfahren, welche eine messanaloge Einstufung erlauben, müssen wertgebende Eigenschaften nämlich operationalisiert, also zu erfassbaren, zähl- oder messbaren *Merkmalen* konkretisiert werden (vgl. Knospe 1998: 94). Für die Konkretisierung jeglicher Wertvorstellungen und die Herstellung eines nachvollziehbaren *Bewertungsverfahrens* sind auf jeden Fall empirische Daten erforderlich, die unter anderem bei einer sinnvollen *Setzung* von *Wertklassengrenzen* oder eines *Soll-Wertes* helfen. Um das Beispiel von der Artenvielfalt wieder aufzugreifen: Wie viele Arten welcher Artengruppen sollte eine Fläche beherbergen, damit man von einer „großen Artenvielfalt" sprechen und die Fläche dementsprechend hoch bewerten kann? Wie wird die Bezugsfläche normiert? Auf welchen landschaftlichen Raum bezieht sich das Bewertungssystem? Eine Idealvorstellung, ein abstrakter Wertbegriff oder eine begrifflich gefasste Eigenschaft, die zum Beispiel aus einem Fachgesetz entnommen wurde („Eigenart, Vielfalt und Schönheit"), ist eben noch kein Soll-Wert und keine operationalisierte Wertklasse, und ohne diese ist die Herstellung eines *messanalogen* Bewertungsverfahrens nicht möglich. Die Schritte vom Leitbild zum operationalisierten Maßstab sind zwar theoretisch gut bearbeitet (z. B. Jessel 1994, 1998, Bröring et al. 1999) die Erfahrung zeigt aber, dass man kaum über den ersten Schritt der Operationalisierung, also die Setzung wertgebender Eigenschaften, hinauskommt. Hierzu mehr in Kap. 7.5.

Wie heute unter Planern und Gutachterinnen allgemein bekannt sein dürfte, ergibt sich ein Wertmaßstab nicht „einfach so" aus Daten oder Statistiken. Sollensaussagen können nie logisch allein aus Sachaussagen abgeleitet werden (das wäre ein naturalistischer Fehlschluss, vgl. Kap. 2.2.5, Exkurs). Folglich geht der Herstellung eines Bewertungsmaßstabes, wie oben erläutert, auch bei einem „datengeleiteten" Ansatz eine Bewertung voraus. Umgekehrt läßt sich aber nicht schließen, dass Faktenwissen für die Formulierung von Handlungsanweisungen und von Zielvorstellungen irrelevant sei. Dieser Fehlschluss wird als „Normativistischer Fehlschluss" bezeichnet (nach Höffe, in Gorke 1996: 95). Wertaussagen und daraus abgeleitete Handlungsanweisungen können somit nicht ohne die Berücksichtigung empirisch-wissenschaftlicher Erkenntnisse formuliert werden (Gorke ebd.).Vielmehr müssen in vielen Fällen *unter Berücksichtigung empirischer Daten und normativer Vorgaben Zielwerte gesetzt* werden. Diese Vorgehensweise wird gelegentlich fälschlicherweise als „Naturalismus" oder gar als „naturalistischer Fehlschluss" diskreditiert.

Für ein fiktives Bewertungssystem für Röhrichte ließe sich zum Beispiel ein *Richtwert* denken, der die als optimal angesehene Halmdichte eines Röhrichtes angibt (vgl. Plachter 1994). Oder man setzt *Grenzwerte* wie etwa die „gerade noch tolerable Bodendeckung wattenbildender Algen in einem Röhricht". Der Wertmaßstab besteht meist aus Wertstufen, mit Hilfe derer die Ausprägung wertgebender Parameter eines Objektes in Beziehung gesetzt werden können zu einer gewünschten Ausprägung als Zielzustand (*Zustands-Wertigkeits-Relation* im Sinne von Plachter 1994, *Soll-Ist-Abgleich* im Sinne von Wiegleb 1997a, b). Die Bewertung eines Objektes erfolgt dann im Vergleich zu einer operationalisierten, als „charakteristisch" oder „ideal" *gesetzten* Ausprägung des jeweiligen Typus (vgl. Heidt & Plachter 1996: 210) oder auch zu einer unerwünschten Ausprägung, die durch einen Grenzwert charakterisiert wird. Spätestens bei der Herstellung eines Wertmaßstabs *für ein messanaloges Bewertungsverfahren* muss man also im Normalfall auf empirisch-statistisch gewonnene Referenzwerte zurückgreifen (Abb. 12).

Somit zeigt sich, dass der „datengeleitete" Ansatz und der „leitbildbezogene" Ansatz eigentlich gar nicht so weit von einander entfernt sind. Beim datengeleiteten Ansatz hat man ebenfalls eine Idealvorstellung im Kopf, die allerdings meist nicht klar als solche dargestellt wird, sondern implizit in dem Bewertungssystem enthalten ist. Beim leitbildbezogenen Ansatz benötigt man, um konkrete Bewertungsverfahren herstellen zu können, ebenfalls empirische Daten.

5.2 In welcher Weise sind Werturteile im Naturschutz auf Seinstatsachen bezogen?

5.2.1 Das „Normale" und das „Machbare" im Naturschutz

Wenn sich, wie oben erläutert, Sollenssätze zwar nicht logisch aus Seinssätzen ableiten lassen, so ist doch faktisch jedes Werturteil auf bestimmte Seinstatsachen bezogen. Es besteht daher zwar keine logische, aber eine faktische Abhängigkeit von Sein und Sollen, die sich nicht über logische Regeln, sondern nur empirisch fassen lässt (K. Ott 1984, zit. in Jessel 1998: 246). Im Naturschutz werden ständig empirische Daten und

Wertvorstellungen bewusst, aber auch unbewusst miteinander verknüpft. Die allgemein heute von Planern geforderte „konsequente Trennung von Sach- und Wertebene" (exemplarisch: Jessel 1998: 237) gestaltet sich deshalb schwierig. Oft werden statistische Durchschnittswerte oder Referenzwerte als Ziel- oder Orientierungswerte in Wertmaßstäbe übernommen, wodurch genuin empirische Daten eine gewisse normative Wirkung erhalten. Besonders im Naturschutzbereich stützen sich viele gebräuchliche Wertmaßstäbe auf die Kenntnis des „Normalen" und des „Durchschnitts" oder zumindestens auf einen „Ist-Zustand" in einem Modellgebiet. Dies ruft gelegentlich Kritiker auf den Plan, die solche Ansätze mit Hilfe des beliebten „Totschlagarguments Naturalistischer Fehlschluss" unter Beschuss nehmen. Daher soll im folgenden Kapitel untersucht werden, in welcher Weise und warum Fakten in die Herstellung von Wertmaßstäben einfließen.

Wie im Bereich der Soziologie intensiv untersucht wurde, spielt bei der normativen Orientierung moderner Menschen das mit Hilfe von Statistik dargestellt *Normale* eine große Rolle. Obwohl statistisch ermittelte Werte wie das „Normalgewicht", das „durchschnittliche Einkommen" oder ähnliches per se nicht präskriptiv sind, wirken sie doch als Orientierungsmarke für einzelne Menschen und können so durchaus eine normative Wirkung entfalten. In der Soziologie spricht man daher von einem Übergang von *Normalität* zu *Normativität* (vgl. Link 1999). Das „Idealgewicht" hingegen ist normativ gesetzt; die Statistik allein erlaubt keine Ableitung von Idealen, denn dies wäre wirklich ein naturalistischer Fehlschluss (s. Kap. 2.2.5, Exkurs). Ohne empirische Werte allerdings kommt diese Setzung auch nicht aus. So wertvoll eine Darstellung statistisch ermittelter „normal ranges" für die Herstellung von Bewertungsmaßstäben ist, reicht sie doch nicht aus, denn Grenzwerte und Zielwerte sind eine normative Angelegenheit. Sie müssen *gesetzt* und als solche *gekennzeichnet* werden. Möchte man sich bei Bewertungen an statistisch gewonnenen Werten orientieren, muss *begründet* werden, warum beispielsweise gerade der Durchschnittswert zur Norm wird und nicht etwa das Anormale (Eser und Potthast 1997: 188).

Weshalb orientiert man sich gerade im Natur- und Umweltschutz so stark am „Normalen"? Vermutlich liegt dies einerseits daran, dass Bewertungssysteme im Natur- und Umweltschutz sinnlos sind, wenn sie sich nicht am *Machbaren* und *Möglichen* orientieren. Um herauszubekommen, was *möglich* ist, muss man sich zunächst mit dem Gegebenen beschäftigen. Dies bedeutet aber nicht, wie oft fälschlich angenommen wird, gleich einen naturalistischen Fehlschluss! Um das mutmaßlich „Machbare" zu bestimmen, bedient man sich einerseits empirischen Wissens, andererseits lebensweltlichen Erfahrungswissens (s. Kap. 2.2.6). „Der fachliche Input (Daten) definiert sowohl das „*Sein*" (Istzustand) als auch das „*Sein können*" (Prognose und Szenario), das Leitbild (als Idealvorstellung, K. R.) ... das „*Sein sollen*" (Bröring et al. 1999: 12, Her. K. R.). Beides hängt, wie bereits oben erläutert wurde, eng zusammen. Vernünftigerweise wird man sich keinen Ziel- oder Orientierungswert setzen, von dem man weiß, dass er *unter heutigen Randbedingungen* oder *prinzipiell* nicht erreichbar ist. Hierfür gibt es Rückendeckung aus dem Lager der Moralphilosophen, denn *niemand kann moralisch oder ethisch verpflichtet sein, etwas Unmögliches zu tun* („Ought implies can", z. B. Shrader-Frechette & Mc. Coy 1993: 275).

Einerseits ist eine Berücksichtigung *natürlicher standörtlicher Gegebenheiten* bei der Herstellung von Bewertungsmaßstäben erforderlich. Ein in der Planungsliteratur oft zitiertes Beispiel hierfür ist die Tatsache, dass Gewässergütestandards, die für Gebirgsbäche erstellt worden sind, nicht auf Küstengewässer übertragbar sind, weil bei einem Küstengewässer im norddeutschen Raum *aufgrund geogener Ausgangsbedingungen* mit Mühe gerade Güteklasse II erreicht werden kann (z. B. Fürst et al. 1989). Die Natur setzt dem menschlichen Gestaltungsdrang eben gewisse Grenzen, die auch bei Bewertungen beachtet werden müssen.

Auf der anderen Seite wird heute oft gefordert, gewisse *anthropogene Vorbelastungen* unserer Landschaft wie die Eutrophierung von Böden und Gewässern oder ein gestörter Wasserhaushalt, andererseits aber auch bestimmte *soziökonomische Konstellationen* vor Ort in die Überlegungen mit einzubeziehen, um *realistische* Maßstäbe herzustellen. Sicherlich kann man sich als *Ideal* einen „glasklaren See" oder ein „absolut vom Menschen unberührtes Hochmoor" vorstellen. Wenn dann allerdings alle realen Objekte gegenüber diesem Ideal zu absoluter Bedeutungslosigkeit herabgestuft werden müssen, kann so ein „Wertmaßstab" neben einem gewissen visionären Wert kaum praktische Bedeutung haben. In der Praxis würde er sofort als „unrealistisch und total überzogen" verworfen werden.

Oft löst man dieses Dilemma, indem man *visionäre Leitbilder als Grundlage für Bewertungen* einerseits von einem unter gegebenen soziökonomischen Bedingungen *realisierbaren Zustand als mittelfristig anzustrebendes Ziel* unterscheidet (z. B. v. Haaren & Horlitz 2002; Knospe 1998, Wiegleb 1999). Dies bedeutet, dass man einerseits das Ideal als grundlegende Idee im Kopf behält, bei der Herstellung der konkreten Wertmaßstäbe jedoch den aktuellen Zustand der Ökosysteme berücksichtigt: „Referenzzustände für Bewertungen sollten sich ... soweit als möglich am naturschutzfachlichen ‚Ideal'zustand, an der gesetzten ‚Vision', orientieren, sie müssen aber gleichzeitig räumlich differenziert formuliert werden, sich dabei auf einigermaßen realistische Entwicklungsmöglichkeiten beziehen und menschliche Nutzungen in begründetem Umfang berücksichtigen" (Jessel 1994: 57, vgl. auch Knospe 1998: 40).

Als Beispiel für die Berücksichtigung *natürlicher standörtlicher Gegebenheiten einerseits und soziökonomischer Vorgaben andererseits* soll die Bewertung der Seen in Schleswig-Holstein (LANU 2000a) nach der „Vorläufigen Richtlinie für die Erstbewertung von natürlich entstandenen Seen nach trophischen Kriterien" der Länderarbeitsgemeinschaft Wasser (LAWA 1998) dienen. Für diese Bewertung wird zunächst der *derzeitige trophische Ist-Zustand* des jeweiligen Sees, gemessen und klassifiziert nach dem Belastungskonzept nach Vollenweider (OECD 1982), mit einem gewässerspezifisch definierten *„potenziell natürlichen" Referenzzustand* verglichen. Letzterer ist als diejenige Situation definiert, in der sich das betreffende Gewässer in einem unbelasteten naturnahen Zustand befinden würde. Es handelt sich also um ein theoretisch-standortskundliches, durch Daten konkretisiertes Leitbild. Der Referenzzustand wird ermittelt, indem aus der Größe des See-Einzugsgebietes und der Art der Böden mit Hilfe von Exportkoeffizienten ein „potenziell natürlicher Nährstoffeintrag" abgeleitet wird. Da der Vollenweider-Ansatz die See-Morphologie nicht berücksichtigt und deshalb Fehler auftreten können, wird zusätzlich ein zweiter Klassifikationsansatz verwendet, welcher die Seebeckengestalt, also die Tiefe und den Tiefengradienten, zur Ermittlung des „potenziell natürlichen Zustandes" berücksichtigt. Als Referenzsysteme für diesen sogenannten „morphometrischen" Ansatz wurden 51 ausgewählte glaziale Seen des Braslaver Seengebietes in Weißrussland herangezogen, welche eine ähnliche Geologie aufweisen wie die schleswig-holsteinischen Seen, und deren Zustand als noch relativ unbelastet gilt. Die dort ermittelten statistischen Zusammenhänge zwischen Seebeckengestalt und mittlerer sommerlicher Sichttiefe werden als Referenzwerte gesetzt. Die Seen in Deutschland befinden sich nämlich in einem so stark belasteten Zustand, dass sie nicht als als Referenzsysteme genutzt werden können. Gelegentlich muss man also in die Ferne schweifen, um geeignete Referenzsysteme zu finden, mit deren Hilfe man Leitvorstellungen durch empirische Vergleichsdaten konkretisieren kann.

Die Bewertung der einzelnen Seen erfolgt nun, indem die Differenz von Ist-Zustand und potenziell natürlichem Zustand (Soll-Ist-Abgleich!) in Wertstufen von 1 bis 7 transformiert wird. In Tabelle 3 sind die Einstufungen festgelegt. In Tabelle 4 erfolgt die „Übersetzung" dieser Wertstufen in direkte Handlungsanweisungen. Damit die Einstufung nachvollziehbar wird, sind in einem Anhang alle gemessenen Gewässerdaten der einzelnen Seen, welche für die Einstufung herangezogen wurden, aufgeführt.

Tab. 3: Bewertungsstufen 1 bis 7 in Abhängigkeit vom trophischen Ist-Zustand und vom Referenzzustand eines Sees (LANU 2000a)

Referenzzustand	Ist-Zustand			
	oligotroph (o)	mesotroph (m)	eutroph 1 (e1)	eutroph 2 (e2)
oligotroph (o)	1	2	3	4
mesotroph (m)		1	2	3
eutroph 1 (e1)			1	2
eutroph 2 (e2)				1
polytroph 1 (p1)				

Referenzzustand	Ist-Zustand		
	polytroph 1 (p1)	polytroph 2 (p2)	hypertroph (h)
oligotroph (o)	5	6	7
mesotroph (m)	4	6	7
eutroph 1 (e1)	3	5	7
eutroph 2 (e2)	3	5	7
polytroph 1 (p1)	1	4	7

Für die einzelnen Seen werden nun alle Kenngrößen und die resultierende Wertstufe aufgelistet. Für den Brahmsee im Kreis Segeberg sieht die Wertzuweisung also folgendermaßen aus:

1. Referenzzustand nach Vollenweider: mesotroph
2. Referenzzustand nach Morphometrie: mesotroph

3. Ist-Zustand (1996):   eutroph 2

4. Bewertung: 3

Tab 4: Beschreibung der Bewertungsstufen (LANU 2000a)

Bewertungs-stufe	Erläuterungen
1	Referenz- und Ist-Zustand übereinstimmend; insbesondere bei oligo- und mesotrophen Seen sind alle Möglichkeiten des präventiven Gewässerschutzes zu nutzen, um den Zustand zu erhalten.
2	Referenz- und Ist-Zustand weichen einen Trophiegrad voneinander ab. Sanierungsbedarf besteht vor allem dann, wenn Aussicht besteht, den See wieder in in einen oligo- oder mesotrophen Zustand zu versetzen.
3	Über die Dringlichkeit von Sanierungsmaßnahmen ist im Einzelfall zu entscheiden.
4	Dringender Handlungsbedarf. Da bei dieser Bewertungsstufe ein besonders effektiver Sanierungserfolg zu erwarten ist, sollten bei diesen Gewässern vordringlich Maßnahmen geprüft und durchgeführt werden.
5	Sanierungsmaßnahmen sind erforderlich, insbesondere bei Gewässern, deren Referenzzustand oligo- oder mesotroph ist.
6	Sanierungsmaßnahmen sind dringend erforderlich, es sollte eine Verbesserung um mindestens einen Trophiegrad angestrebt werden.
7	Es ist zu prüfen, ob mit einem vertretbaren Aufwand durchführbare Sanierungsmaßnahmen Aussicht auf Erfolg haben.

An welcher Stelle dieser Werteinstufungen, so könnte man sich jetzt fragen, orientiert man sich nun am „Normalen"? Der „potenziell natürliche" Referenzzustand ist schließlich mit Bedacht gerade nicht am „norddeutschen Durchschnitts-See", sondern am „naturnahen weißrussischen See" beziehungsweise an einem theoretisch-standortskundlichen Modell orientiert und kennzeichnet gerade nicht das Normale, sondern eine *Idealvorstellung*. Die Orientierung am „Normalen" erfolgt bei der Bewertung selbst. Eigentlich, so könnte man bei einem Besuch des Brahmsees im Sommer angesichts einer eindrucksvollen Blüte coccaler Grün- und Blaualgen meinen, sei dieser See sei ziemlich stark belastet. Im Text der Seenbeschreibung ist dementsprechend folgendes zu lesen: „Ab Juli war im Hypolimnion kein Sauerstoff mehr vorhanden.

Die sauerstofffreie Zone reichte im August bis in 4 m Wassertiefe. Die Produktion der Algen war hoch..." und so weiter. Der Ist- Zustand des Brahmsees entspricht also ganz und gar nicht naturschützerischen Leitvorstellungen. Trotzdem bekommt der See die Wertstufe 3, welche im Originalband mit einer beruhigenden grünen Farbe unterlegt ist. Dies liegt schlicht daran, dass eine derartige sommerliche Situation nicht nur an schleswig-holsteinischen, sondern auch an vielen anderen bundesdeutschen Seen vergleichsweise *normal* ist. Im intensiv agrarisch geprägten Schleswig-Holstein sind die meisten Seen stark eutrophiert. Wenn von einem Zustand gesagt wird, er sei „doch ganz normal", dann wird dies allerdings häufig im Sinne von „machen Sie sich keine Sorgen" interpretiert. Schließlich gibt es auch eine Reihe von Seen, die sogar noch stärker verschmutzt sind, zum Beispiel der benachbarte Borgdorfer See mit einer Sichttiefe unter einem Meter, einer Faulschlammschicht auf dem Gewässerboden und einer extrem verarmten Bodenfauna. Beim Nehmser See mit einer ganzjährigen Sichttiefe von 0,15 bis 0,4 m und einer Dominanz fädiger Blaualgen fällt es einem schwer, noch von „Wasser" zu reden. Da kann man über eine Gewässerqualität wie die des Brahmsees „noch froh sein."

In den „Empfehlungen zum integrierten Seenschutz" (LANU 1999) wird bei der Setzung konkreter Entwicklungsziele notgedrungen auf sozioökonomische Belange Rücksicht genommen. Der „potenziell natürliche Zustand", so wird betont, sei nicht als konkretes Sanierungsziel zu verstehen, sondern lediglich als Grundlage für die Bewertung im Sinne von „Idealvorstellung". „(Das Leitbild) kann lediglich als das aus fachlicher Sicht maximal mögliche Sanierungsziel verstanden werden. Das *Entwicklungsziel* hingegen definiert den möglichst naturnahen, aber unter den gegebenen sozioökonomischen Bedingungen realisierbaren Zustand" (LANU 1999: 16). Für den Brahmsee lautet das „Entwicklungsziel" daher nicht die Rückführung zu einem naturnahen mesotrophen, sondern zu einem *schwach eutrophen* Zustand (LANU 2000b). Schon allein für die Erreichung dieses zunächst eher bescheiden wirkenden Ziels müsste der Phosphor-Eintrag um 1880 kg pro Jahr verringert werden. Dem Text ist aber zu entnehmen, dass zwar viele Maßnahmen zur Nährstoffretention denkbar wären, dass eine Erreichung des Ziels jedoch unter heutigen Bedingungen unrealistisch zu sein scheint. Möglich sei aber, die „ungünstige Entwicklung während der letzten 20 Jahre" wieder „umzukehren".

An dieser Stelle sei darauf hingewiesen, dass der Vorgang des „Akzeptierens" oder des „Als-Variabel-Ansehens" „gegebener Vorbelastungen" oder „gegebener sozioökonomischer Randbedingungen", also die Festsetzung eines „Sein-Könnens", ein hochgradig wertgeladener Akt ist. In der pragmatischen Setzung steckt nicht nur eine Resignation vor dem „Faktum" der ständig stattfindenden direkten und indirekten Nähr- und Schadstoffeinträge in Seen sowie der Schwierigkeit der vorbelasteten Sedimente, aus denen eine ständige Nährstoffrücklösung stattfindet, sondern auch die Einsicht, dass aufwändige, aber wirklich wirksame Programme zur Verminderung der Einträge und zur Sanierung belasteter Gewässer gesellschaftlich aufgrund hoher Kosten kaum durchsetzbar wären. Auf der anderen Seite gilt der Ausspruch Soulés (1986), dass es im Naturschutz keine *hoffnungslosen* Fälle gebe, nur eben *teure*. Immer spielen *prag-*

matische und *wirtschaftliche* Aspekte mit hinein, wenn es um eine „naturschutzfachliche" Zielfindung geht. Solche strategischen und pragmatischen Überlegungen prägen notwendigerweise nicht nur die Zielvorstellungen, sondern auch die Ausgestaltung der hieraus abgeleiteten Bewertungsmaßstäbe. Dies soll allerdings nicht heißen, dass man vorgebliche „Sachzwänge" nicht auch grundsätzlich hinterfragen sollte.

5.2.2 Das „Typische" im Naturschutz

Neben den Aspekten des „standörtlich Gegebenen" und des „gesellschaftlich Machbaren" ist gerade im Naturschutz noch ein weiterer, wichtiger Aspekt zu beachten. Vielfach wird in Bewertungen auf etwas „Typisches" rekurriert, also zum Beispiel eine „typische" Ausstattung einer Biozönose oder einer Pflanzengesellschaft, auf eine „typische" Landschafts- oder Biotopausstattung. Hierbei nimmt man auf etwas standörtlich oder naturräumlich Vorfindliches Bezug.

Potthast (1999: 43) liefert hierfür ein norddeutsch-schlichtes Beispiel:

„Korallenriffe können standortbedingt nicht Teil eines Naturschutzleitbildes für das Nordsee-Wattenmeer sein."

An diesem Beispiel wird klar, dass man ein aus standörtlichen Gründen *völlig unmögliches Szenario* meist nicht nur deswegen nicht als Ziel wählt, *weil man es nicht erreichen kann*, sondern auch, *weil man es gar nicht will*. Naturschützer möchten im Allgemeinen das *Charakteristische* und das *Typische* einer Landschaft schützen. Deutlich wird, dass sich das „Typische" auf eine vorfindliche und damit auch prinzipiell empirisch zu beschreibende natürliche und kulturelle Ausstattung einer Landschaft bezieht, aber dies mit einer wertenden Konnotation und vor dem Hintergrund eines *Leitbildes*. Korallenriffe unterliegen zwar in unserer Gesellschaft einer hohen Wertschätzung, aber in unser Wattenmeer „passen" sie nicht. Das Wattenmeer soll so erhalten werden, wie man es zum Beispiel aus dem Gedicht Theodor Storms kennt: „Ich höre des gärenden Schlammes geheimnisvollen Ton, einsames Vogelrufen, so war es immer schon". Von Korallenriffen ist nicht die Rede.

Zumindest im Zusammenhang des Natur- und Landschaftsschutzes werden meist solche Elemente als „typisch" bezeichnet, die leitbildkonform sind. Daher darf man „das Typische" (oder „das Charakteristische") nicht ohne weiteres mit dem *Normalen* gleichsetzen. Nach Meinung der Verfasserin bezieht sich das Normale nämlich auf statistische Mittelwerte, während das „Charakteristische" und das „Typische" *Wertkategorien* sind, mithin mehr beeinhalten, als man durch statistische Werte darstellen kann. Trotzdem: viele Merkmale, die man als charakteristisch oder als typisch für eine Landschaft *empfindet*, sind eben oft *gleichzeitig* diejenigen, die man dort *normalerweise* beobachtet (faktische Übereinstimmung).

In einigen Fällen entspricht allerdings das „Typische" nicht dem „Normalen". Vor allem bei Bewertungsansätzen, die mit Vegetations- und Lebensraumtypen arbeiten, ist noch ein weiterer Aspekt zu beachten. Viele Lebensgemeinschaften sind heute durch anthropogene Einflüsse so stark verändert worden, dass sie nicht mehr dem Zustand entsprechen, in dem sie sich noch vor 30-50 Jahren befunden haben, also in dem Zeitraum, in dem viele grundlegende Typisierungen erstellt wurden. Ein Hauptteil des weithin auch in Bewertungen gebräuchlichen pflanzensoziologischen Systems nach Braun-Blanquet ist beispielsweise in dieser Zeit entstanden (vgl. Dierschke 1994). Die gravierende Veränderungen und Verarmungen von Biozönosen und Vegetation seit dieser Zeit, vor allem durch zunehmende Nutzungsintensität und Trophierung, aber auch durch die Aufgabe traditioneller Nutzungsformen, werden im Naturschutz im Allgemeinen *als negativ bewertet*.

Dementsprechend findet sich in Naturschutzbewertungen oft das Bewertungskriterium *„Vollständigkeit der Biozönose"* oder ähnliche Kriterien. Zur Operationalisierung wird meist auf Beschreibungen „typischer Lebensgemeinschaften" mit „typischen Arten" zurückgegriffen. Zu beachten ist allerdings, wie oben erläutert, dass die hier verwendeten Typen oft einen historischen Zustand der Landschaft widerspiegeln. In Bewertungsverfahren, in denen Ausprägungen der Vegetation als Wertmerkmale verwendet werden, findet sich gelegentlich das Kriterium *„Vollkommenheit"*, welches offensichtlich so viel bedeutet wie „Übereinstimmung mit dem pflanzensoziologisch definierten Typus, also der ‚Pflanzengesellschaft' nach Braun-Blanquet". Die Operationalisierung erfolgt zum Beispiel so (Knospe 1998: 123, vgl. auch Seibert 1987):

Klasse 1: „(fast) alle Charakterarten und (fast) alle typischen Biotopstrukturen; sehr geringer Anteil an euryöken Störungszeigern ($\leq$ 10 %)."

Klasse 2: „hohe Anzahl an Charakterarten und typischen Biotopstrukturen; geringer Anteil an euryöken Störungszeigern (> 10-20 %)." und so fort...

Klasse 5: „keine Charakterarten und keine typischen Strukturen ..."

Da die zugrundegelegte Vegetationstypen mit ihren „Charakterarten" vor allem während einer Zeit beschrieben wurden, in der Landschaften vorwiegend vorindustriell und extensiv genutzt wurden, entspricht das „Typische" in diesem Sinne ganz und gar nicht dem heutzutage „Normalen". Im Gegenteil: viele dieser „typischen" Pflanzengesellschaften im Sinne des „Vollkommenheits-Kriteriums" sind heute in ihrem Vorkommen vor allem auf Gebiete beschränkt, deren Nutzung aus verschiedenen Gründen *von der Norm abweicht*, zum Beispiel auf speziell gepflegte Naturschutzgebiete, Gebirgsregionen oder extensiv genutzte militärische Übungsplätze. Daher verwundert es auch nicht, dass viele Pflanzenarten dieser Gesellschaften und auch die Gesellschaften selbst stark gefährdet sind. „Normal" ist heutzutage eine Ausstattung der Landschaft mit sogenannten „Rumpfgesellschaften", die aus wenigen, besonders konkurrenzstarken und widerstandsfähigen euryöken Arten aufgebaut sind und keine „Charakterarten" im Sinne Braun-Blanquets (1964) mehr aufweisen. Diese mit einem Artenrückgang und einer Uniformierung der Landschaft einhergehende Entwicklung wird im

Naturschutz eindeutig negativ bewertet. Das Kriterium „Vollkommenheit" im Sinne Knospes (1998: 123) verweist also indirekt auf ein historisches Leitbild. Dies ist ein Fall, in dem „Idealtypen" im Sinne Webers, nämlich bestimmte Typen von Pflanzengesellschaften, die eigentlich einmal *ohne Gedanken an ein Seinsollen hergestellt wurden* (s. Kap. 3.1.3), *normativ verwendet werden*. Falls dies innerhalb eines schlüssigen normativen Ableitungszusammenhanges geschieht, ist das Vorgehen durchaus statthaft. Knospe (ebd.: 101) leitet das Kriterium „Vollkommenheit" aus dem Oberziel „Sicherung und Entwicklung der höchstmöglichen naturraumtypischen sowie standortpotenzialtypischen Arten- und Strukturvielfalt" her, wobei er den Grad der Übereinstimmung der vorliegenden Vegetation mit den phytosoziologisch definierten ‚Pflanzengesellschaften' nach Braun-Blanquet offensichtlich als geeigneten Indikator ansieht. Ob dieser Indikator wirklich geeignet ist, sei einmal dahingestellt.

Festzuhalten ist also, dass die Herstellung von Wertmaßstäben ein Prozess ist, bei dem eine ständige Rückkopplung zwischen empirischem Wissen und Wertvorstellungen, aber auch pragmatischen Erwägungen stattfindet. Auch wenn Typisierungen im Naturschutz zunächst als „Idealtypen" im Sinne Max Webers ohne wertende Konnotation hergestellt werden, so transportieren sie doch spätestens dann, wenn sie für Bewertungen genutzt werden, pragmatische Erwägungen, aber auch Wertvorstellungen und Leitbilder. Bei der Herstellung von Wertmaßstäben sind politische und sozioökonomische Interessenkonstellationen kaum vollständig auszublenden. Der *wertende* Bezug auf etwas besonders „Typisches" in der Landschaftsbewertung, also auf eine „typische" Pflanzengesellschaft oder eine „charakteristische" Landschaft, ist niemals eine rein empirische Angelegenheit, sondern verweist auf *implizite oder explizite Leitbilder*, weswegen der Vorwurf des „naturalistischen Fehlschlusses" in einem solchen Falle nicht greift. Hersteller entsprechender Bewertungsverfahren sind jedoch dazu aufgefordert, die grundlegenden Leitbilder und Wertvorstellungen offenzulegen.

Auch wenn die Trennung von „Sachfragen" und „Wertfragen" nie *vollständig* gelingt, kann doch versucht werden, den Prozess so *nachvollziehbar* wie möglich zu gestalten. Jessel (1998: 238) formuliert diesbezüglich folgende „Mahnung" an ihre Planerkollegen,

„Tatsachenbehauptungen und Wertungen nicht zu vermengen und in ersteren keine logische Begründung für letztere zu suchen ... Für die Planung resultiert daraus zunächst die Forderung nach größtmöglicher Transparenz sowie logisch-empirischer Konsistenz der Darstellung: Es gilt, die Begründung für jeden Arbeitsschritt offenzulegen, die einzelnen Schritte in einen schlüssigen Argumentationszusammenhang („Ableitungszusammenhang") einzubinden und einfließende normative Prämissen als solche deutlich zu machen."

Solche Forderungen gehören heute zum Allgemeingut von Planern und Gutachtern, die in theoretischen Abhandlungen leicht aus der Feder fließen, in der Praxis aber schwer konsequent umzusetzen sind. Daher erscheint es sinnvoll, einmal genauer zu untersuchen, in welcher Weise Planerinnen und Gutachter zu operationalisierten Wertmaßstäben gelangen. Hierfür soll exemplarisch ein datengeleiteter und stark formalisierender Lösungsansatz vorgestellt werden, nämlich das Prinzip der „Zustands-Wertigkeits-Relationen" nach Plachter. In Kap. 7.5 wird auf die oben erwähnte „Leitbildmethode" eingegangen.

5.3 Beispiel eines „datengeleiteten" Ansatzes: Die „Zustands-Wertigkeits-Relationen" nach Plachter

Plachter (1994) hat mit der Entwicklung der Methode der sogenannten „Zustands-Wertigkeits-Relationen" (ZWR) einen vielbeachteten Vorschlag für die Vorgehensweise bei der Herstellung von Wertmaßstäben unterbreitet, der sich allerdings aus später auszuführenden Gründen bisher in der Praxis noch nicht durchgesetzt hat. Die Grundidee hinter den „Zustands-Wertigkeits-Relationen" ist, dass ein Bewertungsergebnis, wie oben bereits erläutert, nicht aus dem zu bewertenden Objekt selbst abgeleitet werden kann, sondern dass im Vorfeld des konkreten Bewertungsvorgangs zunächst eine *vergleichende Beurteilung eines ausreichend großen Satzes vergleichbarer Objekte innerhalb eines größeren Bezugsraumes* vorgenommen werden muss. „Der Wert eines bestimmten Lebensraumes ergibt sich so zum Beispiel aus der Verteilung, Häufigkeit, Bestandsdynamik etc. aller Objekte des gleichen Typs in einem bestimmten Bezugsraum und aus der relativen Wertigkeit, die vom Naturschutz diesem Typ zugeordnet wird" (Plachter ebd.). Unter Berücksichtigung normativer Vorgaben wird also eine repräsentative Stichprobenmenge oder generell die Menge aller bekannten Vorkommnisse eines Typs innerhalb eines Bezugsraumes gemäß der Ausprägung bestimmter Eigenschaften und Merkmale auf einer Skala sortiert. Das Prinzip ist also das Gleiche wie bei dem oben erläuterten Präsidenten-Beispiel, bei dem man alle bisher dagewesenen Präsidenten nach bestimmten Kriterien in eine Rangfolge bringt. Hat man einen Wertmaßstab in dieser Weise hergestellt, so kann man einzelne, zu bewertende Flächen an diesem messen und eine sogenannte „Zustands-Wertigkeits-Relation" erstellen.

Hierbei unterscheidet Plachter sogenannte „Grundwerte", die eine Fläche aufgrund ihrer Zugehörigkeit zu einem bestimmten Typus erhält, von der „Bewertung auf Objektebene", bei der jede Fläche aufgrund der *Ausprägung* typusspezifischer wertbestimmender Kriterien einen Wert bekommt. Der Typuswert, also zum Beispiel der generelle Wert für den Lebensraumtyp „Hainsimsen-Buchenwald", ergibt sich aus dem Vergleich des *Typus* mit allen anderen Typen der gleichen Hierarchieebene (also in diesem Fall aller anderen Lebensraumtypen im Bezugsraum) anhand bestimmter Kriterien wie „Seltenheit", „Gefährdung", „Natürlichkeit" und „Wiederherstellbarkeit". Der Objektwert ergibt sich aus der Ausprägung bestimmter, für den jeweiligen Typus festgelegter „wertbestimmender Kriterien"; im Falle des Hainsimsen-Buchenwaldes schlägt Plachter als wertbestimmende Kriterien „Totholzanteil, Fläche, Vogelbestand und Pilzflora" vor.

Die Abb. 14 zeigt ein Beispiel zweier Zustands-Wertigkeits-Relationen aus einem Praxistest (Beinlich et al. 1995): für die Kalkmagerrasen Baden-Württembergs wurden unter anderem anhand der wertbestimmenden Kriterien „Flächengröße" und „Isolationsgrad" Zustands-Wertigkeits-Relationen erstellt, wobei Größenangaben von ca. 1000 Magerrasen und Isolationsgrade (gemessen als Distanz in Metern zum nächstgelegenen Magerrasen) von 300 Magerrasen der Schwäbischen Alb verwendet wurden. Die Setzung der Bewertungsregeln wird bei Plachter „Normierung" genannt. Hierbei wird zum Beispiel die Bewertung der Größenklassen (Abb. 16b) folgendermaßen festgelegt: „Die geringste Flächengröße (0,2 ha) erthielt den Wert 1, die höchsten (ab 20 ha) den Wert 100. Die Liste der tausend Heideflächen (Magerrasen werden auf der Schwäbischen Alb „Heideflächen" genannt, K. R.) wurde anschließend in 10 Klassen gruppiert, die alle die gleiche Anzahl von Flächen enthalten (je 100). Die Flächengröße, die die Grenze zwischen der ersten und zweiten Gruppe markiert, wurde als „Wert 10" definiert, die Grenze zwischen der zweiten und dritten Gruppe als „Wert 20" etc.".

Der Gesamtwert einer Fläche ergibt sich sodann aus dem Produkt aus dem Typuswert (Grundwert) und dem Objektwert, wobei man verschiedene Grundwerte und Objektwerte verwenden kann, die man jeweils zunächst zu einem „Gesamt-Grundwert" beziehungsweise einem „Gesamt-Objektwert" aggregiert (Plachter 1994: 102; Beinlich et al. 1995: 437 f.). Sinn und Unsinn solcher Einzelwertaggregationen sind bereits zur Genüge diskutiert worden (s. Einl. in dieser Arbeit), weshalb auf die hiermit verbundenen Probleme an dieser Stelle nicht eingegangen werden soll.

Vielmehr interessiert folgende Frage: Wozu dient die Unterscheidung in „Typus"- und „Objektebene"? Der Leitgedanke hierbei ist offensichtlich, dass oft die einfache Feststellung der Zugehörigkeit zu einem allgemeinen, gebräuchlichen Typus für eine Bewertung nicht ausreicht. Oft ergibt sich der Wert eines Objektes nicht nur aus der Zugehörigkeit zu einem *allgemeinen, vorab grob bezeichneten Typus*. Hierbei hatte Plachter wohl vor allem *Standardbewertungen* anhand oft relativ allgemein bezeichneter Lebensraumtypen vor Augen, bei denen zum Beispiel jeder Magerrasen, egal in welchem Zustand er sich befindet, eine festgelegte Wertzahl bekommt, weil er eben zum Biotoptyp „Magerrasen" gehört. Für manche Fragestellungen mag so eine einfache Punktzuweisung ausreichen; in vielen Kontexten interessiert aber nicht nur die Zugehörigkeit zu einem allgemeinen Typus, sondern auch die Ausprägung anderer Parameter. Ein Magerrasen gehört auch dann noch zum Biotoptyp „Magerrasen", wenn er so klein ist und derartig isoliert liegt, dass einerseits dort ansässige Populationen typischer Magerrasen-Arten für ein langfristiges Überleben zu klein sind und andererseits der Genaustausch mit benachbarten Populationen wegen des hohen Isolationsgrades nicht mehr gewährleistet ist. Vor dem Hintergrund *verbesserter populations-ökologischer Kenntnisse* bezüglich möglicher Inzuchtdepressionen seltener Arten und ihrer hierdurch verringerten Überlebenswahrscheinlichkeit reicht also die einfache Kartierung von „Magerrasen" oder „nicht Magerrasen" für eine *problemadäquate* Darstellung möglicherweise nicht aus. Vielmehr benötigt man ein Bewertungssystem, welches klar zum Ausdruck bringt, dass ein im Verbund liegender, größerer Magerrasen mehr „wert" ist als ein kleiner, verinselt liegender Magerrasenrest.

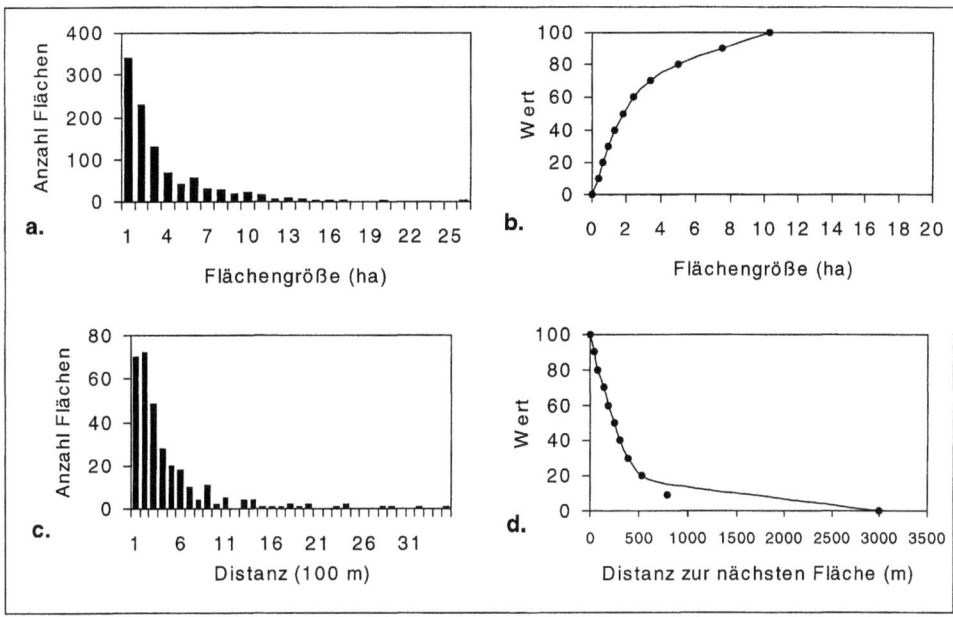

Abb. 14: Zustands-Wertigkeits-Relationen für die Bewertung von Magerrasen in Baden-Württemberg. a: Verteilung der Flächengrößen auf der Schwäbischen Alb, b: Zustands-Wertigkeits-Relation für das wertbestimmende Kriterium „Flächengröße", c: Distanz zum nächstgrößeren oder gleichgroßen Magerrasen, dargestellt für 300 Flächen auf der Schwäbischen Alb, d: Zustands-Wertigkeits-Relation für das wertbestimmende Kriterium „Isolationsgrad", aus Beinlich al. 1995: 428 ff.

Somit ist es erforderlich, für die Bewertung im Problemzusammenhang operationalisierte Zusatzkriterien wie eben die Flächengröße oder den Isolationsgrad der Flächen heranzuziehen. Man benötigt also ein Bewertungssystem, welches *auf ein spezielles Problem zugeschnitten ist*, also in diesem Fall das Problem der zunehmenden Verinselung und Isolierung von Populationen spezialisierter Arten, und folglich *spezielle Sach- und Wertmaßstäbe* sowie Bewertungsregeln.

Folglich besteht das Problem oft nicht darin, dass lediglich anhand von Typen und nicht „individuell" bewertet wird, sondern, dass diese Typen für bestimmte Fragestellungen viel zu allgemein gehalten sind und damit nicht allein zielführend eingesetzt werden können!

Was passiert nun *formal* bei einer „Objektbewertung" nach Plachter? Im obengenannten Beispiel werden die wertgebenden Kriterien „Größe" und „Isolationsgrad" des Typus „Magerrasen" auf kardinalen Skalen dargestellt, da sie sich als Flächengröße und Entfernung operationalisieren und somit direkt messen lassen. Jedem Größen- bzw. Entfernungswert wird dann ein bestimmter Wert zugeordnet. Im weiteren Bewertungsverlauf werden die Einzelgrößen zwecks besserer Handhabbarkeit zu *normierten*

Ausprägungsklassen zusammengefasst. Bei vielen Zustands-Wertigkeits-Relationen im Naturschutz lassen sich die wertgebenden Kriterien von vorneherein nur sinnvoll als Ausprägungsklassen darstellen, wie Plachter bemerkt (1994: 100).

Festzuhalten ist, dass eine sogenannte „Bewertung auf der Objektebene" ebenso wie die auf der „Typusebene" am besten nachvollziehbar darstellbar ist, wenn sie in Form einer Subsumtion unter normierte Wertklassen stattfindet. Im Zuge der Endbewertung entstehen ohnehin *neue normierte Klassen*, die man ebensogut wieder „Typen" nennen und als *Untertypen* des allgemeinen Typus (z. B. „Magerrasen") auffassen kann. Also zum Beispiel der Untertypus „Magerrasen mit einer Flächengröße von 2 Hektar und einer Entfernung vom nächsten Magerrasen zwischen 500 und 1000 Metern", der, sagen wir, 5 Wertpunkte[47] erhält. Ein konkreter Magerrasen wird sodann bewertet (unter Zuweisung von 5 Wertpunkten), indem man ihn unter diesen *neuen Typus* subsumiert.

Das Prinzip, welches hier zur Anwendung kommt, ist das gleiche wie in Kap. 4.2 bereits erläutert: ein in seiner bisherigen Form als zu grob und daher als nicht adäquat angesehenes Bewertungsverfahren wird *verfeinert*, indem man die Klasseneinteilung modifiziert und dann unter diese neu hergestellten Klassen subsumiert. Genau diesem Prinzip folgt die Plachter´sche Zustands-Wertigkeits-Relation mit „Typus"- und „Objektwerten". Um einen argumentativ schlüssigen „Ableitungszusammenhang" herzustellen, sollte allerdings eine ausführliche *Begründung* für jede Verfeinerung eines Bewertungsverfahrens mitgeliefert werden, wie dies zum Beispiel in einer vorbildlichen Form im Rahmen des Praxistests von Beinlich et al. (1995) geschehen ist. Bei anderen „datengeleiteten" Ansätzen fehlt eine explizite Begründung zuweilen, weswegen diese Ansätze leicht den Vorwurf des „naturalistischen Fehlschlusses" auf sich ziehen.

5.4 Wie „individuell" ist die Bewertung auf der Objektebene? Logische und inhaltliche Implikationen des „Typisierungsproblems"

Einige Autoren glauben, dass der Begriff „Bewertung auf der Objektebene" im Sinne Plachters so zu verstehen sei, dass „konkret-individuelle Eigenschaften eines betrachteten Bewertungsobjektes" (Bernotat et al. 2002: 368) bewertet werden. Der Vorteil dieser Betrachtungsebene liegt nach Meinung der Autoren darin, dass sie im Gegensatz zu der Betrachtung auf der Typusebene, welche nur eine generalisierende Betrachtung zuließe, der Einzelfallgerechtigkeit entgegenkomme (ebd.). Die Frage ist, ob so eine in dieser Weise „individuelle" und nicht-generalisierende Bewertung aus logischer Sicht überhaupt möglich ist. Mit Birnbacher (1998: 28) sei betont, dass im Naturschutz generell als wertvoll angesehene *Eigenschaften* betrachtet werden und nur

---

[47] Dieses Zuweisungsbeispiel ist fiktiv. Die Wertzuweisungen bei Beinlich et al. berücksichtigen noch weitere Kriterien und sind daher komplexer.

sekundär (und gleichsam in einem zweiten Schritt) die individuellen Träger dieser wertgebenden Eigenschaften, denen dann letztlich ein Wert zugemessen wird. Der Philosoph Hare (zit. in Alexy 1996: 85) weist darauf hin, dass Wertprädikate wie „gut" (oder z. B. „schützenswert") stets auch eine deskriptive Bedeutung haben (Abb. 15). Es ist sinnlos, zu sagen:

„Dieser Gegenstand ist in jeder Hinsicht der gleiche wie jener außer in einer: er ist nicht gut".

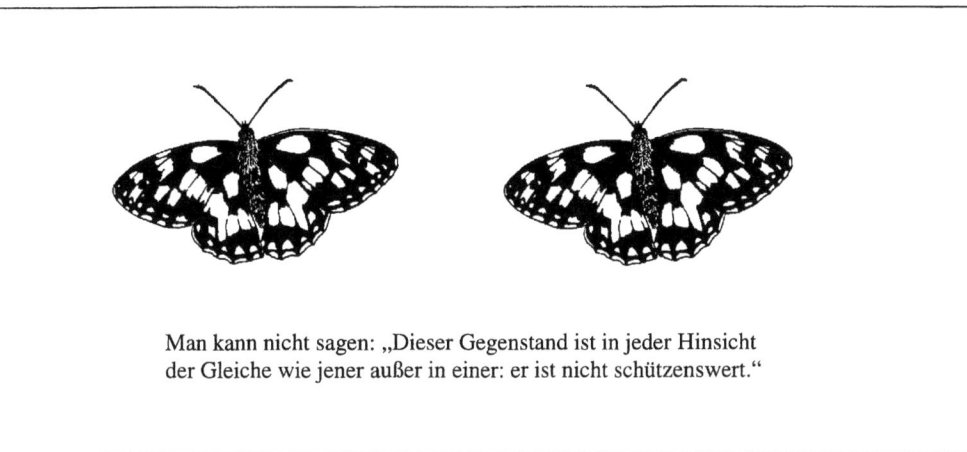

Man kann nicht sagen: „Dieser Gegenstand ist in jeder Hinsicht der Gleiche wie jener außer in einer: er ist nicht schützenswert."

Abb. 15: Wertprädikate wie „schützenswert" haben stets auch eine deskriptive Bedeutung. Zeichnung: B. Holsten.

Dies macht deutlich, dass die Anwendung der Begriffe „gut" oder „schützenswert" an das Vorliegen bestimmter *Eigenschaften* gebunden ist[48]. Bei Bewertungen geht es also um wertgebende Eigenschaften, die auch bei der sogenannten „Bewertungen auf der Objektebene" im Sinne Plachters in *normierten und auf Skalen explizierten Merkmalsklassen* ausgedrückt werden. Einer als optimal angesehenen Ausprägung eines Merkmals werden zum Beispiel 100 Wertpunkte oder auch der Faktor 1 zugewiesen, wobei sowohl eine lineare als auch eine exponentielle Wertzuweisung möglich ist (vgl. Heidt & Plachter 1996: 219 ff.). Wie oben erläutert, gewinnt man den Wertmaßstab *durch eine vergleichende Beurteilung eines ausreichend großen Satzes vergleichbarer Objekte innerhalb eines Bezugsraumes.* Dabei wird über die vorliegenden Einzelfälle hin-

---

[48] An dieser Stelle wittern viele Autoren einen naturalistischen Fehlschluss. Tatsächlich könnte man hier die Moore´sche „offene Frage" stellen: "a hat die Eigenschaft x, aber ist a auch gut?" Im Rahmen der Diskursethik sind solche Fragen ein wichtiger Teil des Wertediskurses, denn Wertzuweisungen können nie ein für allemal „definiert" werden. Verzichtete man andererseits darauf, Wertzuweisungen durch die Angabe von Eigenschaften zu begründen, obwohl andere an der Wertzuweisung zweifeln, verweigerte man sich dem Diskurs.

aus durch eine *Setzung* bestimmt, worin die wertgebenden Eigenschaften oder Merkmale bestehen (Klassifizierung).

Offensichtlich kommt um Klassifizierungen nicht herum, wer nachvollziehbare Bewertungsverfahren herstellen möchte, *weil Wertstufen oder Wertprädikate in einer Bewertungsregel immer abstrakten Klassen zugeordnet werden,* selbst wenn diese nicht operationalisiert, sondern lediglich durch einen Begriff gekennzeichnet sind. Dass sich zwei Ökosysteme niemals in allen erdenklichen Eigenschaften gleichen (vgl. Dierßen & Roweck 1998), ist kein Argument dagegen.

Es kommt bei der Klassifizierung nämlich nicht auf alle möglichen Eigenschaften an, sondern nur auf die im Wertungskontext entscheidenden, also die wertgebenden Eigenschaften.

Die etwas verwirrende Rede von einer „Bewertung auf der Objektebene" im Sinne Plachters ist also nicht so (miss)zu verstehen, dass überhaupt keine Klassen (Typen) verwendet werden und lediglich das „Individuum" gewürdigt wird. Vielmehr kommt hier zum Ausdruck, dass eine Subsumption unter gängige, festgelegte „Allerweltstypen" wie Biotoptypen für manche Bewertungsfragen eben nicht ausreichend ist und somit keine hinreichende *Einzelfallgerechtigkeit* gegeben ist. Daher müssen *problembezogene spezifische Ergänzungen* am Bewertungsverfahren vorgenommen werden. Plachters Verdienst liegt darin, ein Instrument entwickelt zu haben, mit welchem man solche *spezifischen Ergänzungen klar und deutlich von der vorher bereits feststehenden, allgemeinen „Typusbewertung" (zum Beispiel anhand von Biotoptypen) trennen und in Form von Skalen explizit machen kann.* Dies ist der eigentliche Vorteil der Unterscheidung von „Typus"- und „Objektebene"! Zudem wird bei diesem Verfahren Wert darauf gelegt, die neu entwickelten Wertmaßstäbe mit Hilfe regionalisierter Daten *standortsgerecht und gleichzeitig nachvollziehbar* auszugestalten, ohne einen naturalistischen Fehlschluss (Kap. 2.2.5, Exkurs) zu begehen.

Wie ist nun mit dem oft geäußerten Vorwurf umzugehen, typisierende Bewertungsverfahren würden der *Individualität* der konkreten Landschaftsausschnitte nicht gerecht werden (z. B. Roweck 1995)? Klassifizierungen sind bei intersubjektiv nachvollziehbaren Bewertungsverfahren allemal erforderlich und aus logischen Gründen unvermeidbar, wie oben gezeigt wurde. Allerdings ist für die Klärung von Bewertungsproblemen neben dieser logischen Betrachtung eine Berücksichtigung *inhaltlicher* Aspekte nötig. Möchte man nämlich entscheiden, ob eine Klassifizierung *angemessen* ist, dann kommt es auf den *Allgemeinheitsgrad* dieser Klassifizierung an, denn durch die Subsumption wird festgestellt, zu welcher Klasse ein Ding gehört und damit aber auch, was seine individuellen Merkmale sind, „was es also ein *Bestimmtes* ist" (vgl. Trepl 1994: 56, nach Löther 1972).

„Je mehr an Allgemeinem, etwa an Klassenmerkmalen, bekannt ist, desto *reicher* an Merkmalen, desto bestimmter, *„individueller"* erscheint der Gegenstand" (ebd.: 57).

Die „individuellste" Charakterisierung eines Gegenstandes, zum Beispiel einer Fläche, sei nach Meinung Trepls durch eine primär- bzw. umgangssprachliche Beschreibung möglich, welche allerdings nur vor einem gemeinsamen lebensweltlichen Hintergrund der jeweiligen Sprecher, also in einem eng umgrenzten Kontext, seine Gültigkeit habe. In diesem Kontext weise sie, so Trepl, einen großen Reichtum auf (ebd.: 60). Für ein nachvollziehbares Bewertungsverfahren sind umgangssprachliche Beschreibungen allerdings nur geeignet, wenn man sich sicher sein kann, dass der Adressatenkreis eine entsprechendes lebensweltliches Hintergrundwissen mitbringt und die Beschreibung auch versteht (vgl. Kap. 3.3.4). Da dies oft nicht der Fall ist, muss man sich um der Nachvollziehbarkeit willen zu *eindeutigen Typisierungen* entschließen. Der Jurist Czybulka (2000: 17) bemerkt, dass eine Typisierung gerade aus juristischen Gründen unverzichtbar seien, „weil nur gut geschützt werden kann, was gut definiert ist" (hierzu auch Kap. 3.3.3.1). Juristen verstehen im Allgemeinen die Aufregung der Naturschützer über standardisierte Bewertungsverfahren nicht, weil pauschale Standards auch in anderen Bereichen gang und gäbe sind, wie in der Schmerzensgeldregelung und im Unterhaltsrecht. Dabei wird im Allgemeinen akzeptiert, dass diese Normierungen nicht unbedingt in jedem Einzelfall zu einer *vollständig* zufriedenstellenden Lösung führen (Louis 1997: 18).

Wie *fein* man die Einteilung gestaltet, muss man in Ansehung einer Menge von Einzelfällen und vor dem gegebenen normativen Hintergrund entscheiden. Eine zu grobe Einteilung wirkt *gleichmacherisch und schematisch; sie berücksichtigt als wichtig angesehene wertgebende Eigenschaften nicht* und zieht daher berechtigte Kritik wie die oben zitierte von Roweck auf sich. Wie in Kap. 6.4 erläutert wird, kann sich eine zu feine Aufgliederung jedoch für die *Nachvollziehbarkeit* der Werturteile negativ auswirken. Wichtig ist jedenfalls, dass man nachvollziehbare *Begründungen* für die Modifikation allgemeiner Regeln liefert. Oft wird diesen Begründungen gerade bei datengeleiteten Ansätzen wenig Aufmerksamkeit gewidmet. Gelegentlich glaubt man gar, auf sie verzichten zu können. Jedoch sprechen nur scheinbar die Daten für sich. Begründungen sind dringend notwendig, um den Ableitungszusammenhang offenzulegen und gleichzeitig den Verdacht des „naturalistischen Fehlschlusses" von vornherein zu vermeiden.

Im nächsten Kapitel soll untersucht werden, in welcher Weise Begründungen für Werturteile im Naturschutz funktionieren.

6 Begründungen für Werturteile

6.1 Dezisionistische und positivistische Wertzuweisung versus begründete Wertzuweisung

Soll ein neues Bewertungssystem hergestellt werden, sieht sich die Gutachterin oft in einem Konflikt: einerseits wird von einem Bewertungsverfahren Einzelfallgerechtigkeit gefordert, andererseits aber auch Objektivität und Bearbeiterunabhängigkeit. Gleichzeitig soll das Bewertungsverfahren aus übergeordneten Normen, nämlich der Natur- und Umweltschutzgesetzgebung, abgeleitet werden. Daher ist die Herstellung neuer Bewertungsverfahren ein anspruchsvoller Vorgang, weil man nicht mehr, wie bei einem vorgegebenen Verfahren unter „fertig" operationalisierte Sachverhaltsklassen subsumieren kann, sondern aktiv und reflektierend unter Bezug auf bereits vorliegende und eigene Akte wertender Stellungnahme neue Sach- und Wertmaßstäbe sowie Bewertungsregeln setzen muss. Die daraus erwachsenden Werturteile sind nicht im gleichen Maße nachzuprüfen wie ein Urteil der reinen Logik oder eine wissenschaftliche Aussage. Trotzdem besteht der Anspruch an ein rationales Bewertungsverfahren, die *Richtigkeit* der Werturteile zu erweisen, indem eine *Begründung* geliefert wird (vgl. Alexy 1996).

Setzt eine Person oder eine Gruppe von Personen hingegen fest, ein Gegenstand müsse in einer bestimmten Weise bewertet werden, ohne hierfür Regeln, Kriterien oder weitere Begründungen anzugeben, spricht man von einer *dezisionistischen* oder *definitorischen* Wertzuweisung (z. B. Koch & Rüßmann 1982: 359). Solche Wertzuweisungen widersprechen unserer Auffassung von Rationalität (Kap. 2.2) und können sich berechtigterweise den Vorwurf einhandeln, undemokratisch zu sein. Stellt man ein Bewertungsverfahren her, kann man sein Werturteil unter Bezug auf die verwendete Regel begründen. Dabei bleibt allerdings das Problem bestehen, dass auch die Regel begründungsbedürftig ist. Im Folgenden soll daher auf das *Problem der Begründung* von *Bewertungsregeln* eingegangen werden.

Als Beispiel sollen die gebräuchlichen *Biotopwertverfahren* dienen. In ihnen werden bestimmte Biotoptypen unter Wertstufen subsumiert, zum Beispiel unter die „Wertstufe 10" auf einer zehnteiligen Wertskala. Solche „Wertstufenmodelle" werden für Vergleiche verschiedener Eingriffsvarianten oder für Berechnungen des Kompensationsumfangs von Ersatzmaßnahmen benutzt. Die Tab. 5 bringt ein Beispiel einer solchen Liste zur sogenannten „naturschutzfachlichen Werteinstufung" von Biotoptypen. Mit Hilfe dieser können Bewertungsregeln formuliert werden. Eine Fläche, welche unter den Biotoptyp „Kleinseggenried" fällt, bekäme in diesem Falle beispielsweise ungeachtet ihrer weiteren Ausprägung immer die höchstmögliche Wertzahl 10. Die Bewertungsindikatoren, mit Hilfe derer ein Naturstück im Gelände unter den Typus „Kleinseggenried" und damit unter die Wertstufe 10 subsumiert würde, sind gleichzeitig die *Definitionskriterien* für die Merkmalsklasse „Kleinseggenried". Hingegen

Tab. 5: Beispiel für eine „naturschutzfachliche Werteinstufung": Biotoptypenliste Mecklenburg-Vorpommern (Froehlich & Sporbeck 1996) zur A 20 (aus Köppel et al. 1998: 102)

Biotoptyp	Werteinstufung
Naturferne oder bedingt naturferne Quellen und Fließgewässer	4-6
Bedingt naturnahe oder naturnahe Quellen und Fließgewässer	8-10
Gräben ohne oder mit einzelnen naturnahen Strukturelementen	3-5
Gräben mit naturnahen Strukturelementen	7
Naturferne oder bedingt naturferne stehende Gewässer	4-6
Bedingt naturnahe oder naturnahe stehende Gewässer	8-10
Hochmoore	8-10
Großröhrichte oder Großseggenrieder	7-8
Kleinseggenriede	10
Bruch- und Sumpfwälder, Moor- und Sumpfgebüsche	8-10
Auwald und Auengebüsch, Bachauen-Gehölz	8-10
Niederwald	6-8
Laubwald (auch: Nadel- und Mischwald) und Feldgehölz mit bodenständigen Baumarten im Dickungsstadium oder mit Stangenholz	5
Laubwald (auch: Nadel- und Mischwald) und Feldgehölz mit bodenständigen Baumarten mit geringem bis mittleren Baumholz	7
Laubwald (auch: Nadel- und Mischwald) und Feldgehölz mit bodenständigen Baumarten mit starkem Baumholz oder Altholz	8-10
Baumreihe, Baumgruppe oder Einzelbaum mit überwiegend bodenständigen Gehölzen oder Obstbäumen, höchstens geringes Baumholz	5
Baumreihe, Baumgruppe oder Einzelbaum mit überwiegend bodenständigen Gehölzen oder Obstbäumen mit starkem Baumholz, Altholz	7
Gebüsch, Hecke, Waldrand ohne zahlreiches Baumholz mit überwiegend nicht bodenständigen Gehölzen	2-4
Schlagflur	5
Vorwaldgehölze	5-6
Kies-Lehm- und Tongrube, stillgelegt	3-9
Halbtrockenrasen, Sand-Magerrasen, Borstgras-Rasen, Grasnelken-, Kleinschmielen- und Silbergrasrasen	7-9
Heide	6-9
usw....	...

werden zum Beispiel bei dem Biotoptyp „bedingt naturnahe oder naturnahe stehende Gewässer" außer der reinen Typuszugehörigkeit noch andere Kriterien verwendet, wodurch der „Wert" entsprechender Gewässer zwischen der Wertstufe 8 und 10 liegen kann. Bewertungsanleitungen mit solcherart konventionellen Wertzuweisungen gelten in vielen Bundesländern als gesetzlicher Standard zur Festschreibung von Kompensationsmaßnahmen für Eingriffe in die Landschaft.

Die Zuordnung einer Fläche zu einem Typus und damit gleichzeitig zu einer bestimmten Wertzahl ist im Prinzip bei ausreichender Operationalisierung des Typus messanalog (s. Kap. 3.3). Probleme ergeben sich daher seltener bei der Zuordnung der Flächen als vielmehr bei der *Begründung der Zuordnungsregeln*. Damit Bewertungsverfahren *transparent* werden, sind die Hersteller von Bewertungsschlüsseln aufgefordert, ihre Wertzuweisung zu begründen, also zu erklären, aufgrund welcher Eigenschaften der entsprechenden Wertträger die Zuordnung einer Wertzahl erfolgt ist. Dies wird in der Praxis gelegentlich versäumt.

Sicher könnte man in Form einer definitorischen beziehungsweise dezisionistischen Wertzuweisung ein Kleinseggenried „einfach nur so" und „weil es doch klar ist" als wertvoller einstufen als einen Flutrasen, einen Schwarzstorchhabitat als wertvoller als einen Garten mit Blaumeisen. Solche „Bewertungsergebnisse" können *faktisch* Gültigkeit beanspruchen, wenn sie von allen fraglos akzeptiert werden. Dies impliziert entweder, dass diese Wertzuweisungen außer der bewertenden Person auch allen anderen Diskursteilnehmern „klar" sind, oder dass letztere die Entscheidung der bewertenden Person aus anderen Gründen akzeptieren, zum Beispiel weil diese als Kapazität auf ihrem Gebiet gilt. Manche Bewertungsansätze arbeiten mit derartigen Wertzuweisungen, wobei teilweise auf eine sachbezogene Begründung verzichtet wird. Der Gutachter verweist vielmehr auf seine *fachliche Kompetenz* (z. B. Bauer 1973), was seiner Meinung nach als Rechtfertigung ausreicht. Rein logisch wäre eine Rechtfertigung dieser Art denkbar: „Die Bewertungsregel „Biotoptyp x bekommt den Wert W" ist gerechtfertigt, weil Herr Professor Dr. Y als Experte dies so festgesetzt hat." Heute ist man allerdings geneigt, *nicht explizit sachlich begründete Expertenurteile* zu hinterfragen, denn ohne explizite Gründe sind Bewertungsverfahren dem Verdacht ausgesetzt, lediglich die Privatmeinung oder gar den persönlichen Geschmack des Gutachters wiederzugeben. Dies grenzt an Expertokratie und sollte so gut wie möglich vermieden werden.

Falls man den „Professor Dr. Y", also den wissenden Einzelkämpfer, durch „eine legitimierte, zuständige Institution" ersetzt, von welcher angenommen wird, dass sie in ein geschlossenes, autonomes Rechtssystem eingebunden ist, hat man es mit einer *positivistischen* oder *prozeduralen* Rechtfertigung zu tun (vgl. z. B. Alexy 1996, Habermas 1994: 247). Hiermit wird die Gültigkeit von Werturteilen allein durch die Einhaltung der rechtlich vorgeschriebenen Prozeduren der Rechtsetzung angenommen. Werturteile oder Bewertungsregeln sind demzufolge gültig, *weil sie von einer zuständigen Institution regelgerecht erlassen worden sind*. Heute tendieren einige Autoren zu dieser Art von Rechtfertigung, was sich darin äußert, dass die Einrichtung legitimierter

Kommissionen gefordert wird, in der namhafte Wissenschaftler und Wissenschaftlerinnen sitzen. Besonders eindrücklich betonen Gethmann und Mittelstraß (1992), dass Umweltstandards in dieser Weise *institutionalisiert* werden müssten, um überhaupt Geltung zu erlangen. Das Bundesamt für Naturschutz hat dementsprechend ein F+E-Vorhaben gefördert, in dem sich die Arbeitsgruppe um den anerkannten Bewertungsexperten Plachter (z. B. Bernotat, Schlumprecht et al. 2002, Wiegleb et al. 2002, Kaiser et al. 2002) unter Beteiligung einer großen Anzahl namhafter Fachleute mit der Aufstellung methodischer Standards und Mindestinhalte naturschutzfachlicher Planungen beschäftigt hat (Müssner et al. 2002). Diese Vorschläge bringen allerdings vor allem methodische und kaum inhaltliche Standards. Falls doch, sind diese so vage formuliert, dass sich bei der Herstellung konkreter Bewertungsverfahren wiederum große Spielräume auftun. „Standards" wie folgender: „die lebensraumtypische Artenvielfalt bzw. die Vollständigkeit des Artenspektrums ist für jeden einzelnen Lebensraumtyp einzuschätzen und zu skalieren" (Bernotat, Schlumprecht et al. 2002: 163) formulieren für die Praxis zwar gewisse gewisse „Arbeitsanleitungen". Sachbezogene Hinweise für die Ausfüllung dieses Standards fehlen aber zum größten Teil[49]. Konkretere Hinweise dazu, wie bestimmte Biotoptypen zu bewerten seien, sucht man im sogenannten „Gelbdruck Biotope" (Wiegleb et al. 2002) vergeblich, im „Gelbdruck Bewertung" (Bernotat et al. 2002) werden einige Vorgaben zu der Verwendung allgemeiner Bewertungskriterien gemacht („Meta-Regeln", s. Kap. 4.3). In einem Schlusskapitel des Sammelbandes (Plachter, Schmidt et al. 2002) denken die Autoren über eine „mögliche künftige institutionelle Anbindung naturschutzfachlicher Standardisierung" nach. Anstatt also selbst konkrete Vorgaben zu machen, hat sich das Expertengremium darauf verlegt, anderen Gremien diese Aufgabe anzutragen. Für die Herstellung von Bewertungsverfahren bedeutet dies, dass auch in Zukunft notgedrungen eine Menge eigener Wertentscheidungen innerhalb eines eher weiten normativen und konventionellen Rahmens gefällt müssen.

Das Hauptproblem des prozeduralen Ansatzes ist hiermit umrissen: wie sind die unvermeidbaren Wertentscheidungen bei der Anwendung zu rechtfertigen, die ohne legitimierte „Deckung" durch das Expertengremium getroffen werden müssen? Zudem verlangen der engagierte Gutachter und die interessierte Bürgerin auch sachliche Gründe für Bewertungsvorgaben. Man gibt sich normalerweise nicht mit dem Hinweis auf die Erwähltheit oder demokratische Legitimiertheit eines erlauchten Fachgremiums zufrieden. Vielmehr sollten für jede Wertzuweisung sachliche Begründungen geliefert werden. Hierbei ist zu explizieren, *nach welchen Kriterien* (vgl. z. B. Bernotat et al. 2002) und *aufgrund welcher wertgebender Eigenschaften* Objekte einen Wert

---

[49] Man gewinnt den Eindruck, dass die Autoren aus gutem Grund so vage bleiben. Wie Müssner et al. (2002: 418) andeuten, konnten sich die Fachleute offensichtlich über viele Dinge nicht einigen. „Trotz des deutlich erkennbaren Bestrebens aller Beteiligten, möglichst eng an den gemeinsam beschlossenen Themen zu arbeiten, glitt die Diskussionen im Expertengremium immer wieder in grundsätzliche Fragen ab" (Müssner ebd.). Zudem wäre wohl ein Sturm der Entrüstung in der Fachwelt schon vorprogrammiert, wenn zum Beispiel operationalisierte „Zustands-Wertigkeits-Relationen" für die Beurteilung der „lebensraumtypischen Artenvielfalt" oder andere konkrete Standards vorgeben würden. Warum dies so ist, wird in Kap. 7.2 erläutert.

bekommen, denn sachliche Begründungen beziehen sich, wie bereits in Kap. 5.4 erläutert, immer auf wertgebende Eigenschaften. Aus welchen Gründen also bekommt der Typus „Kleinseggenried" einen so hohen Wert? Welche Eigenschaften weist der Typus „Kleinseggenried" auf, die anderen Biotoptypen in geringerem Maße oder gar nicht zukommen? Nach welchen *Kriterien* ist die Einstufung also vorgenommen worden?

Eine Gutachterin oder ein Gremium, die ein Bewertungsverfahren herstellen, setzten zum Beispiel fest, dass die Tatsache, dass etwa ein Biotoptyp „sehr selten" sei, als *Grund* dafür angesehen wird, dass darunter subsumierte Flächen den „Biotopwert 9" bekämen. Zudem müssten sie eine Messanweisung liefern, in der die „Seltenheit" operationalisiert wird (diese Operationalisierung ist ein Problemfeld für sich, auf das im Kap. 3.1.1 und Kap. 8.4 eingegangen wird). Innerhalb der Fachwelt können sich Konsense bilden über Prinzipien wie: „Sehr seltene Biotoptypen sollen einen hohen Wert bekommen". Entweder ist das Prinzip und auch die daraus entwickelte Regel („Sehr seltene Biotoptypen sollen den Biotopwert 9 bekommen") jedem so einleuchtend, dass eine Begründung schlichtweg überflüssig ist, oder alle Beteiligten glauben der Fachfrau unbesehen, zum Beispiel aufgrund ihrer wissenschaftlichen Reputation. Wie oben bereits erläutert, sollte man sich hierauf jedoch nicht verlassen. Falls dies nämlich nicht der Fall ist und die Regel von anderen Personen angezweifelt wird, muss die Gutachterin noch eine *Begründung zweiter Stufe* liefern. Diese könnte zum Beispiel lauten: "Repräsentanten seltener Biotoptypen sind besonders schutzwürdig, weil die Gefahr der endgültigen Auslöschung des Typus groß ist" (vgl. z. B. Wulf 2001: 241). Diese Begründung dürfte wiederum plausibel und einleuchtend sein. Wie unter anderem der Logiker Toulmin (zit. in Alexy 1996: 112 ff.) betont hat, werden *Tatsachen* als Gründe angeführt. Das Problem ist, dass eine Kette von Begründungen nicht unendlich weit zurückgehen kann, da sie sonst in einen infiniten Regress einmünden würde. Vielmehr muss die Begründungstätigkeit an einem bestimmten Punkt abgebrochen werden. Nach Toulmin ist die Voraussetzung jeder Argumentation überhaupt, *dass bestimmte Begründungen von den Gesprächspartnern von vornherein akzeptiert werden*. Im oben erläuterten Fall müssten die Gesprächspartner akzeptieren, dass es nicht gut wäre, wenn seltene Lebensraumtypen unwiederbringlich verloren gingen. Diesen Konsens kann man wohl innerhalb der Naturschutzgemeinde voraussetzen.

Welche wertgebenden Kriterien bei standardisierten Bewertungsvorgängen herangezogen werden sollen, wird in Fachkreisen seit Jahren kontrovers und zuweilen polemisch diskutiert. Trotzdem gibt es einen gebräuchlichen „Kanon" solcher Kriterien, die oft verwendet werden und auf die man sich mehr oder weniger geeinigt hat. Im Rahmen dieser Arbeit ist es nicht möglich, auf jedes einzelne der Kriterien und die damit verbundenen Schwierigkeiten einzugehen (s. dazu z. B. Übersichten und Kommentare zu den einzelnen Kriterien in Usher 1994, Wulf 2001). Folgende Kriterien werden häufig verwendet (nach Wulf 2001, Auswahl):

- Artenvielfalt
- Vollständigkeit der Zönose

- Habitat- oder Strukturvielfalt
- Flächengröße
- Isolation, Verbund
- Seltenheit
- Alter
- Maturität (Reife)
- Restituierbarkeit
- Regenerationsvermögen
- Natürlichkeit
- Gefährdung
- Belastbarkeit
- Repräsentativität

6.2 Universalisierbarkeitsprinzip, Argumentationslastprinzip und Beharrungsprinzip

Das *Universalisierbarkeitsprinzip* der internen Begründung nach Alexy (1996: 275, vgl. Kap. 2.2.4 in dieser Arbeit) besagt, dass zur Begründung eines Urteils, also auch eines Werturteils, mindestens eine *universelle*, also allgemein gültige Norm angeführt werden muss. Falls bestimmte Naturschutzkriterien wie die oben genannten *allgemein* anwendbar sind, weil sie sich auf *gesetzliche Grundlagen* und *allgemeine Leitprinzipien* des Naturschutzes beziehen (Wiegleb 1996a), hieße dies, dass man hieraus abgeleitete Normen wie „je seltener ein Biotoptyp ist, desto wertvoller ist die unter diesen Typus subsumierte Fläche" als universelle Norm bezeichnen kann.

Das Universalisierbarkeitsprinzip kann sowohl auf der Objekt- als auch auf der Typusebene angewendet werden. Auf der Objektebene lautet das Universalisierbarkeitsprinzip folgendermaßen:

Wenn festgesetzt wird, dass eine Fläche dann „wertvoll" ist (oder den „Biotopwert 9" bekommt), wenn der entsprechende Typus die Eigenschaft hat, „selten" zu sein, dann gilt das auch für alle anderen unter diesen Typus subsumierten Flächen im Bezugsraum.

Auf der Typusebene lässt sich das Prinzip folgendermaßen formulieren:

Wenn ein Typus die Eigenschaft hat, „selten" zu sein und deshalb die unter ihn subsumierten Flächen als „wertvoll" bezeichnet werden oder den „Biotopwert 9" erhalten, gilt dies auch für alle anderen, gleichermaßen „seltenen" Typen (und damit für die darunter subsumierbaren Flächen im Bezugsraum, s. o.).

In dieser Weise kann man Rationalität und formale Gerechtigkeit im Sinne des Philosophen Chaim Perelman (1967) in die Bewertungen tragen, indem man nämlich *alle*

Objekte der selben Kategorie in der gleichen Art und Weise bewertet. Gleichzeitig muss man allerdings zugeben, dass die oben genannten Wertzuweisungen doch sehr grob sind.

Ist jemand nun der Ansicht, dass ein konkretes Objekt anders zu behandeln sei als alle übrigen, obwohl es in die selbe Kategorie fällt, so trägt er die *Argumentationslast* dafür, dass zwischen diesem Objekt und den übrigen ein *relevanter Unterschied* besteht (vgl. Alexy 1996: 242), dass also das zu bewertende Objekt nicht unter die per Bewertungsregel bewertete Kategorie fällt. Somit wäre der Opponent der Ansicht, dass eine Gleichbehandlung des fraglichen Objektes und aller anderen Objekte der Kategorie eben *gerade nicht gerecht* wäre. Das Gleiche gilt entsprechend, falls jemand der Ansicht ist, dass ein bestimmter *Typus* einer Sonderbehandlung bedürfe und nicht unter eine gegebene Regel zu fallen habe. Die Einschätzungen sind zu *begründen*.

Wie oben bereits erläutert, gibt es in Bezug auf die Verwendung vieler der obengenannten Kriterien unter Fachleuten bereits so etwas wie eine Tradition, so dass sich zum Beispiel die Bewertung anhand des Vorkommens seltener Arten („Rote-Liste-Arten") oder seltener Biotoptypen zu einem praxisbewährten Standard entwickelt hat, ohne den kaum ein flächenbezogenes Bewertungssystem im Landschafts- und Naturschutz auskommt. Grundsätzlich hat jeder das Recht, diese gebräuchlichen Standards zu hinterfragen. Kritik zum Beispiel am „Rote-Liste"-Kriterium findet sich häufig in der Literatur (z. B. Haemisch & Kehmann 1992, Böttcher & Winkelbrandt 2000, näheres hierzu im folgenden Kapitel). Zu beachten ist freilich das sogenannte *„Beharrungsprinzip"* Perelmans (1967: 91 f., s. Kap. 2.2.4). Wenn ein Verhalten, so Perelman, dem Brauch und die Situation der Tradition konform sei, dann obliege die *Begründungslast*[50] demjenigen, der die praxisbewehrten Regeln und Standards anzweifelt. Dies soll allerdings nicht heißen, dass alles immer unverändert bleiben soll, sondern lediglich, dass man nichts *ohne vernünftigen Grund* ändert, denn „nur die Änderung bedarf einer Rechtfertigung" (ebd.: 92).

Dieses Beharrungsprinzip mag auf manche Leser zunächst abschreckend wirken. Viele Menschen glauben nämlich, Traditionen seien vor allem dazu da, um mit ihnen zu brechen. Die zu einem bestimmten Zeitpunkt geübte Bewertungspraxis ist sicherlich nicht die einzig mögliche, und auch nicht unbedingt die beste (vgl. Alexy 1996: 229). Das Prinzip, dass man für eine Änderung zuvor *wirklich überzeugende Gründe* anführen muss, hat jedoch wiederum einen guten Grund. Man kann nämlich davon ausgehen, dass sich in weithin übereinstimmend verwendeten Bewertungskriterien wohlbegründete, intensiv innerhalb der Naturschützergemeinde diskutierte Überzeugungen niedergeschlagen haben. Sie einfach als *willkürlich* oder als Ausdruck *gruppeninterner Präferenzen* abzutun, wäre nicht angebracht. Zudem ist der Wissensfundus und praktische Erfahrungsschatz vieler Fachleute in ihnen enthalten. Bewertungstraditionen als faktische Praxis sollten also auf keinen Fall als das „einzig Richtige" normativ ausge-

---

[50] Im Original: „die Beweislast". Die Arbeit von Perelman ist auf Fragen der Rechtsanwendung gemünzt. Im Kontext der Bewertung ist an dieser Stelle eine Begründung gefragt.

zeichnet werden, aber es ist ein Gebot der Vernunft, sich an bewährte Traditionen zu halten, *solange noch nichts Besseres gefunden wurde*.

6.3 Keine Regel ohne Ausnahme

Kritik an überkommenen Bewertungsmaßstäben und Methoden in der Naturschutzbewertung findet sich häufig in der Literatur, allerdings ist sie gelegentlich (entgegen der Intention der kritisierenden Autoren) gar nicht gegen das *Bewertungsprinzip* als solches anzuführen. Meist wird nämlich versucht, ein allgemeines Bewertungsprinzip nur aufgrund weniger angeführter *Ausnahmen* ad absurdum zu führen. Dies ist nicht nur aus logischen Gründen problematisch (s. Kap. 3.3.4) und spricht auch selbstverständlich nicht gegen eine grundsätzliche Anwendungsmöglichkeit, sondern nur dagegen, überkommene Bewertungsmaßstäbe *unreflektiert und blind gegenüber Besonderheiten und Ausnahmen überall und gleichweg* einzusetzen. So behaupten Haemisch und Kehmann über Bewertungen anhand von Roten Listen (1992: 143): „... dieses Instrument (die Roten Listen, K. R.) ist für die Bewertung von Einzelstandorten *gänzlich ungeeignet*. (Her. K. R.)"[51] Diese Behauptung begründen die Autoren vor allem folgendermaßen:

„Rote-Liste-Arten können auch in Biotopen gefunden werden, die über den Lebensraum dieser Art hinaus kaum eine Funktion haben, und umgekehrt kann in einem hervorragend ausgebildeten, vielschichtigen Lebensraum nicht ein Vertreter der bedrohten Arten anzutreffen sein."

Sie führen im ersten Satzteil also *Ausnahmen* der Regel an, dass Flächen, die Rote-Liste-Arten beherbergen, aus Naturschutzsicht insgesamt besonders schutzwürdig seien. Zudem führen die Autoren implizit neue Bewertungskriterien ein, wie etwa den der

---

[51] Die Einschätzung von Jessel (1998: 246), nachdem eine Wertzuweisung an Flächen über die wertgebende Eigenschaft, Rote-Liste-Arten zu beherbergen, zirkulär sei, weil bei der Erstellung der Roten Listen selbst bereits Werturteile gefällt worden seien, ist zwar richtig, allerdings lässt sich diese Einschätzung nicht als Kritik gegen das Kriterium halten, denn, wie in Kap. 7 gezeigt werden wird, sind Bewertungen immer zirkulär (hermeneutischer Zirkel). Böttcher & Winkelbrandt (2000: 120) äußern folgende Kritik: „So wird z. B. über eine ‚Rote-Liste-Art' das Raumqualitätsprofil für die Planung definiert, gleichzeitig wird über die Gefährdungseinstufung der Art in den Roten Listen die Vorrangigkeit dieser Biotopausstattung für die Planung festgelegt." Werteinschätzungen bei der Erstellung Roter Listen, die wohl kaum zu vermeiden sind, betreffen die Ebene der Arten selbst („Typusebene"!) und nicht zu bewertende Einzelflächen. Flächenmäßige Prioritäten werden selbstverständlich in der Roten Liste noch nicht festgelegt. Bei *jeder* Kategorisierung auf der „Typusebene" sind notwendigerweise Werturteile zu fällen, was sich letztlich auch auf die Anwendung dieser Kategorien in der Flächenbewertung auswirkt. Die Verfasserin dieser Arbeit kann sich kein Bewertungsbeispiel denken, bei dem dies nicht zutrifft. Wozu also die Aufregung? Unhaltbar ist auch die Kritik von Böttcher und Winkelbrandt (ebd.), nach der Rote-Liste-Arten als „Sachdimension" erhoben und gleichzeitig als „Wertdimension" herangezogen würden, wobei die Regeln zur Trennung von Sach- und Werteebene nicht eingehalten würden. Dass Vorkommen von ‚Rote-Liste-Arten' auf einer zu bewertenden Fläche erst einmal „erhoben" werden müssen, bevor man sie als *wertgebende Eigenschaften* dieser Fläche (an)erkennen und *die Fläche* bewerten kann, dürfte wohl klar sein. Hier wird die Verwechselung von Wertträger und wertgebenden Eigenschaften zu einer argumentativen Falle (s. auch Kap. 3.1.5).

"Vielschichtigkeit" eines Lebensraumes. Im zweiten Satzteil wenden sie die Regel logisch problematisch an, denn aus einer positiv formulierten Regel (z. B. „Eine Fläche, die „Rote-Liste-Arten" beherbergt, ist für den Naturschutz wertvoll") lässt sich nicht ohne weiteres das Gegenteil schließen, nämlich dass Flächen *ohne* Rote-Liste-Arten *keinen* Wert haben. Sollten sich in Zukunft allerdings Hinweise häufen, dass das Kriterium „Vorhandensein von Rote-Liste-Arten" *häufiger* auch für Gebiete zutrifft, die man aus vernünftigen Gründen *als nicht schutzwürdig* ansieht, müsste die grundsätzliche Anwendung dieses Kriteriums neu überdacht werden. Tatsächlich hat sich das Kriterium aber in der Praxis gut bewährt und gewinnt im Zuge der Biodiversitäts-Diskussion aktuell an Bedeutung, was *natürlich nicht heißen kann, dass es als alleiniges Kriterium für den gesamten Naturschutz ausreicht.* Das behauptet wohl heute auch niemand mehr ernstlich.

Die Begeisterung, mit der die Kritik von Haemisch & Kehmann (ebd.) von anderen Autoren zitiert worden ist, dürfte vom Unbehagen vieler Naturschutzfachleute über die sture und undifferenzierte Anwendung mancher „Standard-Kriterien" und der aus ihnen abgeleiteten Bewertungsregeln nach „Schema F" rühren. Der typische „Gutachterfrust" entsteht nämlich oft dadurch, dass man gezwungen ist, zum Beispiel im Zuge einer UVP, ein standardisiertes Bewertungsverfahren „durchzuziehen", obwohl man mit der verfahrenskonformen Einstufung einer Reihe von Flächen aus guten fachlichen Gründen nicht einverstanden ist. Hätte man selbst die Wahl gehabt, wäre die Einstufung anders ausgefallen. Dieses Phänomen dürfte jeder kennen, der schon einmal mit standardisierten Verfahren gearbeitet hat. Der „hervorragend ausgebildete[52], vielschichtige Lebensraum" aus dem Beispiel von Haemisch und Kehmann (ebd.) wird eben deshalb als wertvoll angesehen, weil er unter anderem die *wertgebende Eigenschaft besitzt, vielschichtig zu sein.* Wenn diese von den Autoren als wichtig angesehene Eigenschaft in einem standardisierten Bewertungsverfahren nicht auftaucht, weil das Verfahren beispielsweise nur das „Vorhandensein von Rote-Liste-Arten" als wertgebende Eigenschaft berücksichtigt, dann wird dieses für die Bewertung des beschriebenen Einzelfalles mit Recht als *nicht adäquat* empfunden.

Festgehalten sei, dass es *prinzipiell keine Regel ohne Ausnahmen geben kann.* Vermutlich fällt jedem zu jeder Bewertungsregel ohne Probleme sogleich eine Ausnahme ein. Nehmen wir wiederum die „Rote-Liste-Regel". Die Anwesenheit eines Brachvogel- oder Uferschnepfenpärchens ohne jede Chance auf Bruterfolg in einer intensiv landwirtschaftlich genutzten Flussniederung während der Brutzeit lässt weniger auf einen großen Wert dieser Fläche für den Artenschutz schließen (obwohl Brachvogel und Uferschnepfe zu der Kategorie der „gefährdeten Arten" laut Rote Liste gehören), sondern ist eher negativ zu bewerten, weil das Gebiet als eine sogenannte „Populationssenke" wirkt: die Gelege oder Jungvögel werden Jahr für Jahr durch Walzen und

---

[52] Wenn man von „hervorragend ausgebildet" redet, sollte allerdings klar herauskommen, auf welche Eigenschaften und deren Ausprägung man sich dabei bezieht. Behauptet man von einer Fläche lediglich, sie sei „hervorragend ausgebildet", handelt es sich nicht um ein intersubjektiv nachvollziehbares Werturteil.

andere Bewirtschaftungsmaßnahmen vernichtet. Trotzdem bleiben gerade Brachvögel, die sehr alt werden, jahrelang in ihren angestammten Brutrevieren (Reviertreue), auch wenn diese Gebiete nicht mehr zur Jungenaufzucht geeignet sind. Um eine solche Situation richtig einschätzen zu können, bedarf es einiger fachlicher Kenntnisse. Die obige Erläuterung stellt eine plausible *Begründung* für die Einschätzung dar, dass die „Rote-Liste-Regel" *in diesem Fall* nicht sinnvoll anzuwenden ist, in der unter Anderem auf neuere Erkenntnisse der Populationsbiologie zurückgegriffen wird (Backing, vgl. Kap. 2.2.6.2).

Hiermit sind wir in der Problemkategorie (b) von Kap. 4.3: *Die Bewertung eines Einzelfalles nach der vorgegebenen Regel ist zweifelhaft.* Wie im Kap. 4.3 bereits erläutert, kann man dieses Problem formal lösen, indem man aus der einen Sachverhaltskategorie „*Flächen, die Vorkommen von ‚Rote-Liste-Arten' beherbergen*" zwei Klassen macht, zum Beispiel die Klasse aller „*Flächen, mit deren Hilfe sich Populationen von ‚Rote-Liste-Arten' langfristig erhalten lassen*" und die Klasse aller „*Flächen, auf denen ‚Rote-Liste-Arten' zwar vorkommen, aber welche der Populationserhaltung langfristig abträglich sind.*" Dementsprechend muss die Bewertungsregel dann modifiziert werden, wobei das Ergebnis *zwei neue Bewertungsregeln* sind, die ihrerseits universell gültig sind.

In vielen Bewertungsverfahren, die zum Beispiel für Umweltverträglichkeitsprüfungen angewendet werden, gibt es jedoch keine Differenzierungsmöglichkeiten für Merkmale wie „Vorkommen von ‚Rote-Liste-Arten'". Dies liegt daran, dass Differenzierungen die routinemäßig angewendeten Verfahren noch umfangreicher machen würde, als sie ohnehin schon sind. Die Bestandsaufnahmen und Flächenbewertungen füllen schon ohne jegliche Differenzierung jedesmal eine ganze Reihe von Aktenordnern, welche wiederum bei größeren Vorhaben ganze Bücherwände einnehmen. Oft wird beklagt, dass Einzelpersonen oder Arbeitsgruppen von Umweltverbänden kaum noch in der Lage sind, die ungeheure Fülle zu bewältigen und Stellungnahmen zu erarbeiten. Auf diese Weise entziehen sich Werturteile in Planungen der Kritisierbarkeit durch Masse. Wie im folgenden Kapitel erläutert wird, kann es also aus Gründen der Vereinfachung und praktischen Handhabbarkeit erforderlich sein, auf Differenzierungen zu verzichten. Dann muss man allerdings eventuell in Kauf nehmen, dass einzelne Wertzuweisungen aus fachlicher Sicht unbefriedigend ausfallen.

6.4 Einzelfallgerechtigkeit, Formalisierungsgrad und Handhabbarkeit – ein Spannungsfeld

Wie oben bereits angedeutet, wird ein formales Verfahren mit differenzierten Sachverhaltsklassen und verfeinerten, universellen Regeln ziemlich schnell kompliziert und umfangreich. Bei formalisierten Bewertungsverfahren erreicht man daher gelegentlich Kapazitätsgrenzen, vor allem dann, wenn es sich bei den zu bewertenden Sachverhalten um vergleichsweise *komplexe Phänomene* handelt und es folglich *viele Ausnahmen genereller Regeln* gibt. In manchen Fällen der Praxis reicht selbstverständlich aus, zu begründen, warum man es ablehnt, einen Einzelfall nach der vorgegebenen Regel zu bewerten, ohne dass man jedesmal explizite universelle Regeln formulieren müsste. Hier geht es der Verfasserin vorrangig darum, die Logik solcher Begründungen aufzuzeigen. Selbst wenn die modifizierten Regeln nicht explizit formuliert werden, weil sie zum Beispiel den Diskursbeteiligten gar nicht als solche bewusst werden, ist doch für eine *Analyse* des logischen Ablaufes eines Bewertungsvorgangs der Rückgriff auf diese Regeln unerlässlich. Auch wenn modifizierte, universelle Regeln nicht explizit als solche formuliert werden, sondern „individuell" auf einen Einzelfall bezogen wirken, so bleibt doch das dahinter stehende *Universalisierbarkeitsprinzip* immer bestehen. Dieses besagt, dass die Begründung, die man für den zweifelhaften Einzelfall benutzt hat, *auch für alle anderen Fälle gilt, die diesem Einzelfall in allen relevanten Aspekten gleichen.*

Im Prinzip wird die Wertzuweisung besonders gut nachvollziehbar, wenn diese relevanten Aspekte in Form von Bewertungsregeln klar und deutlich festgehalten werden. Dies gilt allerdings nur bis zu einem gewissen Komplexitätsgrad der zu bewertenden Materie. Ein Haufen hochspezieller Bewertungsregeln in einem Bewertungssystem für komplexere Bewertungsaufgaben wäre kaum noch durchschaubar. Würde man zum Beispiel eine Wertklasse aller „aus Sicht des Arten- und Biotopschutzes wertvollen Gebiete" bilden wollen, hätte man es denkbar schwer, ein *Set universal gültiger Regeln aufzustellen (zum Beispiel gültig für die gesamte Bundesrepublik Deutschland), die gleichzeitig auch noch so stark operationalisiert wären, dass sie messanaloge Bewertungsvorgänge* (Kap. 3.3) *ermöglichten.* Dies liegt an der fast unendlichen Vielfalt denkbarer Fälle, die man unter den Wertbegriff subsumieren könnte. Selbst wenn ein Team von „Bewertungsexperten" für jede denkbare wertgebende Eigenschaft eine Regel formulierte, für alle diese Regeln eine Zustands-Wertigkeits-Relation (Kap. 5.3) erstellte und hieraus dann ein Expertensystem für extrem leistungsfähige Rechner kreierte, wäre doch ein Bewertungsverfahren dieser Art für Menschen kaum mehr nachvollziehbar, unkontrollierbar und letztlich undemokratisch. So ein Bewertungsverfahren, zum Beispiel in Form eines Expertensystems, wäre vielleicht *logisch stringent*, aber gleichzeitig nicht mehr *nachvollziehbar*[53].

Bewertungsverfahren, die vielfältige Differenzierungsmöglichkeiten aufweisen, haben den Vorteil einer vergleichsweise großen Einzelfallgerechtigkeit. Auf der anderen Seite erfordern Bewertungsverfahren, bei denen viele Differenzierungsmöglichkeiten („Freiheitsgrade") eingebaut sind, einen großen Begründungsaufwand, damit die Differenzierungen normativ abgedeckt sind (Cerwenka 1984). Damit kann es passieren, dass sie für die routinemäßige Anwendung zu umfangreich werden. Theoretisch könnten sie zwar leicht nachvollzogen werden, falls alle Begründungen verständlich formuliert vorlägen. Dies gilt allerdings nur für den Fall, dass sich jemand die Mühe

---

[53] Die Unterscheidung zwischen Stringenz und Nachvollziehbarkeit stammt von Mengel (2001). Trepl (1994: 61) spricht bezogen auf die ökologische Wissenschaft entsprechend von einer „Gegenläufigkeit von Präzision und Nachvollziehbarkeit" in der Beschreibung natürlicher Sachverhalte.

machte, diverse Aktenordner voller Begründungen durchzustudieren. Aber wer tut so etwas schon? Wie sich zeigt, muss für Bewertungsverfahren ein Kompromiss zwischen Einzelfallgerechtigkeit, Formalisierbarkeit, Nachvollziehbarkeit und praktischer Handhabbarkeit gefunden werden. Dabei hängt die formale Ausgestaltung selbstredend vom Bewertungszweck ab: das Bewertungssystem eines Pflege- und Entwicklungsplans oder ein Landschaftsplans erlaubt im Allgemeinen eine stärkere Differenzierung als jenes einer UVP.

Es ist daher nicht immer sinnvoll, *für möglichst viele denkbare Ausprägungen wertgebender Eigenschaften* von Flächen gesonderte, spezielle Bewertungsregeln zu formulieren. In einem nächsten Schritt müssten für diese dann womöglich operationalisierte „Zustands-Wertigkeits-Relationen" erstellt werden, welche dann in Expertensysteme einzuspeisen wären. Was Plachter (1994: 103) als Zukunftsvision vorschwebt, nämlich eine *ständig wachsende Anzahl von Zustands-Wertigkeits-Relationen, selbstverständlich für verschiedene Naturräume differenziert und ständig aktualisierbar*, wobei „nur EDV-Einsatz ... den sprunghaft ansteigenden Rechenaufwand innerhalb vernünftiger Zeiträume abzuleisten (ermöglicht)", scheint eher ein Horrorszenario zu sein. Sicherlich sind Zustands-Wertigkeits-Relationen in vielen Fällen sinnvoll anwendbar. Von der Vorstellung aber, dass es eines Tages für jedweden Bewertungsanlass eine passende Zustands-Wertigkeits-Relation mit fertigen Wertklassen gibt, unter welche man dann seinen Einzelfall problemlos und messanalog subsumieren kann, muss man sich vermutlich verabschieden. Genauso unwahrscheinlich ist es zudem, dass man für jeden Bewertungsanlass die für eine ZWR erforderlichen *aktuellen Daten* zur Hand hat.

Was soll man aber tun, wenn man etwas bewerten möchte, aber die entsprechenden Zustands-Wertigkeits-Relationen sind, wie dies meistens der Fall ist, noch nicht aufgestellt worden? Wenn man sich in der vertrauten Situation befindet, dass für die Neuerstellung einer vollständigen ZWR die vorhandenen Datengrundlagen nicht ausreichen? Wenn man der Ansicht ist, dass sich die Wertbegriffe, die man verwenden möchte, nicht sinnvoll „ZWR-tauglich" operationalisieren lassen, weil die verwendeten Merkmale beispielsweise räumlich und zeitlich stark variabel sind?

Im nächsten Kapitel werden diese Fragen aufgegriffen und die Vorteile und Nachteile „offenerer" Bewertungsverfahren diskutiert.

7 „Offenere" Bewertungsverfahren

7.1 Rettung fuzzy logic?

Einige Autoren verwenden heute versuchsweise in Bewertungsverfahren die 1965 von Zadeh entwickelte und bereits erfolgreich in der Technik eingesetzte „fuzzy logic" (z. B. Syrbe 1999, Herzog 2002). Objekte können hierbei eine *graduelle Zugehörigkeit* zu unscharfen Mengen aufweisen, wie sie zum Beispiel durch unbestimmte Wertbegriffe bezeichnet werden. Dies ist von Vorteil, wenn Unsicherheiten darüber bestehen, ob ein Objekt wirklich unter einen Wertbegriff oder eine Sachverhaltsklasse zu subsumieren ist oder nicht. Innerhalb der strengen Logik steht in solchen Fällen eine Ja/Nein-Entscheidung an, entweder gehört ein Gegenstand x also zu der Menge A oder eben nicht. Wie bereits in Kapitel 4.2 erläutert, behilft man sich gelegentlich damit, neue Zwischenkategorien herzustellen, wenn die Zuordnung nicht sinnvoll oder nicht sicher ist (Verfeinerung des Bewertungsverfahrens). Die fuzzy logic hingegen erlaubt es, bestimmte Objekte zwischen zwei Kategorien anzusiedeln (zum Beispiel „ziemlich gut" als Mittelding zwischen „gut" und „schlecht"), ohne dass hierfür, eine neue Zwischenkategorie aufgemacht werden müsste. Die Herstellung solcher Zwischenkategorien ist nämlich bei einer ungenügenden Datenlage stets mit Scheingenauigkeit behaftet (Syrbe 1999: 216) und hat den bereits in Kap. 6.4 erläuterten Nachteil, dass Bewertungsverfahren dadurch sehr umfangreich werden können.

Während es also innerhalb der mit scharfen Mengen arbeitenden strengen Logik auf die Frage „Gehört x zu A?" nur zwei Antworten gibt, nämlich erstens Ja ($f(x)A = 1$) und zweitens Nein ($f(x)A = 0$), sind innerhalb der fuzzy logic mehrere Antworten zugelassen (Syrbe ebd.), nämlich beispielsweise:

Sicher ja: $f(x)A = 1$
Eher ja: $f(x)A = 0{,}8$
Vielleicht: $f(x)A = 0{,}5$
Eher nicht: $f(x)A = 0{,}2$
Sicher nein: $f(x)A = 0$

Der Grundgedanke hierbei ist, dass graduell ausgeprägte Relationen zwischen Objekten und Klassen bestehen, die als „Grade des Enthaltenseins" in unscharfen Mengen interpretiert werden können. Hiermit könnte also die in Kap. 3.1.3 erläuterte Klassifikation der Subsumtionstheorie in „positive Kandidaten" (Funktionswert 1), negative Kandidaten (Funktionswert 0) und „neutrale Kandidaten" noch erweitert werden. Bei letzteren könnte mit Hilfe der fuzzy logic noch eine *Tendenz* dargestellt werden, nämlich entweder „eher ja", „vielleicht" oder „eher nicht". Syrbe (ebd.: 217) hofft, mit Hilfe der fuzzy logic mit allerlei Unsicherheiten, die in Bewertungen auftreten, besser fertig zu werden, unter anderem mit Unsicherheiten bei der Formulierung der Bewertungskriterien und der Repräsentativität von Messgrößen, dem Problem der räumlichen und zeitlichen Variabilität der Merkmale, Lücken und Unschärfen bei Ermittlung beziehungsweise Klassifikation der Indikatoren und der Unsicherheit im Umgang mit Ergebnisspannen und Zielkonflikten. Gerade bei komplexen ökologischen Fragestellungen ergibt sich oft das Problem, dass man lediglich unsichere Daten zur Verfügung hat. Durch den Einsatz von fuzzy logic seien komplexe Sachverhalte trotz einer unsicheren Datenlage darstellbar. Daher wird die fuzzy logic bei der Erschließung und Modellierung ökologischen Wissens für Expertensysteme verwendet (z. B. Asshoff 1999, Herzog 2002). Die Vorgehensweise der fuzzy logic soll unseren menschlichen Denk- und Sprachgewohnheiten näher kommen als streng logische Operationen. Es ist zu erwarten, dass die fuzzy logic zum Beispiel bei der Modellierung von Umweltrisiken und Wechselwirkungen in Zukunft eine immer größere Rolle spielen wird, zumal dieses Werkzeug bei der Darstellung nichtlinearen Ökosystemverhaltens eine große Hilfe sein kann (vgl. Jessel 1998: 147 ff.). Auch für die Entwicklung moderner Bewertungsverfahren, so zeigen erste Studien, ist die fuzzy logic ein brauchbares Werkzeug (Herzog 2002). Die Verfasserin sieht allerdings die Gefahr, dass empirische und stochastische Unsicherheiten sowie Unsicherheiten in Wertungsfragen unreflektiert vermischt werden könnten. Zielkonflikte und Unsicherheiten in Wertfragen müssen als solche diskutierbar bleiben und dürfen nicht im Dickicht irgendwelcher, für Laien undurchschaubarer „Fuzzy-Zugehörigkeitsfunktionen" versteckt werden. Zudem gilt nach wie vor der Grundsatz, dass Wertzuweisungen, ob nun „fuzzy" formuliert oder „klassisch", immer einer nachvollziehbaren Begründung bedürfen.

Die Entwicklung von Bewertungsverfahren mit Hilfe von fuzzy logic ist für die Zukunft also sicherlich vielversprechend. Bislang gibt es jedoch nur wenige Bewertungsverfahren mit fuzzy logic, die zudem für vergleichsweise einfache Bewertungsfragestellungen entwickelt wurden. An einen routinemäßigen Einsatz dieser Werkzeuge in der naturschutzbezogenen Bewertungpraxis ist nach Meinung der Verfasserin gegenwärtig noch nicht zu denken. Daher sollen im Folgenden Bewertungsmethoden vorgestellt werden, die bereits in der Praxis eingesetzt werden, um daran die allgemeine Vorgehensweise innerhalb „offenerer Bewertungsansätze" zu erläutern.

7.2 Mantelskalen und die überlegte Spezifikation der Kriterien

Für Bewertungen von Landschaftsausschnitten im Zuge verschiedener Planungsaufgaben haben sich bestimmte Skalen für die Wertzuweisung durchgesetzt, die immer wieder von Planern verwendet werden. Besonders beliebt ist die 9-stufige Skala nach Kaule (1991), welche für eine „flächendeckende Bewertung der Landschaft für Belange des Artenschutzes" hergestellt wurde (Tab. 6). Offensichtlich bildet sich in letzter Zeit ein *Fachkonsens* unter Anwendern bezüglich der Eignung der Kaule-Skala heraus (Scholles, mündl.). Daher lohnt es sich, diese Skala und das dahinter steckende Prinzip genauer zu betrachten.

Tab. 6: Bewertungsstufen für eine flächendeckende Bewertung für Belange des Artenschutzes (aus Kaule 1991: 318, verändert).

Wert-stufe	Kriterien und Beispiele
9	Gebiete mit internationaler oder gesamtstaatlicher Bedeutung (NSG oder NP). Seltene und repräsentative natürliche und extensiv genutzte Ökosysteme mit Spitzenarten der Roten Liste, geringe Störung, soweit vom Typ möglich große Flächen. Wälder, Moore, Seen, Auen, Felsfluren, alpine Ökosysteme, Küstenökosysteme, Heiden, Magerrasen, Streuwiesen, Acker, Stadtbiotope mit hervorragender Artenausstattung.
8	Gebiete mit besonderer Bedeutung auf Landes- und Regionalebene (NSG/ND). Wie 9, jedoch weniger gut ausgebildet, vorrangig auch zurückgehende Waldökosysteme und Waldnutzungsformen, extensive Kulturökosysteme und Brachen, Komplexe mit bedrohten Arten, die einen großen Aktionsraum benötigen.
7	Gebiete mit örtlicher und regionaler Bedeutung. LSG oder geschützter Landschaftsbestandteil als Schutzstatus anstreben. Nicht oder extensiv genutzte Flächen mit Rote-Liste-Arten zwischen Wirtschaftsflächen, regional zurückgehende Arten, oligotraphente Arten, Restflächen der Typen von 8 und 9, Kulturflächen, in denen regional zurückgehende Arten noch zahlreich vorkommen. Altholzbestände, Plenterwälder, spezielle Schlagfluren, Hecken, Bachsäume, Dämme etc., Sukzessionsflächen mit Magerkeitszeigern, regionaltypische Arten; Wiesen und Äcker mit stark zurückgehenden Arten, Industriebrache, Böschungen, Parks, Villengärten mit alten Baumbeständen.
6	Kleinere Ausgleichsflächen zwischen Nutzökosystemen (Kleinstrukturen) nur in Landschaftskomplexen LSG, in der Regel kein spezieller Vorschlag zur Unterschutzstellung, ggf. geschützter Landschaftsbestandteil. Unterscheidet sich von 7 durch Fehlen oder Seltenheit von oligotraphenten Arten und Rote-Liste-Arten. Bedeutend für Arten, die in den eigentlichen Kulturflächen nicht mehr vorkommen. Artenarme Wälder, Mischwälder mit hohem Fichtenanteil, Hecken, Feldgehölze mit wenig regionaltypischen Arten; Äcker und Wiesen, in denen noch standortspezifische Arten vorkommen; kleinere Sukzessionsflächen in Städten, alte Gärten und Kleingartenanlagen.
5	Nutzflächen, in denen nur noch wenige standortspezifische Arten vorkommen. Die Bewirtschaftungsintensität überlagert die natürlichen Standorteigenschaften. Grenze der „ordnungsgemäßen" Land- und Forstwirtschaft; Äcker und Wiesen ohne spezifische Flora und Fauna, stark belastete Abstandsflächen, Fichtenforste, Siedlungsgebiete mit intensiv gepflegten Anlagen.
4	Nutzflächen, in denen nur noch Arten eutropher Einheitsstandorte vorkommen bzw. die Ubiquisten der Siedlungen oder die widerstandsfähigsten Ackerunkräuter. Randliche Flächen werden beeinträchtigt. Äcker und Intensivwiesen, Aufforstungen in schutzwürdigen Bereichen, Fichtenforste auf ungeeigneten Standorten (entsprechend sehr artenarm), dicht bebaute Siedlungsgebiete mit wenigen extensiv genutzten Restflächen

Tab. 6: Fortsetzung

Wert-stufe	Kriterien und Beispiele
3	Nur für sehr wenige Ubiquisten nutzbare Flächen, starke Trennwirkung, sehr deutlich Nachbargebiete beeinträchtigend. Intensiväcker mit enger Fruchtfolge, stark verarmtes Grünland, 4-8 höhere Pflanzenarten/100 m2, Wohngebiete mit „Einheitsgrün", Zwergkoniferen, Rasen, wenige Zierpflanzen. Forstplantagen in Auen und in anderen schutzwürdigen Lebensräumen.
2	Fast vegetationsfreie Flächen. Durch Emissionen starke Belastung für andere Ökosysteme von hier ausgehend. Gülle-Entsorgungsgebiete in der Landwirtschaft, extrem enge Fruchtfolgen und höchster Chemieeinsatz, intensive Weinbau- und Obstanlagen, Aufforstungen in hochwertigen Lebensräumen, Intensiv-Forstplantagen.
1	Vegetationsfreie Flächen. Durch Emissionen sehr starke Belastungen für andere Ökosysteme von hier ausgehend. Innenstädte, Industriegebiete fast ohne Restflächen, Hauptverkehrsstraßen.

Für die Einstufung von Flächen in eine der 9 Wertstufen wird ein Mix von Kriterien verwendet. Unter anderem interessiert der gesetzliche Schutzstatus, die Bedeutung als Lebensraum seltener und bedrohter Arten, die Nährstoffarmut und Größe der Flächen, das Alter der Ökosysteme sowie die Seltenheit und die Repräsentativität der vorkommenden Biotoptypen. Die einzelnen „Kriterien" sind offensichtlich nicht als voneinander trennbare, vollständig operationalisierbare und womöglich untereinander verrechenbare Parameter gedacht, denn hierfür müssten sie untereinander logisch unabhängig sein. Wie unter anderem Wulf (2001) zeigt, hängen die Kriterien aber oft voneinander ab oder sind Gegensätze. So werden die Parameter „Seltenheit" und „Repräsentativität" als einander entgegengesetzt interpretiert; die „Gefährdung" hängt oft maßgeblich von der „Seltenheit" ab. Daher macht eine getrennte Operationalisierung und womöglich ein anschließendes Verrechnen der Wertzahlen in vielen Fällen wenig Sinn (vgl. u. a. Wächtler 1992: 145; Wiegleb et al. 2001). Das Schema ist vielmehr als *Orientierungsrahmen* für regionalisierte Bewertungsverfahren zu betrachten, welche dann *leitbildgerecht* konkretisiert werden müssen. Diese Vorgehensweise soll im Folgenden *überlegte Spezifikation der Kriterien* genannt werden.

Außer dem Kriterium „gesetzlicher Schutzstatus", bei dem man sich auf das vorgängige Werturteil verschiedener Fachleute im Rahmen der Schutzgebietsausweisung stützen kann, sind die Kaule´schen Kriterien aus *Faustregeln* abgeleitet, die allgemeine Erkenntnisse der Naturschutzforschung und Erfahrungen aus der Naturschutzpraxis zusammenfassen. Erfahrene Naturschützer wissen, dass zum Beispiel in Lebensräumen, die bereits seit langer Zeit gleichartig bewirtschaftet worden sind oder welche sich seit langer Zeit ungestört entwickeln, sehr häufig eine Vielfalt seltener Arten zu finden ist (Stichwort „lange Lebensraumtradition", vgl. z. B. Peterken & Game 1984). Ebenso verhält es sich erfahrungsgemäß oft mit vergleichsweise oligotrophen (nährstoffarmen) Landschaftsausschnitten (z. B. Dierßen 1989, Ruthsatz 1989). Dieses *Er-*

fahrungswissen findet sich in der Kaule-Skala (Wertstufe 9: „in der Regel alte und/oder oligotrophe Ökosysteme..."), allerdings ohne dass explizit gesagt wird, wie viele Jahre alt bestimmte Ökosysteme sein müssen oder wie hoch das C/N-Verhältnis der Böden nun sein soll, damit eine Fläche der Wertstufe 9 zugeordnet werden kann. *Auf dieser Ebene ist eine solche Quantifizierung auch noch nicht sinnvoll!* Vielmehr sind die Kriterien bewusst unbestimmt gehalten, damit eine jeweils einzelfallgerechte Anwendung möglich ist, aber gleichzeitig auch eine Vergleichbarkeit verschiedener Typen nach verallgemeinerbaren Prinzipien.

Solche allgemein gehaltenen Skalen, die einzelfallbezogen operationalisiert werden müssen, werden *Mantelskalen* genannt (Scholles mündl.). Dies entspricht dem Prinzip der „*Evaluativen Offenheit*" in den Rechtswissenschaften (nach Alexy, zit. in Koch & Rüßmann 1982: 204), welches besagt, dass „unterschiedliche deskriptive Bestimmungen dessen, was gut ... ist, möglich sind." Noch deutlicher wird der Rechtsphilosoph Arthur Kaufmann (1997: 91): seiner Meinung *nach könne und dürfe das Gesetz nicht eindeutig formuliert werden, denn es sei für Fälle geschaffen, deren Vielfalt unendlich sei*. Ein in sich geschlossenes, fertiges, lückenloses, eindeutiges Gesetz, so Kaufmann, würde die Rechtsentwicklung zum Stillstand bringen. Analoges gilt auch für die Naturschutz- und Umweltbewertung. Aus diesem Grunde geben wohl Wiegleb et al. (2002) in ihren „Methodischen Standards für naturschutzfachliche Planungen" auch kein festgelegtes, fertig operationalisiertes Bewertungsverfahren für Biotoptypen vor, sondern fordern eine „gute fachliche Praxis", welche von einem *autorisierten Expertengremium* regelmäßig fortzuschreiben sei. Die Autoren plädieren also weniger für eine inhaltliche als vielmehr für eine personelle beziehungsweise prozedurale Standardisierung.

Wahrscheinlich ist die Kaule-Skala *gerade aufgrund des hohen Unbestimmtheitsgrades* so beliebt unter Gutachtern[54], denn sie ist für eine große Vielfalt denkbarer Fälle gedacht. Entgegen der herrschenden Meinung ist also *Unbestimmtheit von Bewertungsvorgaben nicht in jedem Falle negativ zu sehen, sondern sie kann auch die Chance für eine wirklich einzelfallgerechte Bewertung in sich bergen*. Wie die kontroverse und teilweise polemisch geführte Diskussion um Punktwertsysteme zeigt, ist den meisten Gutachtern nicht wohl bei dem Gedanken, Natur und Landschaft in vorgefertigte „Schubladen" von vollständig operationalisierten und vereinheitlichten Bewertungsverfahren zu „pressen", obwohl im Grunde unbestritten ist, dass standardisierte Bewertungssysteme für bestimmte Fragestellungen unverzichtbar sind (z. B. Diskussion in Naturschutz u. Landschaftsplanung 29 (9), 1997). Immer wieder wird auf das unter Planern und Gutachterinnen vorhandene *Fachwissen* verwiesen, welches doch zur Beurteilung einer konkreten Fläche viel hilfreicher sei als ein pseudogenaues Punktesystem. Zudem wird immer wieder auf die *Einzigartigkeit* von Flächen hingewiesen, was einer Gleichbehandlung vieler verschiedener Lebensgemeinschafts"individuen" entgegenstehen würde (z. B. Roweck 1995). Auch wenn das Argument der „Einzigartigkeit"

---

[54] einige Planer (z. B. Kurz 2000: 11) kritisieren allerdings die ihrer Meinung nach zu hohe und damit zu unhandliche Anzahl von Wertstufen und benutzen lediglich fünfteilige Skalen.

und „Unvergleichbarkeit" von Flächen schon dadurch entkräftet wird, dass ja in Bewertungsverfahren Flächen immer aufgrund von *Eigenschaften* bewertet werden und nicht aufgrund von *Individualität* (s. Kap. 5.4, auch Birnbacher 1998), und außerdem viele Gutachter dazu neigen mögen, ihr „Fachwissen" zu überschätzen, sollte man die Einwände durchaus erst nehmen, denn diese richten sich im Grunde nicht gegen Typisierungen als solche, sondern gegen eine *unzweckmäßige und bürokratische „Gleichmacherei"* in Bewertungsverfahren, die keine vernünftige, einzelfallgerechte Einstufung erlaubt. Wie die Planer Fürst und Scholles (1999) bemerken, bewegt sich „jede Bewertung ... zwischen Willkür und deterministischer, mechanistischer Verfahrensanweisung als Extrempolen, die unbedingt vermieden werden müssen, denn Bewertung muss akzeptabel und im Einzelfall flexibel sein."

Die Skala von Kaule bietet einen gelungenen *Kompromiss* zwischen Nachvollziehbarkeit und Einzelfallgerechtigkeit, indem auf der einen Seite *Prinzipien* vorgegeben werden, die überall beachtet werden sollten, wo Bewertungen für den Arten- und Biotopschutz durchgeführt werden. Gleichzeitig lässt die Skala aber noch genügend Raum für den einzelnen Gutachter, um ein regionalisiertes und im Einzelfall zweckmäßiges Bewertungssystem herzustellen, in welches *eigenes ökologisches und flächenbezogenes Expertenwissen einfließen kann*. Beispiele für eine Konkretisierung gibt Kaule selbst (Tab. 7 u. 8), indem er die Skala für Bewertungen von Äckern, genutzten Weinbergen und Obstanlagen jeweils für Belange des Artenschutzes ausbaut (Kaule ebd.: 326 ff.)

Die Wertstufe 9 für den Typus „genutzter Weinberg" bedeutet *„Historische Struktur mit Mauern bzw. Lössterassen, Wegen, Treppen; Entwässerungssystem vollständig erhalten. Bewirtschaftung, Bodenbearbeitung und Herbizideinsatz so, dass Weinbergflora existieren kann. Geringer Pestizideinsatz..."* und so weiter. Für den Typus „Obstanlagen" heißt „Wertstufe 9" dagegen: *„Streuobstanlagen mit sehr alten großen Bäumen, Wiesen einschürig, noch genutzt, nicht gedüngt, vielfältige Brachestadien bis zu Gebüschen..."*. Selbst diese Konkretisierungen sind nicht als strenge „Messanweisungen" zu verstehen, sondern als *lebensraumtypspezifische Orientierungshilfe*. Mit anderen Worten: *selbst diese verhältnismäßig einzelfallgerecht gehaltenen Typen sind immer noch „offen"!* Hat man beispielsweise eine alte Streuobstanlage zu bewerten, die dem vorgegebenen Schema zwar sinngemäß entspricht, aber keine Brachestadien aufweist, also ein Teilkriterium nicht erfüllt, so spricht das nicht unbedingt gegen eine Einstufung in die höchste Wertkategorie.

Das heißt, dass selbst die Entscheidung, welche Teilkriterien man wie anwendet, Gegenstand einer Abwägung ist!

Was im einzelnen Bewertungsfall *zweckmäßig* und *angemessen* ist, müssen die Gutachter innerhalb des vorgegebenen Orientierungsrahmens und unter Berücksichtigung regionaler Leitbilder selbst entscheiden.

Tab. 7: Bewertung genutzter Weinberge für Belange des Artenschutzes (nach Kaule 1991: 326)

Wert-stufe	Kleinstrukturen und Bewirtschaftung	Arten
9	Historische Struktur mit Mauern bzw. Lößterrassen, Wegen, Treppen; Entwässerungssystem vollständig erhalten. Bewirtschaftung, Bodenbearbeitung und Herbizideinsatz so dass Weinbergflora existieren kann. Geringer Pestizideinsatz. Brache vorwiegend zur Bodenregeneration, höchstens kleinere Brachen mit Trockenrasensukzession. Große Brachen gesondert bewerten (s. Trockenrasen und Gebüsche).	Rote-Liste-Arten zahlreich; speziell Weinbergsgeophyten (Zwiebelpflanzen) dominant. In den Mauern und Böschungen oligotraphente Arten, Reptilienvorkommen.
8	Historische Struktur weitgehend erhalten. Bewirtschaftung, speziell Unkrautbekämpfung, führt zu starkem Rückgang der Geophyten (Wilde Tulpe, Milchstern, Goldstern etc.)	Spitzenarten fehlen, Geophyten nicht mehr dominant
7	7 und 8 nur über Arten differenzierbar	
6	Kleinstrukturen noch teilweise erhalten. Bewirtschaftung so, dass Geophyten weitgehend erloschen sind. Oder: Großflächig umstrukturiert, aber spezifische Flora vorkommend	Artenreiche Unkrautflora, jedoch Geophyten weitgehend fehlend
5	Kaum mehr Trockenmauern etc. erhalten. Bodenschutz durch Mulchen und Zwischensaat oder artenarme Unkrautdecke (Vogelmiere)	Unkrautflora stark verarmt, meist nur noch euryöke Hackfrucht-Unkrautarten
4	Keine weinbergspezifischen Kleinstrukturen. Bodenbearbeitung und Biozideinsatz eliminiert fast alle für Weinberge charakteristischen Begleitarten	Durch Mulchen und Herbizide Artenspektrum sehr stark reduziert
3		
2	Große Monokulturen der Ebene oder große Hanglagen, ggf. Betonmauern; befestigte Straßen mit schmalen Banketten, technische Entwässerung	Soweit überhaupt Begleitarten vorkommen, sind es euryöke Ubiquisten
1	Vollständig versiegelte („versiegelt,"? K. R.) größere Flächen nicht vorkommend	

Ähnlich äußert sich auch Bechmann (1988: 3555): Aus einem „programmatischen, generalisierten Wert- oder Zielsystem" wird durch „fallbezogene Operationalisierung" ein messanaloges Bewertungsverfahren hergestellt. Hierbei ist es wichtig, noch einmal zu betonen, dass diese „Operationalisierung" eben kein mathematisch-statistischer Akt ist, sondern Wertentscheidungen beeinhaltet.

Der Vorgang der überlegten Spezifikation ist, wie sich oben bereits andeutete, der neuralgische Punkt bei der Herstellung eines Bewertungsverfahrens. Wichtig ist nun, dass das obenstehende Plädoyer für eine gewisse „Offenheit" vorgegebener Wertskalen keinesfalls als eine Aufforderung zum „Feilschen" verstanden werden darf, bei dem Bewertungsverfahren möglichst flexibel gestaltet werden sollen, damit sie immer der vor Ort waltenden Interessenkonstellation gleichsam im vorauseilenden Gehorsam angepasst werden können. Hiervor warnt zu Recht Bechmann (1998: 1). Dies spricht allerdings nicht unbedingt für eine starre Formalisierung „von Anfang an" und gegen offenere Verfahren. Vielmehr müssen auch offenere Verfahren nachvollziehbar, transparent und methodisch sauber dargestellt und die Entscheidungen *begründet* werden. Daher soll im nächsten Kapitel ausführlich erläutert werden, wie dieser Vorgang nach dem Schema des *Analogieschlusses* in gewisser Weise formalisiert[55] und somit nachvollziehbar gemacht werden kann.

Tab. 8: Bewertung von Obstanlagen für Belange des Artenschutzes (nach Kaule 1991: 327)

Wert-stufe	Typen und Bewirtschaftung	Arten (und Strukturen, K. R.)
9	Streuobstanlagen mit sehr alten, großen Bäumen, Wiesen einschürig, noch genutzt, nicht gedüngt, vielfältige Brachestadien bis zu Gebüschen	Mehrere große Tierarten der Kategorie 1, vom Aussterben bedroht (Rote Liste, K. R.); oligotraphente Wiesenarten; Trockenstandorte bzw. oligotrophe bis mesotrophe Gräben
8	Streuobstanlagen mit alten Bäumen, mesotrophe Wiesen; mesotrophe bis schwach eutrophe Gräben; Kleinstrukturen wie Trockenböschungen; im Komplex Gebüschbrache	Große Tierarten Kat. 1 + 2, Rote-Liste-Arten (gemeint sind wohl Tierarten der Kategorie 1 und 2 der Roten Liste, K. R.), mesotraphente Wiesenarten, Kleinstrukturen (Gräben etc.) gegenüber 9 stärker eutrophiert
7		
6	Hochstammanlagen gepflegt; zweischürige artenreiche Wiesen; keine oder sporadische Schädlingsbekämpfung	Regional zurückgehende Arten, Wiesenarten meist auf eutraphente Arten beschränkt, Kleinlebensräume (Höhlen etc.) an Bäumen selten, daher große Tiere fehlend.
5	Hochstamm- und Halbstammanlagen, intensiv gepflegt, integrierter Pflanzenschutz	Wiesenstreifen artenarm
4	Halbstammanlagen und niedrige Anlagen mit artenarmer Bodenbedeckung, chemischer Pflanzenschutz, Kleinstrukturen, z. B. Gräben, polytroph und chemisch begiftet	Höchstens noch vereinzelt naturraumspezifische Wiesenarten; Kleinstrukturen sehr artenarm
3		
2	Niedrigwüchsige, große Intensivanlagen ohne Kleinstrukturen, z. B. Graben verrohrt, Boden chemisch unkrautfrei gespritzt	Nur noch 2 bis 4 Grasarten und einige Unkräuter
1	Beschränkt auf vollständig versiegelte Flächen, in Obstanlagen nicht vorkommend	

---

[55] Analogieschlüsse gehören nicht zum Repertoire der „strengen" Logik (vgl. Kaufmann 1997).

7.3 Werte entstehen in Relationen: Rechtsanwendung und Herstellung eines Bewertungsverfahrens mit Hilfe von Analogieschlüssen

Um den Ablauf „offenerer" Bewertungsverfahren zu erläutern, soll im Folgenden erneut auf Erkenntnisse aus der Jurisprudenz zurückgegriffen werden. Der Vorgang der Rechtsfindung mit der Anwendung allgemeiner Normen auf einen konkreten Fall weist deutliche Parallelen auf zur Bewertung eines Einzelfalles mit Hilfe allgemein gehaltener Kriterien. In den meisten Fällen sind rechtliche Sachverhalte in den sprachlichen Elementen der Rechtssätze nicht so enthalten, dass diese zu Momenten strenger logischer Schlüsse gemacht werden könnten (vgl. Müller 1994: 41), vor allem, wenn hochgradig abstrakte und unbestimmte Begriffe verwendet worden sind. Wie der Rechtstheoretiker Arthur Kaufmann (1997: 126 ff.) betont, sind viele Rechtsbegriffe keine definitorisch geschlossenen Klassenbegriffe, sondern offene Begriffe („Ordnungsbegriffe"), die keine Zuordnung nach „*entweder-oder*", sondern lediglich eine Ordnung nach „*mehr oder minder*" erlauben. An dieser Stelle sei noch einmal an das Präsidenten-Beispiel von Kap. 5.1 erinnert: wird eine Reihe von realen Präsidenten mit der Vorstellung eines „idealen Präsidenten" verglichen, kann man die Politiker in eine Rangfolge bringen.

Auch die meisten Bewertungen haben nicht die logische Form von festen Regeln, denn die normativen Vorgaben enthalten keine Messanweisungen, die unmissverständliche Ja/Nein-Entscheidungen ermöglichen könnten. So haben die in Kap. 6.1 geleisteten Bewertungskriterien wie „Vielfalt", „Naturnähe" oder „Vollkommenheit" und die sich daraus ergebenden Wertprädikate der Umwelt- und Naturschutzbewertung ebenfalls den Charakter von Ordnungsbegriffen. Einzelsachverhalte können mehr oder weniger „umweltverträglich", „repräsentativ","nachhaltig", „naturnah" oder „gefährdet" sein, und die Subsumtion eines Sachverhaltes unter ein solches Wertprädikat ist selten *eindeutig* aus übergeordneten Normen oder Grundprinzipien ableitbar.

Für rechtliche Sachverhalte gilt, ebenso wie für Bewertungen, dass die richtige Entscheidung beziehungsweise der „Wert" auch nicht *dem Sachverhalt immanent* ist, sondern sich erst in *Relation zu vergleichbaren anderen Sachverhalten und zu der übergeordneten Norm ergibt* (vgl. Kaufmann 81 ff.). Werte, so der Rechtswissenschaftler Larenz (1969: 262), werden dem Menschen „wohl überhaupt nicht anders bewusst als in der Reflexion auf (eigene oder fremde) Akte wertender Stellungnahme zu konkreten Handlungen oder Vorgängen". Wie die Philosophen Lenk und Maring (1998: 159) ausführen, gilt ein Wert als verwirklicht oder „realisiert", wenn die Zuschreibung eines Soll-Zustandes oder wenn die zugeordnete Normforderung zum Wertträger durch eine Ist-Aussage als erfüllt ausgewiesen wird. Damit, so die Autoren, können Werte nicht unabhängig von einer *Handlungssituation* betrachtet werden als eine besondere Art von „idealen Gegenständen", die besonders hierzu befähigte Menschen „erkennen" können (Wertidealismus). Werte in der Umwelt- und Naturschutzbewertung werden also bestimmten Sachverhalten vom Menschen zugewiesen, wobei, soviel ist klar, übergeordnete Normen beachtet werden müssen. Damit aber allgemeine normative Prinzipien, also rechtliche Prinzipien oder Moralprinzipien, auf konkrete Situationen angewandt werden können, müssen sie *auch* vermittelt werden mit *spezifischen Sachgesetzlichkeiten* und den *konkreten Bedingungen der jeweiligen Handlungssituation.* „Werte" und dementsprechend *Soll-Zustände können nur im Zusammenhang mit tatsächlichen oder vorstellbaren Sachverhalten oder Handlungssituationen gedacht werden.* Gleichzeitig verweisen sie auf eine faktische, in unserer Gesellschaft übliche Bewertungspraxis, denn Werte entstehen in Relationen. Larenz (ebd.) fasst dies so zusammen:

„Es handelt sich demnach weder um eine Verweisung allein auf eine außer- oder vorrechtliche Wertordnung, die in bestimmten, gleich Rechtssätzen im Wege bloßer „Subsumtion" des konkreten Vorgangs verwendbaren Regeln ausgeformt wäre, noch um eine Verweisung nur auf eine faktisch ... überwiegend geübte Urteils- und Verhaltensweise, sondern um einen Hinweis auf spezifische Werte und deren Realisierung und damit auch Konkretisierung im Zusammenleben der Rechtsgenossen zugleich. Erst aus diesen beiden Elementen, dem Wert und dem ihm entsprechenden Sozialverhalten, ergibt sich der Bewertungsmaßstab im Prozess seiner Konkretisierung ..."

Im Kontext der Naturschutz- und Umweltbewertung wäre hinzuzufügen (s. auch Kap. 2.2.6), dass als dritte Komponente empirisches Wissen über die Bandbreite bekannter Merkmalsausprägungen oder wissenschaftliche Prognosen in die Setzung der Bewertungsmaßstäbe einfließen.

In der Anwendung einer Norm steckt also immer eine *Zirkularität*: ein regelkonformer Sachverhalt konstituiert sich erst dadurch, dass er in Begriffen einer auf ihn angewendeten Norm beschrieben wird, während die Bedeutung der Norm eben dadurch, dass diese auf einen regelspezifischen Sachverhalt Anwendung findet, konkretisiert wird (Habermas 1994: 244).

Verschiedene Sachverhalte sind, wie Arthur Kaufmann (1997: 81) ausführt, allerdings niemals völlig „gleich", sondern immer nur *mehr oder weniger „ähnlich"* in Bezug auf bestimmte Merkmale (oder, um in der Ausdrucksweise der Naturschutzbewertung zu sprechen, im Bezug auf die „wertgebenden Eigenschaften"). Dies sei auch in Routinefällen nicht anders, nur dass hier „der Fachmann sofort, ohne lange Überlegungen, den Fall in der Norm und die Norm im Fall wiedererkennt." Kaufmann ist der Meinung, dass der entscheidende Vorgang bei der Rechtsfindung nicht die Subsumtion (im streng logischen Sinne, s. Kap. 3.1.2) sei, sondern die *Analogiebildung*. Wie wir sehen werden, gilt entsprechendes auch für Bewertungsvorgänge, bei denen nicht mit definitorisch geschlossenen Typen gearbeitet wird, sondern mit Ordnungsbegriffen. Eine Analogie ist ein Schluss von der Übereinstimmung in einigen Merkmalen zur Übereinstimmung auch in den unbekannten anderen Merkmalen (ebd.). Sie ist ein aus Deduktion und Induktion zusammengesetzter „Schluss", der vom Einzelfall über die Regel zum Ergebnis verläuft.

Eine Bewertung mit Formulierung einer Bewertungsregel könnte nach dem Analogie-Schema folgendermaßen funktionieren (in Anlehnung an Kaufmann 1997: 76 f.):

> a, b und c weisen die Merkmale M1, M2 und M3 auf;
> d, e und f weisen ebenfalls die Merkmale M1, M2 und M3 auf, und sie sind umweltverträglich.
>
> Regel: Alle x mit den Merkmalen M1, M2 und M3 sind umweltverträglich
>
> Ergebnis: a, b, und c sind umweltverträglich.

Bei dieser Art von Schluss sind Einzelfälle, Regel und Ergebnis wechselseitig aufeinander bezogen, wobei das Ergebnis stets einen hypothetischen Charakter aufweist. Die Regel ist ebenfalls eine *Hypothese*. Wie Kaufmann (ebd.: 78) betont, kann ein Rechtsfindungsprozess zwar als Subsumtion beschrieben werden, beinhaltet aber immer eine *Aufbereitung der Norm am konkreten Fall*.

Angesichts der „offen" formulierten gesetzlichen Vorgaben in der Natur- und Umweltschutzgesetzgebung gilt dieses im besonderen Maße. Im erläuterten Beispiel einer Bewertung aus dem Umweltschutz muss erst einmal durch *Vergleich verschiedener Sachverhalte eine Annäherung an den abstrakten Begriff „umweltverträglich" vorgenommen werden*, bevor überhaupt eine Regel formuliert werden kann, welche dann beim anschließenden Subsumtionsvorgang als Prämisse gesetzt wird (vgl. Kap. 3.2). Diese Analogiebildung ist eigentlich kein Schluss im Sinne der strengen Logik. Wie Kaufmann erläutert, ist „alles Seiende einander sowohl ähnlich als auch unähnlich", natürlich in unterschiedlichem Grad. Dies wusste schon Nikolaus von Kues, ein großer Philosoph des Mittelalters (1401-1464; zit. in Gierer 1991: 154): „Wir finden Gleichheit in gradweiser Näherung; etwas ist dem einen mehr gleich als dem anderen, gemäß der Übereinstimmung und Verschiedenheit von Gattung, Art, räumlicher Anordnung, Wirkfähigkeit, zeitlicher Ordnung mit ähnlichen Dingen. Aus all diesem ergibt sich, dass sich nicht zwei oder mehr so ähnliche oder gleiche Dinge finden, dass sich ihre Ähnlichkeit nicht ins Unendliche steigern ließe."[56] In diesem Zusammenhang sei auf die Zweischneidigkeit der Analogie hingewiesen, die Goethe (zit. in Kaufmann ebd.: 81) so treffend beschrieben hat:

> „Jedes Existierende ist ein Analogon alles Existierenden; daher erscheint uns das Dasein immer zur gleichen Zeit gesondert und verknüpft. Folgt man der Analogie zu sehr, so fällt alles identisch zusammen; meidet man sie, so zerstreut sich alles ins Unendliche."

Diese Überlegung ist für die Bewertungstheorie ausgesprochen wichtig, zeigt sie doch, welche Gefahren sowohl in einer zu allgemeinen und unzweckmäßig vereinfachenden, als auch in einer extrem hoch auflösenden, viel zu umständlichen und daher unbrauch-

---

[56] Aus diesen Gedanken folgt Cusanus: *„Deshalb wird Maß und Gemessenes trotz aller Angleichungen immer verschieden bleiben"*, eine Einsicht, die sich auch heute lebende Naturwissenschaftler und Naturschutzfachleute nicht oft genug vergegenwärtigen können.

baren Typisierung stecken[57]. Im Zentrum unserer Überlegungen steht somit die Frage: „Welche Eigenschaften sind in diesem Bewertungsfall die entscheidenden?". Was Nikolaus von Kues über die menschliche Erkenntnis allgemein zu sagen hat, lässt sich auch auf den Bewertungsbereich anwenden:

„Alle Forschung besteht also im Setzen von Beziehungen und Vergleichen, mag dies einmal leichter, ein anderes Mal schwerer sein."

Bei unserem Beispiel ist zu beachten, dass die Sachverhalte d, e und f schon einmal als „umweltverträglich" bezeichnet, also *im Vorfeld bereits bewertet worden sind*. Ohne eine vorab erfolgte Wertreflexion an verschiedenen Einzelfällen ist der Analogieschluss nicht machbar. Der Unterschied zur in Kap. 3.2 gezeigten „strengen" Subsumtion und dem Analogieschluss besteht aber darin, dass der Zusammenhang zwischen *Merkmalen* und dem *Wertprädikat* „umweltverträglich", also die allgemeine *Bewertungsregel*, noch nicht *festgelegt* ist. Im Verfahren müssen erst *in Ansehung einiger bekannter Einzelfälle* (Präzedenzfälle) die für den Bewertungszweck als wichtig erachteten Merkmale gefunden werden. Die Wahl der unterscheidenden Merkmale und die Setzung der Bewertungsregel beinhaltet unvermeidbar eine Wertentscheidung (vgl. Kaufmann 1997: 77).

Um den Vorgang der Analogiebildung im Naturschutz zu verdeutlichen, sei wiederum die „Kaule-Skala" herangezogen. Unter die „Bewertungsstufe 2" dieser Skala sind „fast vegetationsfreie Flächen"[58] zu subsumieren, von denen eine „starke Belastung durch Emissionen für andere Ökosysteme" ausgeht (Kaule 1991: 318). Kaule liefert hierfür einige Beispiele, nämlich Gülle-Entsorgungsgebiete in der Landwirtschaft, Flächen mit extrem engen Fruchtfolgen und höchstem Chemieeinsatz, intensive Weinbau- und Obstplantagen, Aufforstungen in hochwertigen Lebensräumen sowie Intensiv-Forstplantagen. Vor allem denkt der Autor also, wie den Beispielen unschwer zu entnehmen ist, an Emissionen, die von einer intensiven Land- und Forstwirtschaft ausgehen. Die „Emissionen" bestehen hierbei vor allem aus Nährstoffen und Pestiziden, welche umliegende Ökosysteme durch direkte Drift, trockene und nasse Deposition sowie über die Belastung von Oberflächengewässern beeinträchtigen. Das einzige Beispiel, welches etwas „aus dem Rahmen fällt", sind die „Aufforstungen in hochwertigen Lebensräumen". Genau genommen wirkt hier die Schädigung nicht über Emissionen, sondern vor allem durch direkten Flächenverlust und eventuell durch eine Trennwirkung hinsichtlich gefährdeter Populationen. Der Autor ist aber offensichtlich der Meinung, dass solche Aufforstungsflächen, zum Beispiel in wertvollen Trockenrasen-

---

[57] Zudem ist bei einem Analogieschluss immer die Gefahr einer vorschnellen Verallgemeinerung gegeben: möglicherweise stellt sich irgendwann heraus, dass die angegebenen Merkmale mit der „Umweltverträglichkeit" gar nichts zu tun haben. Wichtig ist daher, dass der hypothetische Charakter der Bewertungsregel klar herausgestellt wird. Der empirisch prüfbare Gehalt der Angelegenheit ist dann (jedenfalls prinzipiell) falsifizierbar.
[58] Etwas merkwürdig mutet die Subsumtion von „Intensiv-Forstplantagen" u.s.w. unter „fast vegetationsfreie Flächen" an. Logischer wäre eine Beschränkung der Wertstufe 2 auf „belastende" Ökosysteme im oben erläuterten Sinne.

und Heidelebensräumen, genau so negativ zu bewerten sind wie Flächen, von denen Emissionen ausgehen, wobei man sich für diesen Fall mehr Stringenz in der Argumentation gewünscht hätte.

Kommen wir aber nun zu der Möglichkeit von Subsumtion und Analogiebildung. Hierfür stelle man sich zunächst eine Ackerfläche vor, die als Depositionsfläche für *Klärschlämme* genutzt wird. In der Kaule´schen Tabelle findet sich der Typusbegriff „Gülle-Entsorgungsgebiete in der Landwirtschaft". Genau genommen lässt sich ein „Klärschlamm-Entsorgungsgebiet" nicht ohne weiteres unter diesen Typusbegriff subsumieren, denn Klärschlamm ist eben nicht gleich Gülle. Allerdings ist dem Beispiel unschwer zu entnehmen, dass der Sinn des Ganzen darin besteht, die geringe Wertigkeit von landwirtschaftliche Flächen herauszustellen, deren Funktion vor allem darin besteht, eine Deponie für belastende, nährstoffreiche Abfallstoffe zu sein. Somit lässt sich eine Analogie bilden, nach der ein „Klärschlamm-Entsogungsgebiet" einem „Gülle-Entsorgungsgebiet" gleicht. Um diesen Analogieschluss nachvollziehbarer zu machen, kann man nun versuchen, das Analogie-Schema für diesen Fall auszufüllen.

Fläche a wirkt aufgrund von Depositionen eines belastenden Stoffes (Klärschlamm) auf andere Ökosysteme belastend

„Gülle-Entsorgungsgebiete" wirken ebenfalls aufgrund von Depositionen eines belastenden Stoffes (Gülle) auf andere Ökosysteme belastend, und sie werden in die Wertstufe 2 eingestuft.

Regel: Alle x, die aufgrund von Depositionen belastender Stoffe auf andere Ökosysteme belastend wirken, werden in die Wertstufe 2 eingestuft.

Ergebnis: Fläche a wird in die Wertstufe 2 eingestuft.

Was ist hier nun passiert? In Form eines Analogieschlusses wurden die *Gemeinsamkeiten* zwischen einem „Klärschlamm-Entsorgungsgebiet" und einem „Gülle-Entsorgungsgebiet" herausgestellt. Faktisch geschieht dies so, dass ein gemeinsamer Oberbegriff gebildet wird, unter den der fragliche Einzelfall a sodann subsumiert werden kann. Das Prinzip ist also *genau umgekehrt* zu dem in Kap. 4.2 beschriebenen (Verfeinerung der Wertklassen):

Aus zwei verschiedenen Sachverhaltsklassen wird eine umfassende Klasse gemacht, weil sich die Vertreter dieser Klassen in den entscheidenden Merkmalen gleichen.

Das gewählte Beispiel dürfte jedem einleuchten („Ist-doch-sowieso-klar-Effekt"). Hätte man sich die Erläuterung des Ganzen durch das obenstehende Schema gespart, so wäre dies kaum aufgefallen, weil die Analogie zwischen „Gülle-Entsorgungsgebiet" und „Klärschlamm-Entsorgungsgebiet" ziemlich nahe liegt. Es handelt sich hier also um ein Beispiel für einen bei Kaufmann (1997) beschriebenen „klaren" Fällen, bei denen Gestaltung und Subsumtion in Eins zu fallen scheinen.

Allerdings kann es auch Fälle geben, bei denen die „Wesensverwandschaft" der verschiedenen Fälle nicht so deutlich hervortritt. Für solche Fälle ist ein größerer argumentativer Aufwand nötig. Liegt zum Beispiel neben einem oligotrophen oder mesotrophen Gebiet wie einer Heidelandschaft ein Wohngebiet, in dem viele Hundehalter wohnen, und ist das hochwertige Gebiet gleichzeitig für Spaziergänger attraktiv, kann es zu erheblichen Belastungen durch Hundekot kommen. Die Eutrophierung durch Hundekot verursacht eine Veränderung in der Vegetationszusammensetzung und Vegetationsstruktur: die Vegetationsdecke schließt sich stärker, und konkurrenzschwache, seltene Pflanzenarten verschwinden aus dem System. In siedlungsnahen Gebieten kann man diese schleichende Entwertung ehemals hochwertiger Schutzgebiete häufig beobachten. Bei einer Bewertung von Wohngebieten sollte man daher auf ihre Emissionswirkung in dieser Hinsicht achten. Ein starker Eintrag von Hundekot kann eine ähnliche eutrophierende Wirkung zeigen wie die Emissionen aus einem benachbarten „Gülle-Entsorgungsgebiet". Allerdings ist die Analogie zwischen einem „Wohngebiet mit einer großen Anzahl von Hunden" und einem „Gülle-Entsorgungsgebiet" nicht von vornherein jedem so einleuchtend wie die Analogie im vorherigen Beispiel. Die Analogiebildung kann jedoch nachvollziehbar *begründet* werden, indem auf die in beiden Fällen *entsprechende Wirkung*, nämlich Eutrophierung und Artenverlust in benachbarten Systemen, hingewiesen wird. Somit erscheint es gerechtfertigt, *in bestimmten Bewertungskontexten* größere Wohngebiete benachbart zu oligo- und mesotrophen Ökosystemen ebenfalls unter die Wertkategorie 2 („belastend") zu subsumieren.

7.4 Interpretation der Norm und Konstruktion des Einzelfalles: der hermeneutische Zirkel

Wie oben erläutert, müssen für den Analogieschluss bereits bewertete Einzelfälle vorausgesetzt werden. Hier könnte man sich die Frage stellen, warum man nicht einfach die Bewertungsregel der schon erfolgten Einzelfallbewertungen der Fälle d, e und f (falls überhaupt explizit vorhanden!), ausfindig machen, übernehmen und auf a, b und c anwenden kann.

Kaufmann erläutert das Problem an einem kontrovers diskutierten Beispiel aus dem Strafrecht: Ist Salzsäure, einer Kassiererin ins Gesicht geschüttet, eine „Waffe" im Sinne des Schweren Raubes? Kaufmann hält den Begriff „Waffe" in diesem Zusammenhang für einen offenen und nicht für einen definitorisch geschlossenen Begriff. Betrachtet man nur den herkömmlichen Gesichtspunkt der „technischen Vorrichtung", dann ist Salzsäure nicht als „Waffe" zu bezeichnen, geht man aber nach der „Eignung zur Verletzung oder Tötung von Menschen", dann könnte sie es sein. Nun komme es darauf an, so Kaufmann, den *„konkreten fallbezogenen Sinn"* (1997: 89) des Gesetzes zu *verstehen* und somit das geeignete *tertium comparationis* zu wählen. Die Merkmale, die bisher herangezogen wurden, können sich eben in einem neuen Fall als *sinnlos* erweisen. Dann müssen neue Merkmale her, deren Wahl allerdings begründet werden muss. Nach Kaufmann ist der Prozess der Rechtsanwendung ein Prozess des *Sinnverstehens* (hermeneutischer Zirkel):

„Die Gestaltung einer Gesetzesnorm zu einem „Tatbestand" (Interpretation) geschieht am Fall, die Gestaltung des Falles zu einem „Sachverhalt" (Konstruktion) geschieht an der Gesetzesnorm – und diese Gestaltung ist immer ein kreativer, schöpferischer Akt, der der Subsumtion vorausgeht (wenn auch in „klaren" Fällen Gestaltung und Subsumtion ineinszufallen scheinen)."

Dieses „Sinnverstehen" setzt ein *wertendes Vorverständnis* voraus, welches zwischen Norm und Sachverhalt eine vorgängige Relation herstellt. Diese wird dann durch den wechselseitigen Bezug von Norm und Sachverhalt immer stärker konkretisiert. Innerhalb der hermeneutischen Rechtstheorie geht man davon aus, dass das Vorverständnis des Richters „durch die Topoi eines sittlichen Traditionszusammenhangs geprägt" ist, welcher „die Relationierung zwischen Norm und Sachverhalten im Lichte historisch bewährter Prinzipien" steuert (Habermas 1994: 245). In einfacheren Worten: bei Normenkonkretisierung greift der Richter auf ein traditionelles Rechts- und Wertverständnis zurück, welches als gegeben vorausgesetzt werden muss.

Ebenso verhält es sich bei der Konkretisierung allgemeiner Bewertungsvorgaben zu Bewertungsverfahren durch Gutachter. Was in einem bestimmten Bewertungszusammenhang „gut" und was „schlecht" ist (was also die beiden Enden des Wertmaßstabes bildet), lässt sich erst sagen, wenn man *den Einzelfall in Relation zu anderen bekannten Fällen betrachtet*. Auf der anderen Seite *weiß* man ja erst, dass man es mit einem bestimmten Sachverhalt zu tun hat, wenn man die Norm kennt und ein gewisses Vorverständnis mitbringt. Dieses Vorverständnis spielt bei der Bewertung eine große Rolle. Wie im Kap. 6.2 bereits angedeutet wurde, gibt es auch im Naturschutz eine Reihe von traditionell bewährten Bewertungsprinzipien. Dies äußert sich unter anderem in der Tatsache, dass man bei Bewertungen immer wieder auf einen Kanon bewährter Kriterien zurückgreift (s. Kap. 6.1). Diese sind wiederum in traditionelle Begründungskonzepte des Naturschutzes eingebunden, wie verschiedene Autoren zeigen (z. B. sprechen Peters et al. 1999 von einem „Argumentenetz"). Hierauf wird im Kap. 8.3 noch einmal eingegangen.

Eine Begründung für ein naturschutzbezogenes Werturteil läuft zwar über allgemeine Begriffe wie „Naturnähe", „Vollkommenheit" oder „Vielfalt", aber solche allgemeinen Begriffe leben, wie Luhmann (1993) für die Rechtswissenschaften erläutert, *„von der Wiederverwendbarkeit in zahllosen verschiedenen Kontexten, sie ermöglichen die Einfügung konkreter Entscheidungsgründe in einen vertrauten Metakontext, aber sie sind nicht „ohne weiteres", nicht ohne konkrete Erläuterung verwendbar. Dabei bildet der Analogieschluss die Brücke zwischen der Verschiedenartigkeit der Fälle. Damit werden Fallerfahrung und bereits festgelegte Erwartungen bewahrt, erneut bestätigt und zugleich vorsichtig auf neuartige Sachverhalte ausgedehnt beziehungsweise wenn* *dies nicht überzeugt, als Grund genommen, Neuartigkeit zu erkennen und als Freiheit für die Bildung von Regeln für noch nicht geregelte Situationen in Anspruch zu nehmen."*

Wie oben erläutert, hat eine im Analogieschluss neu gesetzte Bewertungsregel den Charakter einer *Hypothese*. Die Setzung von neuen Bewertungsregeln ist somit ein *vorsichtiges Vortasten*. Bei der Vorgehensweise der überlegten Spezifikation ist das Ideal der Objektivität in dem Sinne, dass verschiedene Bearbeiter immer exakt zu dem gleichen Ergebnis kommen, nur eingeschränkt zu erfüllen. Unsicherheiten ergeben sich aus zwei möglichst voneinander getrennt zu betrachtenden Blickwinkeln. Einerseits enthält die Bewertungsregel solche Art von Annahmen, die tatsächlich oder zumindestens prinzipiell (vgl. Kap. 4.6) *empirisch prüfbar* und damit falsifizierbar sind. Sie stehen zur Prüfung durch die Natur- und Umweltwissenschaften. Somit besteht die erste Form von Unsicherheit in einer *empirischen Unsicherheit*. Andererseits steckt, wie oben erläutert, eine Wertentscheidung in jeder Bewertungsregel, die nicht empirisch prüfbar ist und deren Geltung intersubjektiv *begründet* werden muss. Der zweite Typ von Unsicherheit ist also die *Unsicherheit über Wertfragen*. Doch selbst dann, wenn zwei unabhängig voneinander bewertende Gutachter den gleichen empirischen und normativen Hintergrund haben und entsprechende Wertvorstellungen teilen, kann es beispielsweise bei der Setzung von Grenzwerten noch zu Abweichungen kommen, da sich hierbei immer gewisse Spielräume ergeben.

Eine Bewertungsregel in Form einer Hypothese soll keine unumstößlichen Wahrheiten verkünden, sondern man sollte sie eher als einen *Bewertungsvorschlag* des Gutachters verstehen, der im Fachdiskurs sowohl durch neue wissenschaftliche Erkenntnisse als auch durch eine verbesserte normative Argumentation verändert oder vervollkommnet werden kann. Für die Praxis könnte man daraus unter anderem die Regel ableiten, dass sich verwendete Bewertungsregeln und -standards auf einen *möglichst breiten Konsens* von Fachleuten stützen sollten (vgl. Plachter 1994: 89, Müssner et al. 2002). Damit wären auch Wertmaßstäbe und Bewertungsregeln niemals für alle Zeit „fertig", sondern sollten als vorläufige Resultate eine ständig weiterzuführenden Diskussion angesehen werden („Dauerfachdiskurs").

Da der Vorgang der Normenkonkretisierung unvermeidbar Wertentscheidungen beeinhaltet und gleichzeitig aber eine Kontrolle durch Fachleute und Öffentlichkeit meist aus praktischen Gründen eingeschränkt ist, muss Gutachtern eine gewisse *reflexive Souveränität in Wertfragen* überlassen werden. Daher wird von vielen Autoren die Regelanwendung und die Bewertung durch persönlich integere Fachleute (z. B. Richter, Planer und Gutachter im Umwelt- und Naturschutzbereich) als unverzichtbar angesehen und von einer mechanisch-technischen Subsumtion nach „Schema F" unterschieden. Nur in einfachen Routinefällen wäre es denkbar, den Gutachter durch einen „Subsumtionsautomaten" (K. Ott), also zum Beispiel durch ein Expertensystem, zu ersetzen. Eine überlegte Bewertung und Regelanwendung erfordert nach K. Ott (1997: 112) nämlich Urteilskraft, Erfahrung und Klugheit. Die *Urteilskraft* ist erforderlich, um Regeln *richtig* anzuwenden, denn, wie bereits Aristoteles festgestellt hat, ist für das angemessene Befolgen einer Regel die Urteilskraft unverzichtbar, weil es keine Regeln des regelgerechten Regelbefolgens mehr geben kann (Bubner, zit. in Ott ebd.). Aus diesem Grund kann man nie restlos gewiss sein, ob man eine Regel, die zudem immer Ausnahmebestimmungen mit sich führt, richtig angewendet hat (Wieland, zit. in Ott ebd.). Die *Klugheit* (phronesis) spielt bei Aristoteles eine wichtige Rolle als die Fähigkeit, *gesetzte Zwecke durch die realitätsgerechte Wahl angemessener Mittel zu verwirklichen.* Als eine Art der *praktischen Vernunft* zielt die Klugheit nicht auf das *Allgemeine*, sondern auf das je *Besondere* einer Situation, nämlich darauf, was handelnd veränderbar ist und was es zweckgerichtet handelnd zu verändern gilt[59] (Prechtel & Burkard 1999 (Hrgs.): 383). Gutachter, die mit Bewertungsaufgaben jenseits der festgefahrenen Routine betraut werden, müssen einerseits einige Erfahrung haben, damit sie den Schritt der Analogiebildung leisten können. Dieser erfordert nämlich einen gewissen *Überblick über eine Menge ähnlich gelagerter Fälle im Bezugsraum.* Zudem müssen Erkenntnisse anderer Fachleute zum Beispiel in Form von wissenschaftlichen Publikationen oder beispielhaften Bewertungsverfahren an ähnlichen Fällen zu Rate gezogen werden.

Auch wenn eine Bewertungsverfahren von ausgezeichneten Fachleuten hergestellt wurde, muss es zur Prüfung durch die übrige Fachwelt und die Öffentlichkeit stehen. Bewertungsverfahren, die unter Bezugnahme auf übergeordnete Normen hergestellt werden, können zwar nicht immer logisch aus diesen Normen abgeleitet werden. Zur Prüfung der Rationalität von Bewertungsverfahren kann man sich also nicht Kriterien der reinen Logik bedienen. Als Prüfungskriterium kann aber die *Kohärenz* des Verfahrens dienen. Kohärenz ist ein Maß für die Gültigkeit einer Aussage, das schwächer ist als die durch logische Ableitung gesicherte analytische Wahrheit, aber stärker als das Kriterium der Widerspruchsfreiheit.

Nach Habermas (1994: 258, in Anl. an Toulmin 1975) *wird Kohärenz zwischen Aussagen durch solche Begründungen erreicht, welche die Eigenschaft haben, unter Argumentationsteilnehmern ein rational motiviertes Einverständnis herbeizuführen.*

Jessel (1998: 252) formuliert folgendermaßen für Werturteile in Planungen:

„Werturteile im Rahmen ökologisch orientierter Planungen werden häufig nicht gültig im Sinne einer konsequenten logischen Ableitbarkeit aus gültigen Normen, sondern hinsichtlich zugrundegelegter Sachaussagen unter Darlegung zusätzlicher Prämissen lediglich kohärent sein können; sie müssen gleichwohl bezüglich ihrer logischen Implikationen und praktischen Konsequenzen untereinander konsistent sein; d. h. sie dürfen sich nicht widersprechen, und es muss nach Belegen gesucht werden, die geeignet sind, ihre intersubjektive Geltung zu begründen."

---

[59] Definitionsgemäß ist die Klugheit nach Aristoteles auf sittliche Ziele bezogen und damit ethisch nicht indifferent (ebd.). Damit wird sie von einer ethisch indifferenten „Gerissenheit" unterschieden, die nur auf die Wahrung eigener Interessen ausgerichtet ist. Letztere ist unter Gutachtern leider auch anzutreffen, was zu offensichtlichen „Gefälligkeitsgutachten" führt.

Was sich kompliziert anhört, ist im Grunde ganz einfach: „Kohärenz" bedeutet, dass *der Zusammenhang zwischen der übergeordneten Norm und dem konkreten Werturteil und der Bezug auf Wissen der spezifischen Handlungssituation* (Ableitungszusammenhang) *nicht nur für den Bewertenden selbst, sondern auch für andere plausibel und einleuchtend ist.* Man hat sich also darüber zu verständigen, wie man mit Hilfe einer schrittweisen Konkretisierung aus der allgemeinen Ebene zeitgerechte, situationsgemäße Wertmaßstäbe, operable *Bewertungskriterien* und gegebenenfalls *messbare Indikatoren* gewinnen kann.

7.5 Die Leitbildmethode als Spezialfall der „überlegten Spezifikation"

Ein für die Planung besonders wichtiger Spezialfall der überlegten Spezifikation ist die *Leitbildmethode*, die in den letzten Jahren von vielen Autoren diskutiert und weiterentwickelt worden ist. Hier geht es nicht nur um eine Spezifikation von *Kriterien*, wie es häufig bei der Anwendung von Bewertungsrahmen und -verfahren der Fall ist, sondern auch um eine Spezifikation von *Zielen*. Im Folgenden soll gezeigt werden, dass auch innerhalb dieser Methode der Analogieschluss seinen Platz hat.

Werte, so die Werttheoretiker Lenk und Maring (1998: 159), werden in Hierarchien, also in *Wertsystemen*, gedacht. Diese Idee einer Hierarchie findet sich auch in der *Rechtstheorie* wieder: man geht von einem Stufenbau der Rechtsordnung aus, wobei die „abstrakt-allgemeinen, überpositiven und übergeschichtlichen *Rechtsprinzipien*" die erste Stufe bilden. Auf der zweiten Stufe stehen die „konkret-allgemeinen, formellpositiven, nicht übergeschichtlichen" *Rechtsregeln*, und auf der dritten Stufe die konkrete *Rechtsentscheidung* (u. a. Kaufmann 1997: 84). So verwundert es nicht, dass auch in den Planungswissenschaften das Prinzip der *verschieden stark konkretisierten Ebenen* auftaucht, namentlich in Form sogenannter *Leitbildhierarchien* (z. B. Fürst et al. 1992, Bröring et al. 1999). Im Verlauf eines Konkretisierungsprozesses sollen aus *allgemeinen Idealvorstellungen* („Grundmotiven" und „Leitbildern", Bröring et al. 1999) operationalisierte „Umweltqualitätsstandards" abgeleitet werden, welche dann als Wertmaßstab für messanaloge Bewertungen dienen sollen (Abb. 18). *Leitbilder* können als „im gesellschaftlichen Raum entworfene und diskutierte Grobziele umweltpolitischen Handelns angesehen werden" (Peters 1990: 79). Der Philosoph Trommer (1997: 21) charakterisiert Leitbilder als eine „auf Übereinkünften beruhende, zeitlich und räumlich bezogene Denkfigur", die einen Orientierungswert für die Planung und Entwicklung von Natur und Landschaft hat. Sie enthalten einen weitreichenden Interpretationsspielraum (Poschmann et al. 1999: 43).

Nach Wiegleb (1997a: 45) gibt das *Bundesnaturschutzgesetz* einen Kanon von Leitbildern vor, indem es den Schutz der Güter „Leistungsfähigkeit des Naturhaushaltes", „Nutzungsfähigkeit der Naturgüter", „Pflanzen- und Tierwelt" sowie „Vielfalt, Eigenart und Schönheit von Natur und Landschaft" festsetzt. Die Leitbilder sollen zunächst mittels sogenannter „*Leitlinien*" konkretisiert werden, die als politisch-programmatische Aussagen ein Konzept für die umweltpolitische Arbeit liefern sollen (Peters ebd.). Dieses geschieht meist, indem verschiedene „Schlagworte" in die öffentliche, aber auch in die fachliche Naturschutzdiskussion geworfen werden, welche die übergeordneten Leitbilder konkretisieren sollen (vgl. Wiegleb ebd.: 46). Als Konkretisierung der „Nutzungsfähigkeit der Naturgüter" und der „Leistungsfähigkeit des Naturhaushaltes" werden Begriffe wie „Nachhaltigkeit", „Maximierung des ökologischen Wirkungsgrades", „Ökosystemstabilität", „Integrität von Ökosystemen" und ähnliches vor allem in der Fachwelt intensiv und meist kontrovers diskutiert, wobei man sich normalerweise nur in einem Punkt wirklich einig ist, nämlich darin, dass ein dringender „Operationalisierungsbedarf" bestünde (vgl. z. B. Diskussion in OekoSys 1995/3 über „Nachhaltige Entwicklung"). Das bedeutet übersetzt: „Sagt doch einfach mal, was Ihr mit diesen Begriffen eigentlich meint." Die Gefahr ist immer gegeben, dass ein wolkiger Begriff lediglich durch einen ebenso wolkigen ausgetauscht wird (dies nennt der SRU einen „argumentativen Zirkel", zit. in Marzelli 1994: 17). Als besonders tückisch empfindet die Verfasserin solche „Übersetzungen", bei denen ein zwar wolkiger, aber intuitiv auch von Nicht-Wissenschaftlern fassbarer Ausdruck wie zum Beispiel „Ökosystemgesundheit" durch einen pseudowissenschaftlichen Begriff ausgetauscht wird, mit dem Laien nichts anfangen können. Als Laie merkt man daher auch nicht, dass der vermeintlich wissenschaftlich unterfütterte Begriff („Maximierung des ökologischen Wirkungsgrades") in Wirklichkeit eine Worthülse ist.

Da offensichtlich „Leitlinien", wie andere politisch-programmatische Aussagen auch, stark interpretationsbedürftig sind, müssen sie inhaltlich ausgefüllt werden durch *Umweltqualitätsziele*. Diese geben bestimmte, sachlich, räumlich und zeitlich definierte Qualitäten von Ressourcen, Potenzialen oder Funktionen an, die in konkreten Situationen erhalten oder entwickelt werden sollen (z. B. Fürst & Kiemstedt 1997). Anders als die übergeordneten, allgemein gehaltenen Zielvorstellungen sollen Umweltqualitätsziele so konkret formuliert sein, dass ihre Erfüllung überprüfbar ist (Schemel 1994: 39). Als nächste Konkretisierungsstufe erfolgt dann die Operationalisierung zu messbaren Größen, welche Umweltqualitätsstandards genannt werden. Die sogenannte „Leitbildhierarchie" ist in Abb. 16 dargestellt.

Das inzwischen sattsam bekannte Problem ist auch hier, dass sich die Ableitung vom Allgemeinen zum Konkreten nie so *logisch konsistent* ergibt, wie man dies gern hätte. Bei jeder Konkretisierung und Operationalisierung von allgemeinen „Leitbildern" über „Leitlinien" zu konkreten „Umweltqualitätszielen" ist *außer wissenschaftlichen Fakten auch ein gewisser normativer Input erforderlich*, der nicht zwingend in dem übergeordneten Leitbild enthalten ist. Viele Autoren werden nicht müde zu betonen, dass Gutachter nur sagen könnten, *wie* ein von der Politik vorgegebenes Ziel *zu erreichen* sei, nicht etwa, wie dieses Ziel auszusehen habe (z. B. Schemel 1994). Dabei dürften sie lediglich solche Aussagen treffen, die sie *kausal begründen könnten* (ebd.: 40). Dies ist bei der Leitbildkonkretisierung nicht möglich, denn die Konkretisierung eines allgemeinen Ziels oder die Setzung eines Ziel- oder Grenzwertes lässt sich niemals wissenschaftlich kausal begründen. Wissenschaftliches Wissen kann und sollte als *Backing* (Kap. 2.2.6.2) fungieren, aber niemals als alleinige Begründung.

Im Modell der „Diskursiven Leitbildentwicklung" von Wiegleb und MitarbeiterInnen wird das Dilemma der Konkretisierung dadurch gelöst, dass in der Denktradition der Habermasschen Diskursethik jeder Konkretisierungsschritt durch einen Diskurs aller Planungsbetroffenen legitimiert werden soll (vgl. Vorwald & Wiegleb 1996, 1998, Bröring et al. 1999). Diese theoretisch saubere und aus demokratischen Gründen wünschenswerte Lösung des Konkretisierungsproblems wird allerdings mit den Schwierigkeiten konfrontiert, die alle diskursiv-partizipatorischen Ansätze mit sich bringen:

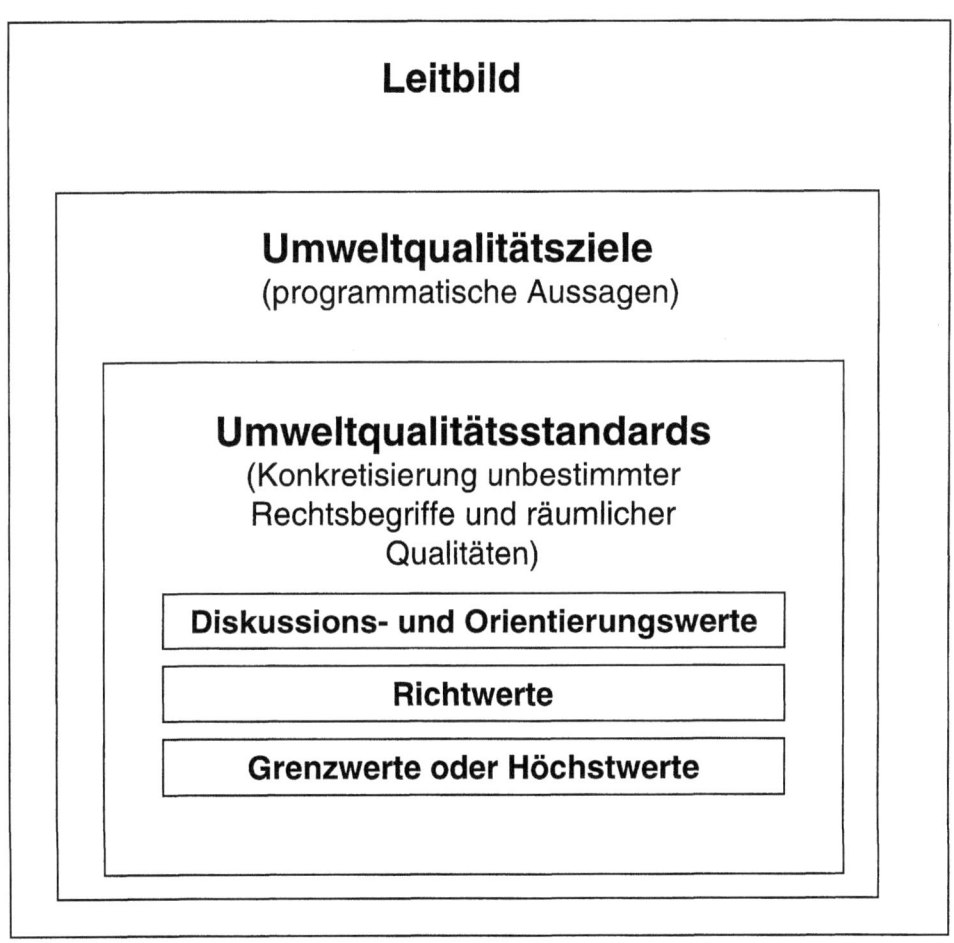

Abb. 16: Leitbildhierarchie nach Fürst & Kiemstedt (1989), aus Knospe (1998), geringfügig verändert.

Die für einen Diskurs erforderlichen Ausgangsbedingungen, unter anderen die Berücksichtigung *aller* Betroffenen und *aller* Argumente und die *Herrschaftsfreiheit* (Potthast 1996: 21) sind in der Praxis meist nicht annähernd erfüllbar. Vor Ort bilden sich oft durchsetzungsfähige Koalitionen aus Vertretern wirtschaftlicher Interessen und Lokalpolitikern. Gelegentlich ist es schwierig, Argumente an die Stelle festgefügter Vorurteile und Ressentiments zu setzen.

Damit soll nicht gegen Bürgerbeteiligung und faire Interessensausgleiche vor Ort argumentiert werden. Es sei lediglich darauf hingewiesen, dass naturschutzfachliche Konkretisierungen allgemeiner Leitbilder im Rahmen von Fachplanungen nicht unbedingt in „Bürgerforen" und an „runden Tischen" ausgehandelt werden können. Die Zustimmung *aller* Betroffenen zu *jedem* Konkretisierungsschritt dürfte genau wie die „ideale Sprechsituation" (Habermas) oder das „universale Auditorium" (Perelman) eine Fiktion bleiben. Daher schlägt Scholtissek (2000: 71) vor, den Leitbildbegriff zu differenzieren, nämlich einerseits sogenannte „diskursive Leitbilder", die als Orientierungsrahmen und Verständigungshilfe im politischen Diskurs dienen, von „planerischen Leitbildern" zu unterscheiden, die als Grundlage von Zielhierarchien in Planungen vor allem zur Entscheidungs- und Abwägungsdarstellung in fallkonkreten Planungen dienen. Schon allein aus dem Grunde, dass viele Einzelheiten innerhalb von Sachmodellen für Nicht-Fachleute zu kompliziert sind, schlagen Fürst und Scholles (1999) in schwierigen Fällen „Experten-Diskurse stellvertretend für die Bevölkerung" vor.

Die Lösung aller Bewertungsprobleme besteht jedenfalls nicht darin, einen „idealen" Diskurs für einen realen Planungsvorgang zu fordern, denn ersterer ist eine *regulative Idee* und spielt sich nur in den Denkoperationen der Diskursethiker ab (vgl. Kaufmann 1996: 278). Durchaus interessant sind jedoch Überlegungen, wie *partizipatorisch-diskursive Elemente in realen Planungsprozessen* in Zukunft gestärkt und organisiert werden können (z. B. Fürst et al. 2000, Hentschel in prep.). Schwierigkeiten solcher Ansätze resultieren nicht nur aus der Tatsache, dass Zeit und Geld für Planungen im Normalfall knapp bemessen sind. Wie der Praktiker Brux (1996) etwas resigniert feststellt, gelingt es diskursbereiten Planern zudem oft nicht einmal, die Bevölkerung überhaupt für ihre Vorhaben zu interessieren. Daher verwundert es nicht, dass Planer von Vorgesetzten oder Behördenvertretern mit Statements wie „Sie immer mit Ihrem Leitbild, das geht doch gar nicht..." (Brux ebd.: 98) ausgebremst werden. Angesichts der immensen Schwierigkeiten plädiert Brux dafür, die Leitbildentwicklung durch einen Austausch zwischen Planungsbüro und Behörden zunächst in einer Art „Mini-Diskurs" abzusichern und das Leitbild dann nach frühzeitiger Bürgerbeteiligung gegebenenfalls zu modifizieren.

Ein Leitbilddiskurs in der Praxis findet also, wenn überhaupt, in einem engen Rahmen statt. Der Arbeitsschritt der Normkonkretisierung muss von Planern oder Gutachterinnen zumindestens vorbereitet werden. Planer müssen in den meisten Fällen sogar die regionalisierten *Leitbilder selbst entwickeln*. Ein Verzicht hierauf mit der Begründung, man selbst als Fachmann oder Wissenschaftlerin könne dies gar nicht, sondern allein

„die Gesellschaft" könne entscheiden, zeugt nach Meinung der Verfasserin *weniger von der Liebe zur Diskursethik und Partizipation als vielmehr von Feigheit.* Muss man nämlich selbst innerhalb eines vorgegebenen rechtlichen und konventionellen Rahmens Wertentscheidungen treffen und ist gleichzeitig gezwungen, diese auch offenzulegen, dann muss man „Farbe bekennen" und kann man sich nicht mehr *allein* auf sein Fachwissen berufen, was ja ansonsten sehr bequem sein kann. Fürst und Scholles (1999) bemerken treffend: „Bewertung bedeutet Verantwortung übernehmen."

Die Herstellung eines regionalisierten Leitbildes und darauf aufbauende Handlungs- und Umweltqualitätsziele erfordern also unabdingbar eine Beurteilung der spezifischen Bewertungssituation durch den Bewertenden, wobei *nicht nur Zweck-Mittel-Überlegungen* eine Rolle spielen, sondern auch eine *überlegte Spezifikation der allgemeinen Ziele* vorgenommen werden muss. Autoren, welche *gutachterliche Arbeit* rein auf Zweck-Mittel-Überlegungen reduziert sehen wollen („was muss getan werden, damit dieses Ziel erreicht wird?", z. B. Schemel 1994: 40), irren. Wertentscheidungen innerhalb des vorgegebenen Rahmens sind Wissenschaftlerinnen und Gutachtern nicht verboten, wie dies viele Autoren meinen, sondern sie werden sogar von ihnen gefordert. Selbstverständlich haben gutachterlich entwickelte Qualitätsziele und -standards Vorschlagscharakter, bevor sie durch Verwaltungsakte mehr oder weniger verbindlich werden.

Der Vorgang der Spezifikation des Leitbildes verläuft, wie im vorangegangenen Kapitel gezeigt wurde, in Form eines hermeneutischen Zirkels. Ohne empirische Bestandsaufnahmen und Sichtung von Daten kann es kein Leitbild geben, andererseits können Bestandsaufnahmen erst dann sinnvoll geplant und durchgeführt werden, wenn die übergeordneten Ziele bekannt sind. Dieser wechselseitige Bezug von Leitbild und Bestandsaufnahmen sowie Datenauswertung und die folgende, schrittweise stärkere Konkretisierung des allgemeinen Leitbildes lässt sich in Beate Jessels Schema einer „prozesshaften" Leitbildentwicklung gut erkennen (Abb. 19). Der Prozess der überlegten Spezifikation muss nachvollziehbar dokumentiert werden, damit eine *kohärente praktische Rechtfertigung* des Bewertungsergebnisses geliefert wird.

Fallbeispiele aus der Landschaftsplanung oder der Pflege- und Entwicklungsplanung, bei denen Leitbilder wirklich *bis hin zu operationalisierten Umweltqualitätsstandards konkretisiert werden*, sind schwer zu finden. Ein wichtiger Grund dafür ist, dass in der Planungspraxis hierfür in vielen Fällen die Datengrundlage nicht ausreicht. Daher findet die Ableitungen von Umweltqualitätsstandards aus Leitbildern meist nur innerhalb finanziell gut ausgestatteter Großprojekte statt, in denen eine unfassende Datengrundlage geschaffen wurde (z. B. Wiegleb et al. hrsg. 1998). Vorwald & Wiegleb (1998) haben aus allgemeinen Vorgaben konkretere Umweltqualitätsziele für Bergbaufolgelandschaften entwickelt. Jessel (1994) präsentiert ein Planungsbeispiel, bei dem aus einem Leitbild für einen Raumausschnitt („kleinteiliger Wechsel von Gesellschaften der Flachmoore und Bruchwälder" usw.) messbare Umweltqualitätsstandards in Form von mittleren Grundwasserflurabständen abgeleitet wurden.

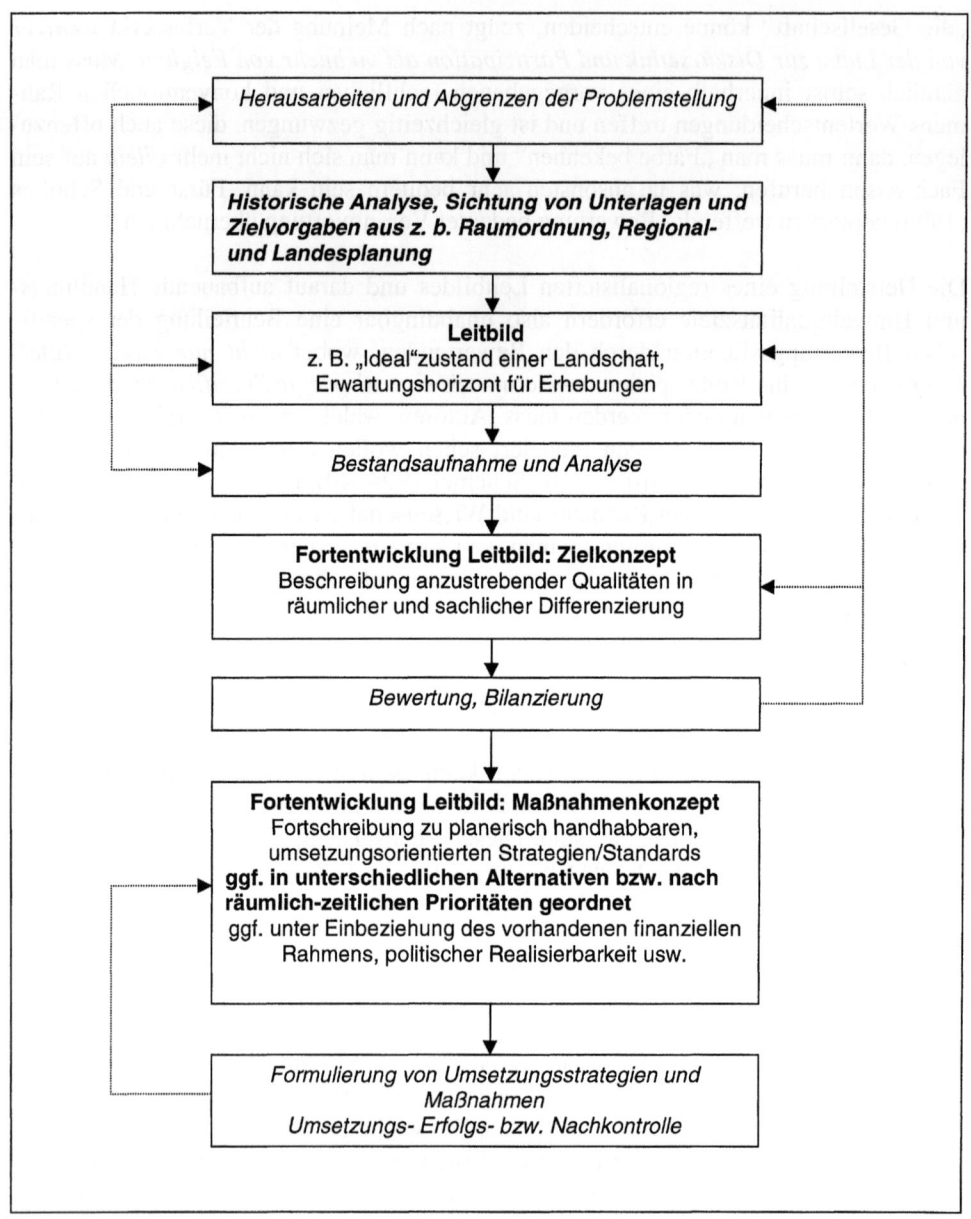

Abb. 17: Ablaufschema für eine prozesshafte Leitbildentwicklung (nach Jessel 1998: 259, geringfügig verändert)

Die Autorin weist allerdings darauf hin, dass die für diesen Schritt erforderliche umfassende Datengrundlage nur bei Großprojekten in dieser Form erhoben wird und das Vorgehen daher nicht ohne weiteres auf andere Planungsaufgaben übertragbar ist.

Die Schwierigkeiten bei der Operationalisierung von allgemeinen Leitbildern bis hin zu konkreten Standards werden allerdings nicht nur durch den Mangel an Daten verursacht. Viele Ziele des Naturschutzes sind grundsätzlich schwer zu messbaren Parametern zu operationalisieren (s. Kap. 8.4). In vielen Fällen der Praxis reicht auch eine Konkretisierung zu begrifflich gut bestimmten Umweltqualitätszielen, die allerdings wirklich so konkret formuliert sein sollten, dass eine Bewertung in Form eines Soll-Ist-Abgleiches möglich ist.

8 Intuitive Grundlagen, das Problem der kategorischen Begründungen und das Operationalisierungsproblem

8.1 Intuitive Grundlagen von Bewertungen im Naturschutz

Nach der Lektüre des letzten Kapitels stellt sich die Frage, warum die Bewertung mittels „offener" Bewertungsverfahren oft so gut gelingt, obwohl hierbei mit im logischen Sinne unterbestimmten oder unbestimmten Wertbegriffen gearbeitet wird und daher ein messanaloger Bewertungsvorgang erst einmal nicht möglich ist. Wie im Kapitel 4.2 bereits angedeutet, erübrigt sich in bestimmten Fällen offensichtlich ein größerer argumentativer Aufwand mit Hilfe mehrstufiger, messanalog operationalisierter Regelsysteme.

Zur weiteren Klärung sei auf das Beispiel mit den „seltenen Biotoptypen" aus Kap. 6.1 zurückgegriffen. Unter den Repräsentanten seltener Biotoptypen gibt es solche, die trotz ihrer offenkundigen Seltenheit niemand als „wertvoll" oder „schutzwürdig" bezeichnen oder gar mit der „Wertstufe 9" belegen würde. Ein Beispiel sind Müllkippen, die zum Glück zwar selten, aber nicht schutzwürdig sind. *Formal* könnte man das Problem lösen, indem man den Gültigkeitsbereich der Bewertungsregel entsprechend eng fasste. Man ließe also von Anfang an nur bestimmte Biotoptypen zur Bewertung zu, welche ausgewählte Kriterien zur Vorentscheidung erfüllen (Eingangskriterien). Dies versucht Wulf (2001: 243), von dem das etwas merkwürdige, aber instruktive Beispiel mit den Müllkippen stammt, indem er folgende *Meta-Regel* formuliert: „Ein Mindestmaß an Natürlichkeit darf nicht unterschritten werden, damit etwas Seltenes als schutzbedürftig eingestuft wird." Mit Hilfe dieser Meta-Regel könnte man nun die ursprüngliche Bewertungsregel in folgender Weise modifizieren: „Seltene Biotoptypen, die ein Mindestmaß an Natürlichkeit nicht unterschreiten, sind schutzwürdig." Sozusagen „aus dem Rennen" wären damit alle seltenen Biotoptypen, die das besagte Mindestmaß an Natürlichkeit unterschreiten. Unter letztere Klasse wären unter Anderem die Müllkippen zu subsumieren als eindeutig „positive Kandidaten". Somit hätte man zumindestens das „Müllkippen-Bewertungsproblem" argumentativ gelöst.

Dafür hätte man allerdings gleich eine Menge weiterer Probleme. Probleme bereitet einerseits der Bereich der „neutralen Kandidaten", also alle seltenen Biotoptypen, bei denen nicht ohne weiteres klar ist, ob sie nun „das gewisse Mindestmaß" über- oder unterschreiten, zum Beispiel der Typus „Panzertrassen auf Truppenübungsplätzen" oder der Typus „Dörflicher Bolzplatz". Befürworter numerischer, messanaloger Verfahren glauben vielleicht, dass man zunächst die „Natürlichkeit" operationalisieren und dann ein „Mindestmaß an Natürlichkeit" als messbaren Schwellenwert festsetzen könnte. Dies wäre zumindestens sehr aufwändig und würde zu kontroversen Diskussionen führen, denn es herrscht unter Fachleuten kein Konsens darüber, was an einem

Landschaftsausschnitt gemessen werden muss, um den „Natürlichkeitsgrad"[60] zu bestimmen, und schon gar nicht darüber, was ein „Mindestmaß an Natürlichkeit" sein könnte. „Ein Mindestmaß an Natürlichkeit" ist nämlich schwerlich naturwissenschaftlich ausfüllbar („Was ist schon natürlich? Wann ist etwas unnatürlich? Wann ist Natur unnatürlich?"), denn „Natur" in diesem Sinne ist ein normativer Begriff: „„...Natur ist nicht Natur, sondern ein Begriff, eine Norm, eine Erinnerung, eine Utopie, ein Gegenentwurf" (Beck 1988: 64). Würde gefordert, dass man die „Natürlichkeit" mit Hilfe ökologischer Parameter zu operationalisieren habe, bekäme man deshalb Probleme (Operationalisierungsprobleme, s. Kap. 8.4). Offensichtlich meint Wulf mit dem „Mindestmaß an Natürlichkeit" auch keinen *messbaren Schwellenwert*, sondern ihm schwebt wahrscheinlich eine *intuitiv vorgenommene Vorsortierung*[61] vor.

Denkbar wäre, dass man möglichst viele Ausnahmen einer Regel wiederum in Regeln (Ausnahmeregeln) fasste. Für diese gäbe es selbstverständlich auch wieder Ausnahmen (Ausnahmeregeln zweiter Stufe) und so weiter. Eine Gutachterin entscheidet also zum Beispiel, dass die Müllhalde nicht 9 Wertpunkte erhält, sondern gar keinen Wertpunkt. Hierfür könnte sie eine für ihren Bezugsraum gedachte neue Bewertungsregel als „Ausnahmeregel erster Stufe" setzen („Müllhalden sind nicht wertvoll und erhalten 0 Wertpunkte."). Nach dem Argumentationslastprinzip muss sie nun diese Wertzuweisung begründen. Hierbei könnte sie zum Beispiel einen „geringen Natürlichkeitsgrad" als Grund angeben, wobei sie sich auf die oben formulierte „Natürlichkeits-Metaregel" beziehen könnte. Ebensogut könnte sie ihre Entscheidung mit der „Scheußlichkeit" von Müllhalden begründen. Anzunehmen ist, dass sie den ersten Grund wählen würde, da er einen Anschein von Wissenschaftlichkeit besitzt. Für die Gründlichkeit einer Begründung, so Luhmann (1993: 367) müsse es noch andere Kriterien geben als die in den Gründen selbst genannten – etwa solche der Professionalität, der Eleganz oder der Vermeidung von Lächerlichkeit[62]. Nun kann man aber jeden noch so wissenschaftlich daherkommenden Grund wiederum hinterfragen. Aus welchem Grunde, könnte man in diesem Fall fragen, führen Sie ausgerechnet den „geringen Natürlichkeitsgrad" an? Je weiter man „hinterfragt", desto schwerer fällt die Suche nach Begründungen. Zudem gibt es zu dieser Ausnahmeregel wiederum Ausnahmen, denn manche Halden werden von Naturschützern als besonders wertvoll angesehen, weil sie zum Beispiel eine hochspezialisierte Schwermetallflora beherbergen. Wäre man darauf erpicht, mög-

---

[60] Bezüglich der oft verwendeten „Hemerobiestufen" (z. B. Sukopp 1997) sieht die Verf. dieser Arbeit einen großen Forschungsbedarf. Da das „Hemerobie"-System eine große normative Ladung hat, ist vor allem eine gründliche normative Rekonstruktion dringend erforderlich.
[61] „Intuitiv" bedeutet „unmittelbares Erkennen, Erfassen, Schauen der Ganzheit oder des Wesens eines Dinges oder Sachverhaltes", wobei die so gewonnenen Erkenntnisse *nicht weiter begründbar* sind (Prechtl & Burkard 1999, Hrgs.).
[62] Ein im Naturschutz tätiger Gutachter erzählte, dass er im Gespräch mit Juristen, die seiner Meinung nach vorsätzlich und möglichst für andere unverständlich mit „Paragrafen um sich würfen", um die Gegenpartei einzuschüchtern, besonders gerne Begründungen verwendete, die das Wort „Metapopulation" oder ähnliche Fremdworte enthielten, um sich gegenüber den Advokaten in der Diskussion behaupten zu können. Hier haben wir es mit dem unschönen, wenngleich wohl häufig auftretenden Fall zu tun, dass solche Begründungen, die möglichst undurchsichtig und mit dem Anstrich des großen „Expertentums" vorgetragen werden, eine besondere Durchschlagskraft haben.

lichst viele Regeln zu formulieren, könnte man nun noch eine „Ausnahmeregel zweiter Stufe" setzen, die da lautete: „Halden mit einer hochspezialisierten Schwermetallflora sind besonders wertvoll." Oder man könnte festsetzen, dass Halden von vornherein nicht unter den Begriff „Müllkippen" fielen, sondern eines eigenen Systems aus Bewertungsregeln bedürften.

Die Formulierung *sehr vieler, dafür aber universeller Regeln* mag im Rahmen einer Theorie des rationalen Diskurses theoretisch korrekt sein. Der oben bereits genannte Nachteil ist, dass sich mit der Zeit ein Wust von Regeln ergeben würde, der kaum noch zu übersehen wäre. Außer vielleicht für hierauf spezialisierte Rechtsanwälte wäre ein solcher Zustand für niemanden wünschenswert. Denkt man zudem das Konzept der „Zustands-Wertigkeits-Relationen" zu Ende, ergäbe sich in der Konsequenz die Forderung, dass man nicht nur für jede Regel selbst, sondern auch noch für jede Ausnahmeregel eine vollständige, quantifizierende Zustands-Wertigkeits-Relation zu erstellen habe. Dies ist unmöglich (s. auch Kap. 6.4). Schon allein aus pragmatischen Gründen muss man daher die „Regelei" und „Quantifiziererei" an einer bestimmten Stelle abbrechen.

Wahrscheinlich hat manche Leserin und mancher Leser bei der Lektür des obigen Beispiels gedacht: „Was für ein absurdes Beispiel! So ein aufwändiges Regelsystem, nur um zu begründen, dass Müllhalden nicht aufgrund der Seltenheit positiv bewertet werden sollen, ist doch völlig überflüssig." Genau so ist es auch. Das Beispiel wurde nur wegen seiner Absurdität gewählt. Diese Absurdität könnte noch gesteigert werden, wenn jemand auf die Idee käme, für alle diese Regeln auch noch vollständige „Zustands-Wertigkeits-Relationen" zu fordern. Häufig erscheinen uns ausführliche Regelwerke als überzogen und überflüssig, denn viele der dort formulierten Sachverhalte und Wertzuweisungen erscheinen uns als „sowieso klar" und „nicht der Rede wert". Dieses interessante soziale Phänomen (der „Ist-doch-sowieso-klar-Effekt") lässt sich dadurch erklären, dass es Gründe gibt, die von den meisten Menschen *intuitiv als richtig angesehen werden* (vgl. Joas 1997: 20 ff.). Daher brauchen manche Dinge „nicht groß begründet" zu werden, weil sie von vornherein jedem *einleuchten* und *niemand überhaupt einen Begründungsbedarf sieht*.

Ohne eine weitgehende *kulturelle Übereinkunft* bezüglich verschiedenster Wertzuweisungen wären Bewertungsverfahren in ihrer gebräuchlichen Form wohl kaum möglich, weil man eben schon so viel Unausgesprochenes *voraussetzen* muss. Dass Müllkippen normalerweise als abscheulich und daher trotz ihrer Seltenheit nicht schutzwürdig angesehen werden, ist wohl allgemeiner Konsens innerhalb der mitteleuropäischen bürgerlichen Kultur und daher nicht erwähnenswert. Vielmehr wäre man gar nicht erst darauf gekommen, sie im Rahmen einer solchen Bewertung überhaupt als potenziellen Wertträger in Betracht zu ziehen. Ebenso dürfte klar sein, dass der Lebensraumtyp „Sägewerk", auch wenn er in der Landschaft relativ selten anzutreffen ist, nicht zu den im Rahmen einer Bewertung nach dem Grade der Seltenheit zu bewertenden Biotoptypen fällt. Damit wird die von Wulf erwähnte Vorsortierung mit Hilfe einer Meta-Regel („Ein Mindestmaß an Natürlichkeit darf nicht unterschritten werden, damit etwas Seltenes als schutzbedürftig eingestuft wird") oder auch andere Vorsortierungen, wie zum Beispiel: „Etwas darf nicht extrem scheußlich sein, damit es für die Bewertung zugelassen wird" für die meisten Biotoptypen allein gefühlsmäßig geleistet. Ein gewisser argumentativer Aufwand ist lediglich für die Einstufung „neutraler Kandidaten" erforderlich. Dies sind Fälle, bei denen das selbstverständliche Einvernehmen versagt. Die oben erwähnten Panzertrassen auf Truppenübungsplätzen sind aber beispielsweise mit der Begründung subsumierbar, dass sie meist nicht versiegelt sind und einen Lebensraum für eine Vielzahl spezialisierter und seltener Tier- und Pflanzenarten darstellen.

Auch wenn so etwas wie „ein Mindestmaß an Natürlichkeit", wie oben erläutert, schwer naturwissenschaftlich ausfüllbar ist, kann man die „Natürlichkeit" oder „Naturnähe" doch als ein gemeinsames „kulturspezifisches Deutungsmuster" (Bahrd 1990) auffassen, welches in gewisser Weise so stark von Planern, Wissenschaftlern und Entscheidungsträgern verinnerlicht worden ist, dass man es unhinterfragt als *gemeinsame Grundlage* nutzt. Offensichtlich baut man vielfach bei der Wahl bestimmter Bewertungskriterien, sei es bewusst oder unbewusst, letztlich auf Vorstellungen, die man intuitiv für richtig hält und von denen man glaubt, dass sie „allgemeines Kulturgut"[63] seien. So formuliert, erscheint dieser Ansatz allerdings nicht unproblematisch, da er zur Manipulation der Bürger durch selbsternannte „Experten für allgemeines Kulturgut" führen könnte. Dem Rückgriff auf Wertintuitionen sind also gewisse Grenzen gesetzt. Eine Äußerung G. E. Moores (zit. in Alexy 1996: 59) illustriert dies:

"It is untrue because it is untrue, and there is no other reason: but I declare it untrue because its untruth is evident to me, and I hold that that is a sufficient reason for my assertion."

Ein Gutachter, der offen sagte: „Es ist wertvoll, weil es wertvoll ist, ich kann zwar keinen Grund dafür angeben, aber ich spüre intuitiv, das es so ist", würde vermutlich bei seinen Fachkollegen nicht besonders gut ankommen, vor allem dann nicht, wenn die anderen seine Wertintuition nicht teilen. Offensichtlich funktioniert diese intuitive Basis von Bewertungsverfahren nur so lange, wie niemand auf die Idee kommt, sie zu hinterfragen. Zudem ist die Gefahr groß, dass bei Bewertungsverfahren, bei deren Herstellung bewusst oder unbewusst auf Intuition gesetzt wird, die Rationalitätskriterien Objektivität, Reproduzierbarkeit und Transparenz nicht eingehalten werden.

Auf der anderen Seite muss jeder Diskursteilnehmer bereit sein, eine eingetretene „Sättigung" der Argumente zu akzeptieren (Kaufmann 1997: 291). Ein *nie endendes*

---

[63] Hier kommt es freilich darauf an, welcher Personenkreis als am Diskurs beteiligt gedacht wird. Denkt man sich, wie bisher in dieser Arbeit, nur den Kreis der „Naturschutzfachleute" als Diskursteilnehmer, kann man sich einen Konsens zu einem vergleichsweise frühen Zeitpunkt denken, während bei einem allgemeinen gesellschaftlichen Diskurs stärkere grundlegende Meinungsverschiedenheiten auftreten können. Dass es heutzutage schwerfällt, sich innerhalb der gesamten Gesellschaft auf allgemein gültige Wertgrundlagen zu stützen, dürfte aus vielen anderen Bereichen des Lebens bekannt sein. Gäbe es diese Grundlagen jedoch gar nicht, wäre wohl ein gesellschaftliches Leben, wie wir es kennen, kaum möglich.

Hinterfragen jeglicher Begründung durch geltungssüchtige „Oberschlauberger" in der Art eines mechanisch „warum?" fragenden Kindes, selbst wenn die Begründung von allen anderen Teilnehmern längst akzeptiert worden ist, würde jede sinnvolle Argumentation und jeden Konsens unmöglich machen. Die konsequente Beachtung des Argumentationslast- und des Beharrungsprinzips (Kap. 6.2) verhindert ein solches sinnloses Gerede.

8.2 Schwierigkeiten mit kategorischen Begründungen

Allgemeine moralische und ethische Letztbegründungen für den Arten-, Biozönosen- und Landschaftsschutz zu finden, auf die man in Fällen akuter Begründungsnot zurückgreifen könnte, ist extrem schwierig, wie die Durchsicht der naturethischen und naturphilosophischen Literatur beweist. Besonders in der Theorie bereiten *generelle Naturschutzbegründungen* Probleme. Philosophen und Philosophinnen ergehen sich seit Jahren in der Diskussion, ob der Mensch anderen Lebewesen (Biozentrismus, z. B. Gorke 1996) oder gar der gesamten biotischen Gemeinschaft einschließlich Böden, Luft und Gewässern (Ökozentrismus oder „Land-Ethik", Leopold 1992) gegenüber moralische Pflichten habe, oder ob Naturschutz lediglich aus verschiedenen utilitaristischen Erwägungen heraus (z. B. Birnbacher 1998), zum Beispiel aus Rücksicht gegenüber Naturliebhabern und ihren persönlichen Lebensentwürfen (z. B. Seel 1991) oder aus einer Verpflichtung gegenüber künftigen Generationen („Nachhaltigkeits-Argument") geboten sei[64]. Angesichts dieser vielfältigen Begründungsmöglichkeiten und den damit verbundenen schwer überbrückbaren Meinungsverschiedenheiten plädiert K. Ott (1999: 12) dafür, das Ideal einer direkten Begründung von Naturschutzzielen durch kategorische moralische Gründe aufzugeben und dafür auf der ethischen Ebene den „Pool" zulässiger Argumente möglichst weit zu fassen, so dass sich Begründungsmuster ergeben, die auf der politischen und kasuistischen Ebene variabel eingesetzt werden können. Damit ist das Begründungsdilemma allerdings noch nicht aus der Welt, denn beispielsweise sind Menschen, die alle Lebewesen als *moral patients* ansehen, mit utilitaristischen Argumenten, welche den gleichen Lebewesen, wenn überhaupt, lediglich einen instrumentellen Wert zuweisen, kaum zu überzeugen und umgekehrt.

Dieses „Begründungsdilemma" scheint sich allerdings auf die naturschützerische Bewertungspraxis kaum auszuwirken. Nach umfassender Durchsicht der Literatur rund um „Bewertungsprobleme" kommt die Verfasserin zu dem Schluss, dass der Mangel an kategorischen Begründungen selten als *offensichtliches* Problem gesehen zu werden scheint. Ein wichtiger Grund hierfür scheint zu sein, dass *in unserer relativ ausführlichen Naturschutzgesetzgebung viele normative Grundlagen bereits gelegt worden sind* und daher zumindest in der täglichen Praxis in allgemeiner Form nicht ständig neu diskutiert werden müssen. Viele Bewertungskriterien lassen sich argumentativ plausi-

---

[64] Diese Übersicht ist stark verkürzt. Einen ausführlichen Überblick über die Diskussion geben u. a. Ott (1999), Krebs (1996) und Gorke (1996).

bel aus den Naturschutzgesetzen ableiten, wie zum Beispiel das Kriterium „Seltenheit und Gefährdung von Arten" aus dem Teilziel „Sicherung der Pflanzen- und Tierwelt" des BNatSchG. Neben dieser gesetzlichen Grundlage spielen, wie oben erläutert, allgemeine, intuitiv geteilte Wertgrundlagen unserer Gesellschaft eine Rolle, aber auch innerhalb der Fachwelt etablierte „Fachtraditionen des Bewertens", die außer Fachleuten auch interessierte Laien und Entscheidungsträger zum Teil bereits verinnerlicht haben. Hinter diesem Fachkonsens lassen sich ebenfalls grundlegende Wertintuitionen vermuten, über die im folgenden mehr gesagt werden soll.

8.3 Fachtraditionen des Bewertens und deren grundlegende Wertintuitionen

Wie oben bereits erwähnt, lassen sich gewissen „Fachtraditionen des Bewertens" ausmachen, die sich in Form von allgemein anerkannten und immer wieder verwendeten Bewertungskriterien zeigen. Diese gewisse Übereinkunft der Fachwelt kann man als Indiz für einen Konsens über allgemeine Bewertungsprinzipien auffassen. Die Frage ist, ob sich dieser Fachkonsens in Worte fassen lässt. Manche Naturschützer haben versucht, allgemeine Wertprinzipien des Naturschutzes in Sätze zu gießen. So formuliert der amerikanische Naturschutzbiologe Primack (1995: 23)[65] unter anderem folgende, nicht weiter begründbare, also „in der Intuition wurzelnde" Prinzipien:

1. „Die Vielfalt der Organismen ist etwas Positives".
2. „Das vorzeitige Aussterben von Arten und von Populationen ist etwas Negatives."
3. „Ökologische Komplexität ist etwas Positives."

Primack ist der Ansicht, jeder Naturschutzbiologe müsse diese Prinzipien „ausnahmslos" akzeptieren, eine Forderung, die in dieser Form nicht akzeptabel ist. Wie oben bereits erläutert, kann es keine Regel und kein Prinzip ohne Ausnahme geben. Nach Meinung der Verfasserin könnte man diesen intuitiv begründeten Prinzipien und den daraus erwachsenden Handlungsaufforderungen für den Naturschutz aber eine *prima facie*-Geltung[66] zuschreiben. Der Philosoph Ott (1999: 4) reagiert allerdings auf diese Prinzipien mit einer vernichtenden Kritik. („Von bestürzender Schlichtheit ist der Rekurs auf ‚ethische Prinzipien' bei Primack... Es erscheint bei Primack somit, als beruhe die Naturschutzforschung auf unbeweisbaren Axiomen.") Gerechtfertigt erscheint diese Kritik allerdings nur in Hinblick auf die Absicht, diese unbeweisbaren Prinzipien zur unverzichtbaren Grundlage der *Wissenschaftsdisziplin* Naturschutzbiologie zu ma-

---

[65] Primack fügt noch zwei weitere Prinzipien bei, nämlich „Evolution ist etwas Positives" und „biologische Vielfalt hat einen Eigenwert".
[66] „In der Ethik besagt die von dem englischen Moralphilosophen Ross vertretene Auffassung, dass es ein intuitives Erkennen einer ethischen Verpflichtung ... gibt. Eine *prima facie*-Pflicht ist dann zu erfüllen, wenn sie nicht zu einer anderen Pflicht in Widerspruch steht. ... „*prima facie*" drückt den Vorbehalt aus, ... dass für konkrete Handlungssituationen solche gegensätzlichen Pflichten nicht auszuschließen sind." (Prechtl & Burkard 1999, Hrgs.).

chen. Der Verfasserin scheinen diese Prinzipien zumindestens die weithin geteilten Wertintuitionen von Naturschützern gut zu treffen. Intuitiv begründete Prinzipien dürfen „schlicht und einfach" sein, ohne dass sie deshalb schlecht sein müssen. Als Hinweis darauf, dass diese „schlichten" Prinzipien innerhalb der Naturschutzgemeinde und als normative Basis von Bewertungen eine gewisse *faktische Geltung* besitzen, kann die Tatsache dienen, dass aus ihnen ableitbare Bewertungskriterien ständig in Naturschutzbewertungen verwendet werden. Im Folgenden sollen die Prinzipien und die daraus ableitbaren, häufig in Bewertungen verwendeten Kriterien (kursiv) gegenübergestellt werden.

Die Vielfalt der Organismen ist etwas Positives
  Artenvielfalt, genetische Vielfalt[67]

Das vorzeitige Aussterben von Arten und von Populationen ist etwas Negatives
  Seltenheit, Gefährdung, Biotopverbund

Ökologische Komplexität ist etwas Positives
  Vielschichtigkeit, Habitatvielfalt, Strukturvielfalt

Zudem kann man noch weitere Prinzipien formulieren, die sich zum Beispiel aus dem „Grundmotiv Kulturlandschaft" (Bröring et al. 1999) ableiten lassen. Das „Kulturlandschafts"-Motiv ist vor allem im mitteleuropäischen Naturschutz verbreitet, und so ließe sich zum Beispiel ein Prinzip formulieren: „Traditionelle Kulturlandschaften mit ihrem vielfältigen Nebeneinander von Mensch und Natur sind etwas Positives". Zudem wird häufig das „Grundmotiv Wildnis" herangezogen (z. B. Weinzierl 1999), aus welchem Prinzipien wie „naturnahe Entwicklungen sind etwas Positives" oder „naturnahe Lebensgemeinschaften sind etwas Positives" abgeleitet werden können.

Wie für alle Prinzipien lassen sich auch für alle diese Naturschutz-Prinzipien unschwer Ausnahmen finden. So ist nicht jede „Organismenvielfalt" unbedingt in jedem Fall positiv zu bewerten. Janich und Weingarten (1999: 283)[68] verweisen zum Beispiel auf die Vielfalt der sich in Klimaanlagen und Krankenhäusern ausbreitenden Bakterienstämme. Diese „Organismenvielfalt" wird von uns als nachteilig empfunden, weil sie neue und nicht beherrschbare Krankheitserreger hervorbringt. Dies ist ein Beispiel für einen Fall, in dem ein *prima-facie*-Prinzip („Die Vielfalt der Organismen ist etwas Positives") mit einem anderen Prinzip kollidiert, nämlich dem Schutz der menschlichen Gesundheit, wobei eine (intuitive!) Abwägung *eindeutig* zugunsten der Gesund-

---

[67] Die genetische Vielfalt als Wertkriterium geriet erst kürzlich mit dem Siegeszug der Populationsbiologie in die Naturschutzdebatte.
[68] Mit Recht weisen die Autoren (ebd.) auf die Verquickung von ethischen Eigenwert-Argumenten und produktionstechnischen und biologisch-ökologischen Aspekten in der sogenannten „Biodiversitäts-Forschung" hin.

heit ausfällt. Hier haben wir es wieder mit einem Fall zu tun, in dem das Abwägungsergebnis so eindeutig ist, dass die Abwägung als solche kaum bewusst wird. Ebenso gibt es Ausnahmen auf der Ebene der Bewertungskriterien und der daraus abgeleiteten Bewertungsregeln, wie bereits in den vorhergehenden Kapiteln erläutert wurde. Wie zum Beispiel Dierßen (mündl. Vortrag) ausführt, ist ein besonders großer Artenreichtum für *Hochmoore* kein geeignetes Wertkriterium. Als Begründung wird angeführt, dass naturnahe Hochmoore (die bekanntlich als besonders wertvoll gelten) artenarm seien und dass die Artenzahl auf der Moorfläche erst ansteige, wenn Moore entwässert würden. In diesem Falle sind also Moorflächen mit einer größeren Artenvielfalt gerade nicht besonders wertvoll, sondern hier zeigt die Vielfalt an Arten lediglich an, dass die Fläche durch Entwässerungsmaßnahmen entwertet worden ist[69]. Die Geltung des *prima-facie*-Prinzips „Die Vielfalt der Organismen ist etwas Positives" *in allgemeiner Form* berühren diese Ausnahmen allerdings nicht. Nur weil es in bestimmten Situationen aus ethischen Gründen geboten sein mag, nicht die Wahrheit zu sagen, wird das allgemeine Prinzip „du sollst nicht lügen" schließlich auch nicht gleich außer Kraft gesetzt.

Im vorherigen Kapitel wurde erläutert, dass sich jede Bewertung letztlich auf nicht weiter begründbare (intuitive) Grundlagen stützen muss. Aber sind Naturschutzprinzipien wie oben formulierten wirklich nicht weiter begründbar? Wie viele Literaturbeispiele zeigen, werden vor allem von Seiten der Philosophie, aber auch von ökologischer Seite ständig Versuche unternommen, die oben genannten Prinzipien vor allem mit Hilfe wirtschaftlicher oder ökologischer Argumente, aber auch mit Hilfe der „Nachhaltigkeits-Argumentation" (vgl. Barkmann 2002) weiter zu begründen. Diese Argumente sind in vielen Fällen durchaus stichhaltig. Wir benötigen zum Beispiel zweifellos einen gewissen „Genpool" und „Artenpool", um die zukünftige Versorgung mit Nutzpflanzen und –tieren zu sichern. Zudem muss man davon ausgehen, dass viele Leute zu ihrer Unterhaltung und Erbauung gern Tiere und Pflanzen beobachten. Einen gewissen Grundstock an Arten zu erhalten, ist somit als Prinzip der Vorsorge vernünftig begründbar. Jedoch müssen viele Begründungsversuche, die für die Rechtfertigung eines *generellen* Arten- oder Naturschutzes genutzt wurden, heute als gescheitert angesehen werden. So wurde zum Beispiel lange angenommen, eine hohe Artenvielfalt erhöhe die Stabilität und die Belastbarkeit von Ökosystemen (Beispiele in Gorke 1996: 66 ff.). Heute gilt diese „Diversitäts-Stabilitäts-Hypothese" als unzulässige Verallgemeinerung. Auch die Ansicht, komplexe Ökosysteme seien grundsätzlich belastbarer als solche, die einfacher aufgebaut seien[70], lässt sich nach heutigem Kenntnisstand nicht aufrechterhalten. Verschiedene umweltökonomische Argumente, nach denen einigen Arten einen tatsächlichen oder zukünftigen wirtschaftlichen Nutzen haben oder haben könnten, rechtfertigen schwerlich einen *umfassenden* Artenschutz, wie

---

[69] Man könnte allerdings argumentieren, dass das Vorhandensein einer spezifischen Moor-Lebensgemeinschaft die auf einen größeren Landschaftsausschnitt bezogene (gamma-) Diversität erhöht.

[70] Die Stabilität und Belastbarkeit von Ökosystemen ist ein kontrovers diskutiertes Thema, auf das in diesem Rahmen nicht näher eingegangen werden kann. Deshalb sei auf folgende Übersichten verwiesen: Fränzle et al. (1995) und Wulf (2001).

naturschützerische Intuition ihn fordert (ebd.), denn ein Großteil der Arten auf unserer Erde wird aller Voraussicht nach niemals wirtschaftlich nutzbar sein. Wie dem auch sei: einige Autoren weisen darauf hin, dass weitere Begründungen für Naturschutz-Prinzipien oft hergeholt erschienen (z. B. Bierhals 1984, Gorke ebd.: 177); da sie nicht die wahren Motive der Naturschützer, nämlich Eigenwert-Intuitionen, widerspiegelten. Für Eigenwert-Intuitionen gäbe es eben keine weiteren Gründe mehr. Da allerdings von Naturschützern eine *rationale Argumentation* gefordert würde, versuchten sie, ihre Motive im Nachhinein vermeintlich zu „rationalisieren" (Gorke ebd.) und vorgebliche ökologische oder ökonomische Gründe anzuführen.

Das Problem besteht hier vor allem in der Einengung des Rationalitäts-Begriffes auf Kosten-Nutzen-Kalküle (vgl. auch Kap. 2.2.1 dieser Arbeit). Eigenwert-Intuitionen können und müssen *als Argumente* in Naturschutzdiskurse und speziell in Bewertungsdiskurse einfließen (vgl. Eser & Potthast 1999). Ein Bewertungsdiskurs, der wichtige, wenn nicht die wichtigsten Argumente für Naturschutz außer Acht lässt, kann nicht als „rational" bezeichnet werden. Die Frage, welche allgemeinen Prinzipien nun Grundlage für Bewertungen abgeben sollen, kann und soll allerdings im Rahmen dieser Arbeit nicht geklärt werden. Intuive Grundlagen *vorgeben* zu wollen, wäre eine Anmaßung. Der Verfasserin geht es vielmehr darum, sich an faktisch vorhandene Wertkonsense innerhalb der Naturschützergemeinde *anzunähern*, welche Bewertungen zu Grunde gelegt werden. Es gibt sicherlich noch viele andere grundlegende Bewertungstopoi, welche allerdings in diesem Rahmen nicht alle behandelt werden können. Hierzu sei auf einschlägige Arbeiten verwiesen (z. B. Peters et al. 1999). Der Versuch, in der Intuition wurzelnde Wertungsgrundlagen einmal in Worte zu fassen, entspricht der ausdrücklichen Forderung vieler Autoren nach *Prämissendeutlichkeit* für Bewertungen und Bewertungsverfahren (z. B. Jessel 1998).

8.4 Probleme mit der Angemessenheit der Operationalisierung

Wie im vorigen Kapitel erläutert wurde, ist es schwierig, explizite allgemeine Begründungen für Naturschutz zu finden. Offensichtlich wirkt sich dies auf die Bewertungspraxis allerdings nicht stark aus, da einerseits eine vergleichsweise ausführliche Naturschutzgesetzgebung, anderseits eine gemeinhin geteilte Basis intuitiver Wertvorstellungen unter Naturschützern die normative Grundlage für Bewertungsverfahren liefert. Die größten Meinungsverschiedenheiten bezüglich Bewertungsmöglichkeiten ergeben sich *in der Praxis* daher weniger bezüglich der allgemeinen Begründungs- als vielmehr der *Operationalisierungsschritte*. Obwohl in den meisten Bewertungsverfahren immer wieder die gleichen Kriterien verwendet werden, was auf einen Konsens zumindestens in grundsätzlichen Fragen hindeutet, kommt es besonders bezüglich der Operationalisierung dieser Kriterien immer wieder zu erheblichen Meinungsverschiedenheiten. Häufig werden diese Meinungsverschiedenheiten durch konträre Meinungen in Wertfragen verursacht, womit man sich in Problemkategorie (c.1.2) von Kap. 4.4 befindet: *Zweifel an der Angemessenheit der Operationalisierung.*

Die Bewertungskriterien erscheinen offensichtlich in einer unspezifizierten Form als durchaus plausibel, denn sie stoßen auf eine breite Zustimmung innerhalb der Experten-Community. Allerdings fällt es extrem schwer, sie allgemeingültig bis ins Letzte zu standardisieren und zu generalisieren. Schaut man sich gebräuchliche Bewertungsansätze an, stellt man fest, dass die verwendeten Kriterien *selten so operationalisiert werden, dass man aus ihnen Maßstäbe für messanaloge Bewertungsverfahren machen könnte.* Im Folgenden soll erläutert werden, aus welchen Gründen viele „wertgebende Kriterien" des Naturschutzes sich so schwer operationalisieren lassen, und warum erfolgte Operationalisierungen, wenn man sich schließlich doch dazu durchgerungen hat, für Naturschützer und Anwender vielfach so unbefriedigend sind.

Zur Erinnerung: unter *Operationalisierung* versteht man die Übersetzung von theoretischen Konstrukten in Beobachtungsbegriffe; wir ersetzen also etwas, was wir nicht beobachten können, durch etwas, was unseren Sinnen oder unseren Messgeräten zugänglich ist (Kap. 3.1.1.1). Hierbei können sich nicht nur die bereits erläuterten empirischen Schwierigkeiten bezüglich der Validität von Indikatoren ergeben. Die „Übersetzung" kann auch aus anderen Gründen eine schwierige Angelegenheit sein, besonders dann, wenn allgemeine gesetzliche und gesellschaftliche Zielvorstellungen und Zielbegriffe des Naturschutzes operationalisiert werden sollen, die sich nicht explizit auf empirisch beobachtbare Zustände in der Umwelt beziehen.

Im Naturschutz finden sich gesellschaftliche Leitbilder, die aus gutem Grund als sogenannte „unbestimmte Rechtsbegriffe", Metaphern oder Symbole kommuniziert werden, verweisen sie doch auf Wertvorstellungen, Weltbilder und den Wunsch nach gelingenden Mensch-Natur-Beziehungen. Wie der Philosoph und Theologe H. Ott (2000: 270 ff.) betont, ist es die Aufgabe solcher Metaphern und Symbole, Menschen zu überzeugen: „Die symbolische Rede wirkt nicht, indem sie jemanden informiert über etwas, sondern indem sie Menschen anruft, sie zu etwas aufruft, ihnen neue mögliche Wege und überhaupt neue Dimensionen der Wirklichkeit zeigt, sie Neues ahnen lässt, ihren Geist in neue Richtungen gehen und in neue Horizonte hineindenken lässt." Naturschützerische Leitbilder und Grundmotive „bilden" also Wertvorstellungen nicht einfach „ab", sondern sie *besitzen Aufforderungscharakter; möchten Visionen wecken und andere überzeugen.*

Ökologen oder andere Naturwissenschaftler haben nun die teilweise undankbare Aufgabe, für die so kommunizierten Sachverhalte „objektive" und naturwissenschaftlich exakt formulierte Sachmodelle und Wertmaßstäbe zu entwickeln. H. Ott (ebd..) bemerkt, dass die Welt der empirischen Fakten nicht die ganze Welt des Menschen sei. Die Kategorie des wissenschaftlichen „Faktums" blende den Aspekt des *Sinns* von vornherein aus und verkürze die Lebenswirklichkeit der menschlichen Existenz. Daher sei „Faktum" keine geeignete Kategorie, um „Werte" zu denken. Die Rede über Fakten habe auch eine ganz andere Aufgabe als die symbolische Rede: sie sei nämlich dazu da, andere Menschen über Sachverhalte zu *informieren*. Fakten sollen zwecks Information der Diskursgemeinschaft solche Segmente der Welt „abbilden", die gerade zur Diskussion stehen. Wie bereits in Kap. 2.2.6 erläutert, ist ein Wertediskurs ohne Sachwissen über Fakten „leer" und sinnlos.

Diese „Abbildung" in Form wissenschaftlicher Daten darf aber nicht so missverstanden werden, als seien Werte vollständig in Fakten transformierbar. Da der Mensch Teil der Natur sei, so der Philosoph Gernot Böhme (2000: 22), sei die vom Menschen objektivierte Natur niemals die ganze. Die Naturwissenschaften könnten *das Sein des Menschen in der Natur* nicht mitthematisieren, obwohl wir gerade Wissen über die „Natur im Modus des Für-uns" so dringend benötigten (ebd.). Dieses „Sein" bezieht sich nicht nur auf das leibliche Dasein als Teil der Natur, sondern auch auf die ästhetische und moralische, vielleicht sogar eine religiöse Dimension des menschlichen Lebens mit der Natur. Güsewell und Falter (1997: 45) sind der Ansicht, dass der naturwissenschaftliche Zugang zur Natur mit seiner Reduktion auf das, „was sich kategorisieren, messen und zählen lässt" für eine umfassende Umweltbewertung nicht ausreiche. Der Mensch sei, so die Autoren, ein körperliches, seelisches und geistiges Wesen, für welches auch andere Formen des Naturzugangs wichtig seien. Der *ästhetische* Zugang betrachte die Natur als Erfahrungsgegenstand der Sinne, der *symbolische* Zugang sehe die Natur als Bildnis menschlicher Erfahrung und Spiegelbild menschlicher Innenwelt, der *mythische* Zugang ließe Naturen als „wesenhaft"und durchwaltet von göttlichen Kräften erfahren. In Wert- und Zielvorstellungen des Naturschutzes, so kann man vermuten, sind ästhetische, symbolische und mythische Elemente vorhanden (vgl. z. B. Falter 2000). Bei einer wissenschaftlichen Operationalisierung erfolgt eine „Verkürzung" dieser vielfältigen Wertewelten auf naturwissenschaftliche Kategorien und Messwerte. Kein Wunder, dass beim Betrachten operationalisierter Bewertungsmaßstäbe und standardisierter Bewertungsverfahren oft das unbestimmte Gefühl aufkommt, etwas Wichtiges sei übersehen worden.

Unter anderem in den Sozialwissenschaften ist das Problem seit langem bekannt. In Skandinavien gibt es eine komparative Studie zur „Messung des menschlichen Wohlergehens", wobei das „Wohlergehen" mit verschiedensten Indikatoren gemessen wird, unter anderem „die Fähigkeit, hundert Meter zu gehen", „Familienstand" und „Einkommen"[71]. Wie sich denken lässt, wurde dieser Ansatz höchst kontrovers diskutiert, denn eigentlich, so wurde eingewandt, lässt sich ein gelungenes Menschenleben nicht anhand materialer Parameter messen (Nussbaum 1999: 81 ff.). Vereinfachende Modelle sind jedoch in vielen Fällen unverzichtbar, zum Beispiel, wenn man sich einen *Überblick* über die Lebensbedingungen aller Staatsbürger verschaffen, sich also über deren Situation *infomieren* möchte. Die Vereinfachung hat auch pragmatische Gründe: Man kann schließlich nicht jeden Einzelnen persönlich nach seinem Wohlergehen befragen.

---

[71] Allard, „Description of Inequality", zit. in Nussbaum (1999: 81 ff.).

Genau so wie Sozialwissenschaftler um eine „wissenschaftlich exakte" operationale Definition sozialer Phänomene wie etwa „Wohlergehen" ringen, werden heute Naturwissenschaftler vor die für sie oft kaum befriedigend lösbare Aufgabe gestellt, mehr oder weniger stark normativ konnotierte Konstrukte wie „Natürlichkeit", „Artenvielfalt", „Ökosystemintegrität", „Nachhaltigkeit" oder „Vielfalt" operational zu „definieren". Dass wir etwa „unsere heimische Artenvielfalt" erhalten wollen, dürfte unter Naturschützern Konsens sein. Hieraus könnte man Begriffe wie „Artenreichtum" als wertgebende Eigenschaften von Flächen für Bewertungsverfahren ableiten, was ebenfalls noch nicht weiter problematisch wäre. Diese wertgebende Eigenschaft ist allerdings nicht gerade konkret formuliert. Möchte man zum Beispiel ein intersubjektiv nachvollziehbares Bewertungssystem herstellen, mit dem prioritäre Gebiete für den Artenschutz bestimmt werden können, muss geklärt werden, wie wir den „Artenreichtum" flächenbezogen messen und bewerten können. Bei jeder Konkretisierung allgemeiner normativer Vorgaben ergeben sich Spielräume des Ermessens für eine Wissenschaftlerin, die eine solche operationale Definition vornehmen soll. Dabei ist anzunehmen, dass der Übergang von der Wertebene zur Sachebene nicht immer problemlos gelingt, dass also bestimmte persönliche Wertvorstellungen die Ausgestaltung des Modells beeinflussen. Diese sind im operationalisierten Modell jedoch nicht mehr ohne weiteres erkennbar (Versteckte Wertladungen, vgl. z. B. Steiner 2001). Andererseits ist eben die Gefahr groß, dass von anderer Seite Zweifel aufkommen, ob der *eigentlich problematisierte Sachverhalt wirklich adäquat abgebildet wird* (Zweifel an der Angemessenheit der Operationalisierung, Kap. 4.4). Die Aufgabe eines solchen Bewertungsverfahrens besteht allerdings, und dies wird häufig missverstanden, *nicht darin, Entscheidungen vorwegzunehmen, sondern darin, Informationen zu verdichten und unter bestimmten Aspekten zu interpretieren* und auch zu *bewerten*. Dies alles wiederum dient zur *Information für die Entscheidungsfindung* und nicht dazu, wichtige politische Entscheidungen zu ersetzen.

Einige Autoren haben die Vorstellung, dass alle Motivationen für Naturschutz, also zum Beispiel auch mythische und religiöse Aspekte, sich in Bewertungsverfahren vollständig wiederfinden lassen sollten, zum Beispiel in Form sogenannter „Transzendierungswerte" (vgl. Güsewell & Falter 1997). Sicherlich ist eine Begründung für eine Wertzuweisung denkbar, die darauf verweist, dass eine besondere Landschaft „den Menschen auf seine Kleinheit und Beschränktheit als Sterblicher im Unterschied zu den bleibenden Grundcharakteren der Welt stößt" und ihm nahelegt, „sich im Abstand zu seinem beschränkten Ego mit dem Größeren zu identifizieren." (vgl. ebd.: 46, zit. nach Naess 1989). Dass in einem solchen Fall eine Operationalisierung bis hin zu „Umweltqualitätsstandards" nicht möglich ist, dürfte klar sein. Am ehesten ist noch eine Listung wertgebender Eigenschaften von Landschaften denkbar, von denen man aus Erzählungen, Märchen, Gemälden und aus eigener Erfahrung weiß, dass ihre Betrachtung beim Menschen solche Gefühle wachzurufen pflegen. So könnte man auf eine denkbar trockene Art und Weise zum Beispiel das „Vorhandensein schroffer Felswände, Schluchten, weiter Ausblicke..." als wertgebende Eigenschaft in einem Bewertungsverfahren setzen. Die Setzung von Eigenschaften in dieser Art und Weise setzt jedoch *Verständnis* und *Einfühlung* in andere Menschen voraus. Eine weitere

Operationalisierung der Eigenschaften bis hin zu *messbaren Merkmalen*, zum Beispiel die Angabe einer Steigung in % zur weiteren „Konkretisierung" des Begriffes „schroff", würde man allerdings als absurd empfinden. In diesem Fall wird deutlich, dass das Problem nicht darin besteht, dass man bestimmte wertgebende Eigenschaften *gar nicht operationalisieren kann* (schließlich sind es Eigenschaften), sondern darin, dass solche Operationalisierungen häufig als *sinnlos, absurd und inadäquat empfunden* werden. Teilweise wird schon die „Konkretisierung" zu Eigenschaften als Verlust des Wesentlichen empfunden. Dies ist ein wirkliches Problem, das nicht einfach vernachlässigt werden darf.

Im Zuge von Objektivierung und Verallgemeinerung über wertgebende Eigenschaften geht das genuin Mythische verloren, welches sich angesichts eines ganzheitlich erlebten „Landschaftsindividuums" manifestiert. Auch Empathie mit der Natur, nachweislich eine der wichtigsten Triebkräfte des Naturschutzes, ist konkret und unmittelbar. Sie betrifft das Individuum, den einzelnen Vogel oder den alten Baum. Die Liebe fragt nicht nach Eigenschaften und stellt keine Rangfolgen auf, sondern sie nimmt die Wesen wie sie sind. „Es ist wie es ist, sagt die Liebe" (Erich Fried). Menschen, die Naturwesen oder Landschaften lieben und deshalb schützen wollen, *brauchen keine Bewertungsverfahren*. Ein objektivierendes Bewertungsverfahren kann auf sie sogar verstörend wirken, denn in diesem wird das geliebte Wesen als Träger wertgebender Eigenschaften dargestellt. Auf einzelne wertgebende Eigenschaften reduziert, wird das geliebte Wesen austauschbar durch einen anderen Gegenstand, der diese Eigenschaften in gleichem Maße oder gar stärker ausgeprägt aufweist. „Unersetzbarkeit gilt für individualisierte Beziehungen wie Freundschaft und Liebe, nicht für Bewertungen." (Birnbacher 1996: 57). Ein Ding, welches die gleichen *Eigenschaften* aufweist, oder welches den gleichen *Zweck* ebensogut erfüllt wie ein anderes, ist zumindestens prinzipiell[72] gegen jenes austauschbar. Solche Gedanken sind für Menschen mit einer empathischen Naturbeziehung schwer nachvollziehbar. Wahrscheinlich ist dies auch der Grund des von der Verfasserin gelegentlich beobachteten Phänomens, dass Menschen Bewertungsverfahren so stark ablehnen, dass selbst die theoretische Rede darüber als unerträglich empfunden wird.

Geht man davon aus, dass gleich bewertete Einzelfälle austauschbar sind, nähert man sich damit dem Nützlichkeitsdenken des Utilitarismus an (vgl. Birnbacher ebd.). Naturschützer jedoch verbindet mehr mit der Natur als reine Nützlichkeitserwägungen. Bewertungsansätze, nach denen zum Beispiel Arten lediglich ein tatsächlicher oder zukünftiger Wert für Wirtschaft, Erholung und Forschung zukommt oder welche die Schönheit von Landschaften auf durch Zahlungsbereitschafts- oder Reisekostenanalysen zu ermittelnde ökonomische „Erholungswerte" verkürzen, wirken auf Naturliebhaber oft aufgesetzt oder gar provozierend, weil es aus ihrer Sicht eigentlich um Ei-

---

[72] Diese prinzipielle Austauschbarkeit ist nicht zu verwechseln mit der faktischen Austauschbarkeit angesichts des heutigen Standes der Technik. Heute ist frische Atemluft z. B. nicht austauschbar, theoretisch denkbar wäre jedoch, in Zukunft einen anderen Stoff zu produzieren, den wir statt dessen atmen könnten.

genwerte und nicht um die Maximierung irgendwelcher Präferenzen geht (vgl. z. B. Gorke 1996) . Dieses Dilemma beschreibt treffend der amerikanische Naturphilosoph Aldo Leopold (zit. in Ehrenfeld 1997: 138):

„Eine grundlegende Schwäche eines nur auf wirtschaftlichen Motiven aufbauenden Naturschutzsystems ist, dass die meisten Mitglieder der Lebensgemeinschaft keinen ökonomischen Wert haben. ... Wenn eine dieser nicht-wirtschaftlichen Kategorien bedroht ist, wir diese aber zufällig lieben, erfinden wir einen Vorwand, um ihr eine ökonomische Bedeutung zuzuschreiben."

Naturschützer haben oft große Schwierigkeiten, den Schutz von Arten und Lebensgemeinschaften mit Nützlichkeits-Argumenten zu begründen, denn viele Arten sind unauffällig, weder schön noch nützlich und können nach Ehrenfeld (1997: 138) mit ziemlich großer Sicherheit als „Nicht-Ressorcen" gelten. Wie Ehrenfeld bemerkt, könne man der Schönheit einer Landschaft sicherlich irgend einen ökonomischen Wert in Form eines künstlich ermittelten Geldwertes zuschreiben, oder man könne behaupten, dass letztlich jede Lebensgemeinschaft voller Ressorcen sei oder dass diese oder jene Art vielleicht in Zukunft einmal zu einer wichtigen Ressource werden könnte. Solche Argumente seien jedoch, so Ehrenfeld, für einen ökonomisch denkenden Menschen nicht gerade überzeugend. Gorke (1996: 169) hält diese pseudo-ökonomische Argumentationsweise sogar für gefährlich, denn er ist der Ansicht, dass allein die erklärte Bereitschaft, die Existenz von Tier- oder Pflanzenarten zum Gegenstand von Kosten-Nutzen-Überlegungen zu machen, den wahrgenommenen Wert der Arten reduzierte und das menschliche Werteempfinden verzerrte.

Eine *rein* funktionale und auf menschliche Präferenzbefriedigung abzielende Betrachtungsweise ist vielen Menschen heute zuwider und meiner Ansicht nach weder nötig noch förderlich für eine Verständigung im Naturschutzdiskurs, denn Naturliebhaber können sich in den seltensten Fällen damit abfinden, „Naturstücke" *ausschließlich* als Träger von Funktionen in Hinblick auf einen übergeordneten Zweck zu sehen, also als *Mittel per se* für die menschliche Bedürfnisbefriedigung. Naturerfahrung hat nämlich auch eine *Sinndimension*, die über instrumentelle Überlegungen gerade nicht zu erfassen ist. Honnefelder (1998: 38) betont, dass der Mensch seine Identität nur in der Vermittlung über andere und anderes zu gewinnen vermag und sich deshalb über seine Bedürfnisbefriedigung hinaus durch die Erfahrung eines Sinns definiert, der in sich selbst steht. Dann wird begreiflich, dass er die Natur über die funktionalen Zusammenhänge hinaus auch als etwas zu erfahren vermag, was diesseits aller Funktionalität *in sich sinnvoll* ist (ebd.). Wenn in Naturschutzdiskursen lediglich instrumentelle Betrachtungen von Naturstücken als „rational" angesehen und damit alle anderen Naturzugänge negiert werden, kann dies dazu führen, dass berechtigte Ansprüche von Bürgern in Flächennutzungskonflikten unbeachtet bleiben. Mehr noch: die Natur vollständig zu instrumentalisieren würde letztlich bedeuten, auch den Menschen zu instrumentalisieren.

Sowohl naturwissenschaftliche als auch ökonomische Beschreibungsmethoden reichen also offensichtlich in vielen Fällen nicht hin, um die vielfältigen Naturbeziehungen des

Menschen in einer Form für Bewertungen zu berücksichtigen, welche von naturliebenden Menschen als adäquat empfunden wird. Was aber könnte es bedeuten, die Natur im „Modus des Für-uns" (Böhme 1999) zu erforschen und zu bewerten? Wie Böhme ausführt, fehle uns hierfür ein Wissen von der Natur, „gewissermaßen von innen heraus aus dem menschlichen Natursein." Im Wissen *von der Natur*, so Böhme, situiere sich der Mensch *in der Natur* und bestimmte damit gleichzeitig, *was er selbst sei*. In den Sozialwissenschaften, so Böhme, sei dieser Wissenstyp als „teilnehmende Beobachtung" bekannt. Noch in keiner Weise ausgelotet sei jedoch, welche Struktur so ein Wissen haben könnte, bei dem sich das, was Natur ist, aus unserer Teilnahme bestimmte. Es handele sich jedenfalls um einen Wissenstyp, der an seinen Gegenstand nicht erst nachträglich ethische Gesichtspunkte herantrüge, sondern ihn von vornherein schon unter ethischen Perspektiven betrachte. Schmidt (2000: 88 ff.) weist darauf hin, dass wir, wenn wir eine empathische Zugangsweise zur Natur als relevant ansehen wollen, einen Wechsel von der Beobachterperspektive zur Teilnehmerperspektive durchführen müssten: „Umwelt" würde somit zur „Mitwelt". Dieser Perspektivwechsel, so Schmidt, bedürfe des eigenen Gestimmtseins bezüglich, der Empfänglichkeit und Empfindsamkeit gegenüber Natur. Die Frage: „Welche Natur wollen wir?" ist also nicht zu trennen von der Frage „Was ist der Mensch?". Solange sich jedoch der Mensch in erster Linie als Konsument versteht, für den die Natur Güter bereitzustellen habe zur Befriedigung seiner Bedürfnisse, Präferenzen und Liebhabereien, bleibt kein Raum für Empathie mit der Natur, kann kein Pflichtgefühl gegenüber der belebten Welt entstehen (Gorke 1996: 170).

Was bedeutet dies alles nun für die Bewertungspraxis? Sicher bedeutet es nicht, dass man im Naturschutz „aus dem Bauch heraus" zu bewerten habe. Vielmehr sollte persönliches intuitives Unbehagen angesichts von Bewertungsverfahren als *Warnsignal* verstanden werden, dass etwas an der Sache nicht stimmt. Nach Spaemann (1990: 165) ist die Übereinstimmung mit unseren elementaren Intuitionen das einzige Kriterium, das uns in moralischen Fragen zur Verfügung steht. *Unsere Intuition kann uns helfen, Inkonsistenzen und Widersprüche innerhalb von Bewertungsverfahren zu bemerken und zweifelhafte normative Grundlagen und inadäquate Operationalisierungen aufzudecken.* Grundlegende Meinungsverschiedenheiten in normativen Fragen, die innerhalb eines Bewertungsdiskurses deutlich werden, verweisen zudem über die Bewertungsproblematik im Einzelnen hinaus auf gesellschaftliche Wertedifferenzen. Technokratische, gleichmacherische Bewertungsverfahren, die vor allem dazu da sind, Eingriffe zu vereinfachen und zu legitimieren, spiegeln eine gesellschaftliche „Verbraucher"-Haltung gegenüber der nichtmenschlichen Umwelt lediglich wider. Daher können solche Bewertungsprobleme, die ihre Ursache in tiefgreifenden Wertedifferenzen haben, nicht in fachinternen Bewertungsdiskursen geklärt werden, sondern müssen in gesellschaftliche Wertediskurse getragen werden.

9 Zusammenschau

Bewertungen im Naturschutz sind ein kontrovers diskutiertes Thema (Kap. 1.2). In der Planungspraxis werden einfache, praktikable Bewertungsmethoden routinemäßig angewendet. Die Schwierigkeit ist allerdings, dass Bewertungsregeln und -standards meist selbst unter Fachleuten stark umstritten sind. Die Frage ist nun, wie naturschutzbezogene Bewertungen so gestaltet werden können, dass man sie mit Recht als Teil eines rationalen Naturschutzdiskurses bezeichnen kann, welche Meinungsverschiedenheiten sich bei Bewertungen ergeben können und wie man diese lösen kann.

Spricht man im Rahmen der Theorie des allgemeinen Diskurses von einem „rationalen Werturteil" (Kap. 2.2), dann meint man damit ein Bewertungsergebnis, welches mit dem Hinweis auf verwendete Wertmaßstäbe *nachvollziehbar*, *widerspruchsfrei* und damit *kritikfähig begründet* werden kann, wobei auf die rechtfertigende Kraft der herangezogenen kulturellen Werte gesetzt werden muss. Jedes Werturteil sollte im Diskurs kritisierbar sein, wobei sowohl die Richtigkeit der normativen Prämissen als auch die Wahrheit der verwendeten Sachaussagen oder die Angemessenheit der Bewertungsmethodik angezweifelt werden kann. Der von Bechmann betonte Anspruch auf intersubjektive Geltung (Kap. 2.1) lässt sich am besten einlösen, indem ein Werturteil auf übergeordnete gesetzliche oder moralische Normen bezogen (Kap. 2.2.5) und durch wissenschaftliches Wissen gestützt wird (Kap. 2.2.6).

Um den Vorgang der Bewertung nachvollziehbar zu strukturieren und das Werturteil zu begründen, bedient man sich eines Bewertungsverfahrens, welches den Bezug zu verwendeten Normen und Wertsystemen einerseits und zu stützendem Tatsachenwissen andererseits herstellt. Die Herstellung neuer oder die kritische Würdigung und gegebenenfalls die Überarbeitung vorhandener Bewertungsverfahren werden im Rahmen der Diskurstheorie als *diskursive Prozesse* gedacht. Daher gelten hier die grundlegenden Prinzipien für rationale Diskurse, nämlich das *Universalisierbarkeitsprinzip*, das *Argumentationslastprinzip* und das *Beharrungsprinzip* (Kap. 2.2.4).

Das Herzstück eines Bewertungsverfahrens ist die Bewertungsregel. Diese setzt fest, dass alle Gegenstände, die bestimmte wertgebende Eigenschaften aufweisen, in einer bestimmten Weise zu bewerten sind. Die Bewertung eines konkreten Objektes geschieht nun, indem dieses als zu der Klasse der entsprechend bewerteten Gegenstände zugehörig identifiziert wird (*Subsumtionsschluss*, Kap. 3.1.2 u. 3.2.2). Die Bewertungsregel ist nicht nur eine Verknüpfungsregel, welche die Sachebene mit der Wertebene verbindet, sondern sie dient auch zur sogenannten internen Begründung des Werturteils. Werden messbare Merkmale zur Konkretisierung von wertgebenden Eigenschaften angegeben, spricht man von einer operationalisierten Bewertungsregel.

Häufig in der Planungs- und Bewertungsliteratur genannte Anforderungen an rationale Bewertungsverfahren sind Objektivität im Sinne von Personeninvarianz, Reproduzierbarkeit und Validität sowie Praktikabilität und Allgemeingültigkeit (Kap. 2.2.3). Geprüft werden sollte, in welchem Maße die Anforderungen an ein rationales Bewertungsverfahren erfüllbar sind und welche Probleme und Widersprüche sich hierbei ergeben können.

Einige Autoren (v. a. Schröder 1996, 1998) sind der Ansicht, dass Werturteile den gleichen Prüfkriterien unterzogen werden sollten wie wissenschaftliche Aussagen. Daher legen sie besonderen Wert auf die klassischen Wissenschaftsideale der Objektivität (Bearbeiterunabhängigkeit), der Reproduzierbarkeit und der Validität. In diesem Kontext konsequent ist die Forderung nach *messanalogen* Bewertungsvorgängen, welche auf Bechmann (1981) zurückgeht. Hierbei wird ein Bewertungsvorgang als festgelegte, regelbasierte Verknüpfung eines Sachwertes auf einer Sachskala mit einer Wertstufe auf einer Wertskala gedacht. Im Rahmen der Subsumtionstheorie entspricht dies der Subsumtion eines Sachverhaltes unter eine *geschlossene Sachverhaltsklasse*, für welche wiederum eine *Wertzuweisung* mit Hilfe einer *unmissverständlichen Bewertungsregel im Voraus festgelegt wurde*. Wie im Kap. 3.3 gezeigt wurde, gibt es in der Praxis der naturschutzbezogenen Bewertung tatsächlich Fälle, bei denen Bewertungsvorgänge als messanalog oder zumindestens quasi-messanalog bezeichnet werden können. Als Beispiel dienten die Einstufung von Flächen als gesetzlich geschützter Biotop nach § 15a LNatSchG SH und die Grünlandbewertung im Rahmen des MEKA. Voraussetzung hierfür ist jedoch auf der einen Seite, dass die Sachverhaltsklasse, unter welche das Objekt subsumiert werden soll, wirklich unter Angabe messbarer Merkmale (Operationalisierung) „geschlossen" ist. Zudem muss der eigentliche Vorgang der Wertzuweisung, der mit einer Wertreflexion verbunden ist, in einem solchen Falle schon im Voraus bei der Formulierung der Bewertungsregel geleistet worden sein (Kap. 3.3.2). So eine einmalige Lösung einer sich wiederholenden Bewertungsaufgabe wird *Standardisierung* genannt. Die Forderung nach vermehrter Standardisierung in der Naturschutzbewertung (z. B. Plachter et al. 2002) ist nicht ohne Grund für viele Autoren verlockend, denn mit Hilfe von Standardisierungen lassen sich Bewertungsverfahren objektivieren und reproduzierbarer gestalten, was die Nachvollziehbarkeit und Rechtssicherheit erhöht.

Standards im Naturschutz fehlen allerdings bisher größtenteils. Hierfür gibt es verschiedene Gründe. Einer der Gründe ist, dass viele im Naturschutz gebräuchlichen Klassifikationssysteme nicht aus „operational geschlossenen" Sachverhaltsklassen bestehen, sondern aus „offenen" Typen, wie anhand des Typus „Hochmoor, intakt" erläutert wurde (Kap. 3.1.3). Für messanaloge Bewertungsverfahren müssten somit zuvor Operationalisierungen dieser „offenen" Typen vorgenommen werden. Hierbei ergibt sich unter Anderem das Problem, dass numerische Festlegungen von Klassengrenzen oft wegen der fast unendlichen Vielfalt denkbarer Fälle nicht sinnvoll sind. Zudem fehlt es bei komplexeren Bewertungsfragestellungen oft an stark verallgemeinerbarem Sachwissen, und auch bezüglich der Wertzuweisungen selbst herrschen oft Meinungsverschiedenheiten. Dies sind auch die Ursachen dafür, dass Bewertungsverfahren, wenn sie denn doch einmal entwickelt worden sind, oft innerhalb der Fachwelt scharf kritisiert werden. Am ehesten gelingt eine Standardisierung, wenn die Bewertungsfragestellung und der Bezugsraum eng eingegrenzt sind und über die Wertzuweisungen mehr oder weniger Konsens herrscht.

Der Diskurs über Bewertungsverfahren, so kontrovers er auch bisweilen geführt werden mag, eröffnet jedoch die Möglichkeit, die Verfahren zu verbessern und dem Ideal der rationalen Werturteile näher zu kommen. Deshalb wurde in Kap. 4 unter Berücksichtigung der obengenannten Diskursprinzipien versucht, mögliche *Probleme bei der Anwendung vorhandener Verfahren* zu verorten und zu systematisieren. Hierdurch wird die allgemein geforderte *Trennung von Sach- und Wertfragen* und damit eine bessere Strukturierung des Bewertungsdiskurses erleichtert. So können für jede Kategorie von Problemen differenzierte Lösungsvorschläge erarbeitet werden. Grob einteilen kann man die Probleme in (a) Zweifel an der Subsumtion eines Einzelfalles unter die Sachkategorie, (b) Zweifel an der Subsumtion eines Einzelfalles unter die Wertkategorie (wobei die Gültigkeit der generellen Bewertungsregel jedoch nicht angezweifelt wird) und (c) Zweifel an der Gültigkeit der Bewertungsregel.

Zweifelt man daran, dass ein Einzelfall wirklich zu einer Sachkategorie gehört (a), kann dies zwei Gründe haben: Einerseits könnte die Sachkategorie unterbestimmt sein (a.1). Wenn eine Bewertungsregel festlegt, dass ein bestimmter Typus in einer bestimmten Weise bewertet werden soll, aber nicht angegeben wird, woran man diesen überhaupt erkennen kann, nützt das Verfahren wenig. In einem solchen Fall besteht die Notwendigkeit, die *Sachkategorie entweder durch die Angabe von Eigenschaften unmissverständlich zu kennzeichnen*, oder, falls dies immer noch zu unklar ist, eine *Operationalisierung* vorzunehmen. Andererseits können Erfassungsprobleme zu Unsicherheiten bei der Einstufung eines Einzelfalls in die Sachkategorie führen (a.2). Hierbei sind die entscheidenden Eigenschaften oder Merkmale zwar bekannt, aus praktischen Gründen ist jedoch eine Erfassung nicht möglich. Falls dies bei einem Bewertungsverfahren öfter der Fall ist, sollte man darüber nachdenken, ein neues Sachmodell mit *leichter routinemäßig erfassbaren Merkmalen* herzustellen. Ein noch so stringentes Bewertungsverfahren nützt nichts, wenn die wertgebenden Merkmale nicht mit ausreichender Sicherheit erfassbar sind.

Die Ursache für Zweifel an der Subsumtion des Einzelfalles unter die Wertkategorie (b) liegt meist in einer *mangelnden Einzelfallgerechtigkeit* einer allgemeinen Bewertungsregel (Kap. 4.3). Weil der fragliche Einzelfall noch andere, als entscheidend angesehene Eigenschaften aufweist als diejenigen, welche im Bewertungsverfahren als wertgebende Eigenschaften dienen, wird die regelgerechte Einstufung als nicht adäquat angesehen. In einem solchen Fall ist eine *Verfeinerung des Bewertungsverfahrens* angezeigt, wobei alle als wertgebend angesehenen Eigenschaften und Merkmale berücksichtigt werden müssen. Dies wurde am Beispiel der Berücksichtigung des Kriteriums „Leitbildkonformität" in der Artenschutzbewertung erläutert. Der Nachteil einer solchen Verfeinerung ist allerdings, dass die *Komplexität* des Verfahrens ansteigt.

Bestehen (c) Zweifel an der Gültigkeit der Bewertungsregel (Kap. 4.4), so sollte geklärt werden, ob sich der Zweifel auf den *generellen Sinn* der Bewertungsregel (c.2) oder lediglich auf seine *operationalisierte Form* (c.1) bezieht. Falls der Sinn der Bewertungsregel befürwortet, die operationalisierte Form jedoch abgelehnt wird, ist zu prüfen, ob der Zweifel auf *empirisch-statistische Unsicherheiten bezüglich Indikatoren* beruht (c.1.1), oder ob die Operationalisierung aus *Wertungsgründen* als unangemessen angesehen wird (c.1.2). Probleme mit der empirisch-statistischen Validität von Indikatoren können zumindestens prinzipiell wissenschaftlich-empirisch gelöst werden. Für den Bewertungsdiskurs heißt dies, dass man auf sachlicher Ebene empirische Unsicherheiten bezüglich Indikatoren als solche benennen sollte. Als problematischer erweisen sich gelegentlich Meinungsverschiedenheiten über die *Angemessenheit* von Operationalisierungen (c.1.2). Hier ist im Diskurs zu klären, ob das Bewertungsprinzip durch die gewählten Indikatoren als angemessen repräsentiert angesehen werden kann. Im Gegensatz zur vorherigen Kategorie handelt es sich hierbei hauptsächlich um Unsicherheiten in Wertfragen, die *als solche gekennzeichnet werden sollten*. Im Falle von Zweifeln an der prinzipiellen Gültigkeit der Bewertungsregel (c.2) sollte man vermeiden, von vornherein jede Meinungsverschiedenheit als tiefgreifenden Wertkonflikt hinzustellen, was eine rationale Lösung der Bewertungsprobleme verhindern oder erschweren kann (Kap. 4.5). Vielmehr ist zu klären, welche Wertvorstellungen im Diskurs bestehen und wo die Gemeinsamkeiten liegen, und ob die Differenzen eventuell auf unterschiedliche Versorgung mit wissenschaftlicher Information (Bakking) beruhen. Falls letzteres der Fall ist, lassen Meinungsverschiedenheiten sich möglicherweise mit Hilfe neuer wissenschaftlicher Information lösen oder zumindest entschärfen.

Unstimmigkeiten über Bewertungsverfahren haben zur Folge, dass für bestimmte Aufgaben entweder vorhandene Bewertungsverfahren verbessert oder neue hergestellt werden müssen. Im Kap. 5.1 werden zwei grundsätzliche Herangehensweisen hierfür vorgestellt, der *datengeleitete* und der *leitbildbezogene* Ansatz. Der datengeleitete Ansatz zeichnet sich dadurch aus, dass Sachverhalte an Maßstäben gemessen werden, die empirisch beziehungsweise statistisch hergestellt wurden. Hierfür werden Durchschnittswerte, Daten von herausragenden Referenzflächen oder historische Daten als Soll-Werte gesetzt, wodurch Bewertungen als Soll-Ist- Abgleiche im Sinne von Wiegleb (1996) ermöglicht werden, oder es werden im Rahmen einer Zusammenschau eines ausreichend großen Satzes vergleichbarer Objekte innerhalb eines Bezugsraumes Wertstufen vergeben (Prinzip der „Zustands-Wertigkeits-Relationen" nach Plachter, Kap. 5.3) Zu beachten ist jedoch, dass hierfür Kenntnisse über wertgebende Eigenschaften und deren Operationalisierung und zumindest eine grobe Vormeinung über die gewünschte Ausprägung der Eigenschaften bereits vorhanden sein müssen. Das bedeutet, dass vor der datengeleiteten Herstellung eines Wertmaßstabes eine Art „*Vorbewertung*" stehen muss. Der leitbildbezogene Ansatz ist mit der Schwierigkeit verbunden, dass Idealvorstellungen für Bewertungsverfahren zu konkretisieren sind, wobei in vielfältiger Weise auf Seinstatsachen zurückgegriffen werden muss (Kap. 5.2). Letztlich müssen ebenfalls empirische Daten herangezogen werden, damit man realistische und in einem ausreichenden Maße konkretisierte Wertmaßstäbe erhält. Daher lässt sich feststellen, dass beide Ansätze ähnlicher sind, als dies zunächst zu vermuten war. Bei datengeleiteten Ansätzen ist darauf zu achten, zugrundegelegte wertende *Prämissen und Idealvorstellungen offenzulegen*. Wenn diese nur implizit enthalten sind, besteht die Gefahr, dass der Vorwurf des naturalistischen Fehlschlusses erhoben werden könnte, da *scheinbar* Handlungsanweisungen aus Seinstatsachen abgeleitet werden (Kap. 2.2.5, Exkurs). Das Problem mit leitbildbezogenen Ansätzen liegt oft darin, dass ihr *Konkretisierungsgrad gering* ist und es daher zu *Einstufungsproblemen* (Kap. 4.1) kommen kann.

Für den leitbildbezogenen wie für den datengeleiteten Ansatz besteht gleichermaßen die Notwendigkeit, Wertzuweisungen nachvollziehbar und kritikfähig zu *begründen*. Dabei ist, wie in Kap. 6.1 erläutert wurde, eine sachbezogene Begründung einer rein prozeduralen Rechtfertigung vorzuziehen. In den Kapiteln 6.2 ff. wurde gezeigt, in welcher Weise die Grundregeln des rationalen Diskurses (Universalisierbarkeitsprinzip, Argumentationslastprinzip und Beharrungsprinzip) den Begründungsdiskurs steuern können. Das *Universalisierbarkeitsprinzip* besagt, dass alle Objekte der selben Kategorie in der *gleichen Art und Weise* bewertet werden müssen. Ist jemand allerdings der Ansicht, dass ein konkretes Objekt anders zu behandeln sei als alle übrigen, so trägt er die *Argumentationslast* dafür, dass zwischen diesem Objekt und allen anderen ein *relevanter Unterschied* besteht. Das bedeutet konkret, dass das fragliche Objekt noch *andere, wichtige wertgebende Eigenschaften* aufweist, die nach Meinung des Opponenten berücksichtigt werden sollten. Hierüber ist im Diskurs zu befinden. Schließlich besagt das *Beharrungsprinzip*, dass praxisbewährte und in der Fachgemeinschaft akzeptierte Bewertungsgrundlagen nur dann verändert werden sollten, wenn vom Opponenten *wirklich überzeugende Gründe* hierfür angegeben werden.

Im Diskurs sollte geklärt werden, ob ein bestimmter Sachverhalt vielleicht eine *Ausnahme* der generellen Regel darstellt und deshalb ein vorhandenes Bewertungsverfahren eventuell modifiziert werden sollte, um auch dieser Ausnahme gerecht zu werden. Mit Hilfe von Differenzierungen und verfeinerten (aber immer noch universellen!) Regeln ist eine größere *Einzelfallgerechtigkeit* zu erreichen. Oft muss man dafür aber *Abstriche in puncto Nachvollziehbarkeit und Handhabbarkeit* des Bewertungsverfahrens in Kauf nehmen. Wie in Kap. 6.4 gezeigt wurde, ergibt sich ein Spannungsfeld zwischen Einzelfallgerechtigkeit, Formalisierungsgrad und Nachvollziehbarkeit. Ein Haufen hochspezialisierter, absolut einzelfallgerechter Regeln nützt nichts, wenn das Verfahren dadurch undurchschaubar wird. Umgekehrt ist ein noch so nachvollziehbares Verfahren abzulehnen, wenn damit nur gleichmacherische und schematische Wertzuweisungen vorgenommen werden können.

Als eventuelle Auswege aus diesem Konflikt wurden im Kap. 7 sogenannte „offenere" Verfahren diskutiert. Sogenannte „*Mantelskalen*" geben keine strengen Bewertungsregeln vor, sondern dienen als Orientierungsrahmen, wobei die hier angegebenen Prinzipien bei jedem Einzelfall aufs Neue zu konkretisieren sind (*überlegte Spezifikation*). Ein Beispiel hierfür sind die sogenannten „Kaule-Skalen" (Kap. 7.2). Die Gefahr bei solchen „offeneren" Verfahren besteht allerdings darin, dass die darin enthaltenen

Freiräume zum Beispiel für Gefälligkeitsgutachten missbraucht werden könnten. Daher wurde in den Kap. 7.3 und 7.4 diskutiert, wie man Bewertungen mittels solcher offeneren Verfahren so gestalten kann, dass Nachvollziehbarkeit und Kritikfähigkeit erhalten bleiben. Mit Hilfe von *Analogieschlüssen*, so wurde gezeigt, kann man sowohl die Anwendung offenerer als auch die Herstellung neuer oder die Konkretisierung vorhandener Verfahren bis zu einem gewissen Grade formalisieren. Im Kap. 7.4 wurde erläutert, dass die hierfür erforderlichen Vorgänge der Interpretation einer Norm und der Konstruktion eines Einzelfalles in Form eines *hermeneutischen Zirkels* ablaufen. Hierbei sind unvermeidbar *Wertentscheidungen* zu treffen. Am Beispiel der „Leitbildmethode" (Kap. 7.5) zeigte sich, dass diese Wertentscheidungen Anwendern offenerer Verfahren nicht etwa verboten sind, wie oft irrtümlich angenommen wird, sondern dass diese sogar von ihnen gefordert werden müssen. Wichtig ist dabei, dass ein *kohärenter Ableitungszusammenhang* hergestellt wird. Die überlegte Spezifikation von Regeln oder Zielen erfordert Urteilskraft, Erfahrung und Klugheit, wobei Bewertenden eine gewisse *reflexive Souveränität in Wertfragen* zugestanden werden muss. Lediglich im seltenen Fall, dass messanaloge Bewertungsverfahren zur Anwendung kommen, entspricht die Bewertung eines Einzelfalles einer mechanisch-technischen Subsumtion im streng logischen Sinne, die auch von einem Expertensystem geleistet werden könnte, und die ohne jeglichen normativen Input auskommt. Dies bedeutet, dass die auf die Wissenschaften gemünzten Forderungen nach Objektivität im Sinne von Bearbeiterunabhängigkeit und Reliabilität für Werturteile nur eine eingeschränkte Gültigkeit haben können. Werturteile, wie Bewertungsmaßstäbe und -regeln auch, müssen aber als vorläufige Resultate einer ständig weiterzuführenden Diskussion gesehen werden. Nur so kann man der Gefahr entgehen, dass offene Bewertungsverfahren dazu genutzt werden, Anderen unbemerkt eigene Wertvorstellungen „aufzudrücken".

Wie kommt es nun aber dazu, dass selbst bei offeneren Verfahren doch eine gewisse Bearbeiterunabhängigkeit (Intersubjektivität) gegeben ist? In Kap. 8 wurde erläutert, dass Bewertungen im Naturschutz auf eine Reihe von gemeinsam geteilten Wertvorstellungen in der Gesellschaft oder zumindest in der Gemeinschaft der Naturschützer zurückgreifen können. Hieraus haben sich bestimmte Fachtraditionen des Bewertens entwickelt (Kap. 8.3), auf welche zurückgegriffen werden kann, beispielsweise in Form allgemein anerkannter und allgemein verwendeter Bewertungskriterien. Gäbe es solche gemeinschaftlich geteilten Wertgrundlagen nicht, wären rationale Werturteile nicht denkbar. Wie bereits in Kap. 4.5 gezeigt wurde, kann ein Wertediskurs nur unter der Prämisse grundsätzlicher gemeinsamer Wertvorstellungen überhaupt für sich in Anspruch nehmen, rational zu sein. Um die von verschiedenen Autoren (z. B. Jessel 1998) geforderte *Prämissendeutlichkeit* herzustellen, sollte man versuchen, geteilte Wertgrundlagen einmal in Worte zu fassen. Nicht nur im Naturschutz ist es heute angesichts des vielzitierten „Werteverlustes" in unserer Gesellschaft immens wichtig, sich auf gemeinsame Werte zu besinnen. Genau so wichtig ist es aber auch, Bewertungstraditionen vor dem Hintergrund neuer wissenschaftlicher Information und eventuell veränderter Werthaltungen kritisch zu prüfen, um gegebenenfalls neue Wege gehen zu können.

Angesichts mancher Bewertungsverfahren überkommt Naturschützer gelegentlich ein gewisses intuitives Unbehagen. Besonders stellt sich oft das Gefühl ein, dass eine Operationalisierung ganz und gar unangemessen sei (Kap. 8.4). Dieses Gefühl könnte als Warnsignal dienen, dass an der Sache etwas nicht stimmt. Unsere *Intuition* kann uns nicht nur helfen, Inkonsistenzen, Widersprüche und inadäquate Operationalisierungen innerhalb von Bewertungsverfahren zu bemerken, sondern auch, zweifelhafte normative Grundlagen aufzudecken. Bewertungsprobleme, die ihre Ursache in tiefgreifenden Wertedifferenzen haben, können nicht in fachinternen Bewertungsdiskursen geklärt werden, sondern müssen in gesellschaftliche Wertediskurse getragen werden.

11 Literaturverzeichnis

Adam, K., Nohl, W. & Valentin, W. (1989): Bewertungsgrundlagen für Kompensationsmaßnahmen bei Eingriffen in die Landschaft.- Forschungsauftrag des Ministers für Umwelt, Raumordnung und Landwirtschaft des Landes Nordrhein-Westfalen, 2. Aufl., Düsseldorf.

Adolphi, R. (1996): Drei Thesen zum Typus einer Rationalitätstheorie nach Weber: Begriffsdifferenzierung, Pluralität, Konflikte.- In: Apel, K. O. & Kettner, M. (Hrsg.): Die eine Vernunft und die vielen Rationalitäten. S. 91-138. Suhrkamp, Frankfurt a. M.

Alexy, R. (1996): Theorie der juristischen Argumentation – Die Theorie des rationalen Diskurses als Theorie der juristischen Begründung. Suhrkamp, Frankfurt a. M.

Apel, K.-O. (1996): Die Vernunftfunktion der kommunikativen Rationalität. Zum Verhältnis von konsensual-kommunikativer Rationalität, strategischer Rationalität und Systemrationalität.- In: Apel, K.-O. & Kettner, M. (Hrsg.): Die eine Vernunft und die vielen Rationalitäten. S. 17-41. Suhrkamp, Frankfurt a. M.

Asshoff, M. (1999): Die Erschließung und Modellierung ökologischen Wissens für das Management von Feuchtwiesenvegetation.- EcoSys Suppl. Bd. 27, Kiel.

Auhagen, A. (1997): Verbal-Argumentation und Punkte-Ökologie – Bewertungsverfahren unter der Lupe des Planers.- In: Sächsische Akademie für Natur und Umwelt (Hrsg.): Vom Leitbild zur Quantifizierung - Tagungsbericht zu den Dresdner Planergesprächen: 57-109.

Bahrd, H. P. (1990): „Natur" und Landschaft als kulturspezifische Deutungsmuster für Teile unserer Außenwelt.- In: Gröning, G. & Herlyn, U. (Hrsg.): Landschaftswahrnehmung und Landschaftserfahrung – Texte zur Konstitution von Natur als Landschaft.- Arbeiten zur sozialwissenschaftlich orientierten Freiraumplanung 10: 81-104, Minerva Publikation München.

Barkmann, J. (2002): Modellierung und Indikation nachhaltiger Landschaftsentwicklung – Beiträge zu den Grundlagen angewandter Ökosystemforschung. Eco Sys, Kiel.

Barkmann, J., Baumann, R., Bonk, A., Donner, S., Kubala, F., Meyer, U., Müller, F., Petschow, U., & Windhorst, W. (2000): Entwicklung eines Indikatorensystems für ein strategisches Steuerungssystem für die politischen Langfristziele des Ministeriums für Umwelt, Natur und Forsten Schleswig-Holstein. Unveröff.

Abschlussbericht des Ökologiezentrums Kiel (in Zusammenarbeit mit dem Institut für ökologische Wirtschaftsforschung (IÖW), Berlin.

Bastian, O. (1997): Gedanken zur Bewertung von Landschaftsfunktionen – unter besonderer Berücksichtigung der Habitatfunktion. NNA-Mitteilungen 3/97: 106-125.

Bastian, O. & Schreiber, K.-F. (1999): Analyse und ökologische Bewertung der Landschaft.- 2. Aufl., Gustav Fischer, Jena.

Bauer, H. J. (1973): Die ökologische Wertanalyse methodisch dargestellt am Beispiel des Wiehengebirges.- Natur und Landschaft 48: 306-311.

Bauer, H.-G. & Berthold, P. (1996): Die Brutvögel Mitteleuropas – Bestand und Gefährdung.- Aula Verlag, Wiesbaden.

Bechmann, A. (1981): Grundlagen der Planungstheorie und Planungsmethodik.- P. Haupt Verlag, Bern.

Bechmann, A. (1988): Grundlagen der Bewertung von Umweltauswirkungen; Die Nutzwertanalyse.- In: Handbuch der Umweltverträglichkeitsprüfung 1. Lfg. IX/88.

Bechmann, A. (1998): Vorwort.- In: Knospe, F. (1998): Handbuch zur argumentativen Bewertung – Methodischer Leitfaden zum Naturschutz und zur Landschaftsplanung.- Dortmunder Vertrieb für Bau- und Planungsliteratur.

Beck, U. (1988): Gegengifte. Die organisierte Unverantwortlichkeit.- Suhrkamp, Frankfurt a. M.

Beinlich, B., Hering, D. & Plachter, H. (1995): Ein standardisiertes Bewertungsverfahren für die Kalkmagerrasen der Schwäbischen Alb.- In: Beinlich, B. & Plachter, H. (Hrsg.): Schutz und Entwicklung der Kalkmagerrasen der Schwäbischen Alb. Beiheft Veröff. Naturschutz u. Landschaftspfl. Baden-Württemberg 83: 425-440.

Bernotat, D., Jebram, J., Gruehn, D., Kaiser, T., Krönert, R., Plachter, H., Rückriem, C. & Winkelbrandt, A. (2001): Gelbdruck Bewertung.- Vorentwurf von Bernotat et al. (2002), als Diskussionspapier.

Bernotat, D., Jebram, J., Gruehn, D., Kaiser, T., Krönert, R., Plachter, H., Rückriem, C. & Winkelbrandt, A. (2002): Gelbdruck Bewertung.- In: Plachter, H., Bernotat, D., Müssner, R. & Riecken, U. (Hrsg.): Entwicklung und Festlegung von Methodenstandards im Naturschutz. Schriftenreihe für Landschaftspflege und Naturschutz 70: 357-408.

Bernotat, D., Schlumprecht, C., Brauns, C., Jebram, J., Müller-Motzfeld, G., Riecken, U., Scheurlen, K., & Vogel, M. (2002): Gelbdruck „Verwendung tierökologischer Daten"- In: Plachter, H., Bernotat, D., Müssner, R. & Riecken, U. (Hrsg.): Entwicklung und Festlegung von Methodenstandards im Naturschutz. Schriftenreihe für Landschaftspflege und Naturschutz 70: 109-218.

Bezzel, E. (1985): Kompendium der Vögel Mitteleuropas – Nonpasseriformes.- Aula-Verlag, Wiesbaden.

Bierhals, E. (1984): Die falschen Argumente? – Naturschutz-Argumente und Naturbeziehung.- Landschaft und Stadt 16: 117-126.

Birnbacher, D. (1996): Landschaftsschutz und Artenschutz – Wie weit tragen utilitaristische Begründungen?- In: Nutzinger, H. G. (Hrsg.): Naturschutz – Ethik – Ökonomie, S. 49-72, Metropolis-Verlag, Marburg.

Birnbacher, D. (1997, Hrsg.): Ökophilosophie,- Reclam, Stuttgart.

Birnbacher, D. (1997): „Natur" als Maßstab menschlichen Handelns.- In: Birnbacher, D. (Hrsg.): Ökophilosophie, S. 217-241, Reclam, Stuttgart.

Birnbacher, D. (1998): Utilitaristische Umweltbewertung.- In: Theobald, W. (Hrsg.): Integrative Umweltbewertung. Theorie und Beispiele aus der Praxis. S. 21-34. Springer Verlag, Berlin, Heidelberg.

Blab, J. (1988): Bioindikatoren und Naturschutzplanung – Theoretische Anmerkungen zu einem komplexen Thema.- Natur und Landschaft 63: 147-149.

Blume, H.-P. & Sukopp, H. (1976): Ökologische Bedeutung anthropogener Bodenveränderungen.- Schriftenreihe für Vegetationskunde 10: 75-89.

Böhme, G. (1999): Bios – Ethos – Über ethikrelevantes Naturwissen.- Bremer Treviranus Lectures, Bremen.

Böhme, G. (2000): Die Stellung des Menschen in der Natur.- In: Altner, G., Böhme, G. & Ott, H. (Hrsg.): Natur erkennen und anerkennen – Über ethikrelevante Wissenszugänge zur Natur. S. 11-30, Die Graue Edition der Prof. Dr. Alfred Schmid-Stiftung, Kusterdingen.

Böttcher, M. & Winkelbrandt, A. (2000): Bewertungen in naturschutzrelevanten Planungen oder Welche Anforderungen muss die Bewertung genügen, um in Verfahren eine größtmögliche Wirkung zu entfalten?- In: Kurz, A. & Haack, A. (Hrsg.): Aktuelle Bewertungssysteme in der naturschutzfachlichen Planung. S. 119-132, Ad Fontes, Hamburg.

Braun-Blanquet, J. (1964): Pflanzensoziologie. 3. Aufl., Wien.

Breckling, B. (1992): Uniqueness of ecosystems versus generalizability and predictability in ecology.- Ecological Modelling 63: 13-27.

Briemle, G. (2000): Ansprache und Förderung von Extensiv-Grünland – Neue Wege zum Prinzip der Honorierung ökologischer Leistungen der Landwirtschaft in Baden-Württemberg.- Naturschutz und Landschaftsplanung 32 (6): 171-175.

Brinkmann, R. (1997): Bewertung tierökologischer Daten in der Landschaftsplanung.- NNA-Berichte 3/97: 48-60.

Bröring, U., Vorwald, J. & Wiegleb, G. (1999): Synoptische Einführung in das Thema „Naturschutzfachliche Bewertungsverfahren im Rahmen der Leitbildmethode".- In: Wiegleb, G., Schulz, F. & Bröring, U. (Hrsg.): Naturschutzfachliche Bewertungen im Rahmen der Leitbildmethode, S. 1-14, Physica-Verlag, Heidelberg.

Bröring, U. & Wiegleb, G. (1990): Wissenschaftlicher Naturschutz oder ökologische Grundlagenforschung?- Natur und Landschaft 65/6: 283-292.

Brux, H. (1996): Leitbildentwicklung im Landschaftsplan: Akzeptanz- und Umsetzungsprobleme.- In: Tagungsband: Die Leitbildmethode als Planungsmethode, BTUC-AR 8/96: S. 97-109, Cottbus.

Callicott, J. B., Crowder, L. B. & Mumford, K. (1998): Current Normative Concepts in Conservation.- Conserv. Biol. 13/1: 22-35.

Cerwenka, P. (1984): Ein Beitrag zur Entmythologisierung des Bewertungshokuspokus.- Landschaft und Stadt 16: 220-227.

Colijn, F. (1989): Gewässergütekriterien und naturbezogene Zielsetzungen in den marinen und brackigen niederländischen Gewässern.- In: Statusseminar Umweltgespräche Niedersachsen, ARSU GmbH, Oldenburg.

Commoner, B. (1972): The closing circle: nature, man, and technology. Alfred Knopf, New York.

Czybulka, D. (2000): Einführung zum Thema „Erkennen, Bewerten, Abwägen und Entscheiden im Naturschutzrecht".- In: Ders. (Hrsg.): Erkennen, Bewerten, Abwägen und Entscheiden. Rostocker Schriften zum Seerecht und Umweltrecht: S. 15-24. Nomos Verlag, Baden-Baden.

Dahl, J. (1995): Der unbegreifliche Garten und seine Verwüstung – Über Ökologie und über Ökologie hinaus.- Klett-Cotta, Stuttgart.

Deppert, W. & Theobald, W. (1998): Eine Wissenschaftstheorie der Interdisziplinarität- Zur Grundlegung integrativer Umweltforschung und- bewertung.- In: Daschkeit, A. & Schröder, W. (Hrsg.): Umweltforschung quergedacht – Perspektiven integrativer Umweltforschung und –lehre. Springer, Heidelberg.

Dierschke, H. (1994): Pflanzensoziologie.- Ulmer Verlag, Stuttgart.

Dierßen, K. (1989): Eutrophierungsbedingte Veränderungen der Vegetationszusammensetzung (Fallstudien aus Schleswig-Holstein).- NNA-Berichte 2 (1): 27-29.

Dierßen, K. (1990): Einführung in die Pflanzensoziologie – Vegetationskunde.- Wissenschaftliche Buchgesellschaft, Darmstadt.

Dierßen, K. (1991): Überlegungen zu inhaltlichen Zielen und Schwerpunkten des Naturschutzes in der Kulturlandschaft.- Grüne Mappe LNV SH 1991/92: 11-21.

Dierßen, K. (2001): Was ist Erfolg im Naturschutz? Schr.R. d. Deutschen Rates für Landespflege (2001), Heft 72: 2-6.

Dierßen, B. & Dierßen, K. (1984): Vegetation und Flora der Schwarzwaldmoore.- Beih. Veröff. Naturschutz und Landschaftspflege Baden-Württemberg, Karlsruhe.

Dierßen, K. & Roweck, H. (1998): Bewertungen im Naturschutz und in der Landschaftsplanung.- In: Theobald, W. (Hrsg.): Integrative Umweltbewertung. Theorie und Beispiele aus der Praxis. S. 175-192. Springer Verlag, Berlin, Heidelberg.

Dierßen, K. & Wöhler, K. (1997): Reflexionen über das Naturbild von Naturschützern und das Wissenschaftsbild von Ökologen.- Z. Ökologie u. Naturschutz 6: 169-180, Jena.

v. Drachenfels, O. (1994): Kartierschlüssel für Biotoptypen in Niedersachsen unter besonderer Berücksichtigung der nach § 28 a und § 28 b NNatG geschützten Biotope. Stand September 1994.- Naturschutz und Landschaftspflege in Niedersachsen A/4.

Ehrenfeld, D. (1997): Das Naturschutzdilemma.- In: Birnbacher, D. (Hrsg.): Ökophilosophie, S. 135-177, Reclam, Stuttgart.

Eichberger, M. (1996): Bewertung und Rechtsprechung – Anforderungen an gerichtsverwertbare Bewertungen im Naturschutz.- Bewerten im Naturschutz, Beitr. Akad. Natur- u. Umweltschutz Baden-Württemberg Bd. 23.

Elias, N. (1986): Über die Natur.- Merkur, Deutsche Zeitschrift für europäisches Denken 40: (6).

Ellscheid, G. (1977): Das Naturrechtsproblem in der neueren Rechtsphilosophie – In: Kaufmann, A. & Hassemer, W. (Hrsg.): Einführung in die Rechtsphilosophie und Rechtstheorie der Gegenwart. S. 23-71. C. F. Müller, Heidelberg.

Ekschmidt, K., Mathes, K. & Breckling, B. (1994): Theorie in der Ökologie: Möglichkeiten der Operationalisierung des juristischen Begriffs „Naturhaushalt" in der Ökologie.- Verh. Ges. Ökol. 23: 417-420.

Eser, U. & Potthast, Th. (1997): Bewertungsproblem und Normbegriff in Ökologie und Naturschutz aus wissenschaftsethischer Perspektive.- Z. Ökologie u. Naturschutz 6: 181-189.

Eser, U. & Potthast, Th. (1999): Naturschutzethik – Eine Einführung für die Praxis.- Nomos Verlagsgesellschaft, Baden-Baden.

Falter, R. (2000): Der Fluss des Lebens und die Flüsse der Landschaft – Zur Symbolik des Wassers.- Laufener Seminarbeiträge 1/2000, S. 37-50.

Finck, P. (1998): Leitbilder im Naturschutz – Bedeutung, Funktion, Herleitung.- Mitt. NNA 9/1998 (3): 7-16.

Finck, P., Riecken, U. & Schröder, E. (1995): Biologische Daten für die naturschutzrelevante Planung – Einführung und Problemaufriss.- In: Riecken, U. & Schröder, E. (Hrsg.): Biologische Daten für die Planung – Auswertung, Aufbereitung und Flächenbewertung. Schriftenreihe für Landschaftspflege und Naturschutz 43: 7-14.

Finck, P., Hauke, U., Schröder, E., Forst, R. & Woithe, G. (1997): Naturschutzfachliche Landschafts-Leitbilder – Rahmenvorstellungen für das Nordwestdeutsche Tiefland aus bundesweiter Sicht. Schr.R. f. Landschaftspfl. u. Naturschutz 50/1, Bonn-Bad-Godesberg.

Flade, M. (1998): Neue Prioritäten im deutschen Vogelschutz: Kleiber oder Wiedehopf?- Der Falke 45: 348-355.

Fränzle, O. (1998): Integrative Umweltbewertung – das Beispiel der Ökotoxikologie.- In: Theobald, W. (Hrsg.): Integrative Umweltbewertung. Theorie und Beispiele aus der Praxis. S. 249-270. Springer Verlag, Berlin, Heidelberg.

Fränzle, O., Rudolph, H. & Dörre, U. (1991): Erarbeitung und Erprobung einer Konzeption für die ökologisch orientierte Planung auf der Grundlage der regionalisierenden Umweltbeobachtung am Beispiel Schleswig-Holsteins.- Forschungsbericht 109 02 03, im Auftrag des Umweltbundesamtes.

Fränzle, O. & Fränzle, U. (1993): Umweltbeobachtung und –bewertung als Grundlage des Umweltschutzes.- In: Cordes, G. (Hrsg.): Geographie – Umwelt – Erziehung, Festschrift für Herberg Kersberg. Universitätsverlag Dr. N. Brockmeier, Bochum.

Fränzle, O., Straškraba, M. & Jørgensen, S. E. (1995): Ecology and ecotoxicology.- In: Ullmann's Encyclopedia of industrial chemistry. Vol. B 7: Environmental protection and industrial safety I, S. 19-154, VCH Verlag, Weihenheim.

Froehlich & Sporbeck (1996): BAB A 20: Orientierungsrahmen für Landschaftspflegerische Begleitpläne. Erstellt im Auftrag des DEGES.

Fründ, H.-C., Bolte, D., Hellwig, U., Otto, A., Reusch, H. & Roy, H. (1994): Qualitätsanforderungen an die Datenerhebung für biologische Fachbeiträge.- NNA-Berichte 7 (1): 11-17.

Fürst, D., Kiemstedt, H., Gustedt, E., Ratzbor, G. & Scholles, F. (1989): Umweltqualitätsziele für die ökologische Planung; Forschungsbericht 109 01 008 UBA-FB 91-152.

Fürst, D., Kiemstedt, H., Gustedt, E., Ratzbor, G. & Scholles, F. (1992): Umweltqualitätsziele für die ökologische Planung.- UBA-Texte 34: 1-351.

Fürst, D. & Kiemstedt, H. (1997): Umweltbewertung.- In: Fränzle, O., Müller, F. & Schröder, W. (Hrsg.): Handbuch der Umweltwissenschaften. Ecomed, Landsberg.

Fürst, D. & Scholles, F. (1999): Planungsmethoden: Grundfragen der Bewertung.- Vorlesungsskript:www-user.tu-chemnitz.de/~koring/quellen/ paed01/kreativitaets-techniken/ptm_bewertung.htm

Fürst, D., Scholles, F. & Sinning, H. (2000): Partizipative Planung.- Vorlesungsskript: www-user.tu-chemnitz.de/~koring/quellen/paed01/kreativitaets-techniken/ptm_part.htm

Geißler-Strobel, S., Kaule, G. & Settele, J. (2000): Gefährdet Biotopverbund Tierarten?- Naturschutz und Landschaftsplanung 32 (10): 293-298.

Gethmann, C. F. & Mittelstrass, J. (1992): Maße für die Umwelt.- Gaia 1: 16-25.

Gfeller, M. & Kias, U. (1985): Bewertungshokuspokus oder Versuch zur Verbesserung der Entscheidungsfindung bei unvollständiger Datenlage?- Landschaft und Stadt 17: 42-44.

Gierer, A. (1991): Die gedachte Natur – Ursprung, Geschichte, Sinn und Grenzen der Naturwissenschaft. Piper, München.

Gorke, M. (1996): Die ethische Dimension des Artensterbens – Von der ökologischen Theorie zum Eigenwert der Natur.- Inauguraldissertation Kulturwissenschaftl. Fakultät der Universität Bayreuth, Stuttgart.

Gosepath, S. (1999): Praktische Rationalität. Eine Problemübersicht.- In: Ders. (Hrsg.): Motive, Gründe, Zwecke – Theorien praktischer Rationalität. S. 7-53. Fischer, Frankfurt/M.

Gruehn, D. (1998): Zur Berücksichtigung der Belange des Naturschutzes und der Landschaftspflege bei der Flächennutzungsplanung.- Natur und Landschaft 73: 170-174.

Grunwald, A. (1997): Handeln und Planen. Philosophische Planungstheorie als handlungstheoretische Rekonstruktion.- Überarbeitete Fassung der Habilitationsschrift an der Universität Marburg.

Güsewell, S. & Falter, R. (1997): Naturschutzfachliche Bewertung – Ein erweiterter Ansatz unter Berücksichtigung von ästhetischen, symbolischen und mythischen Aspekten.- Naturschutz und Landschaftsplanung 29 (2): 44-49.

Gutmann, M. (1996): Die Evolutionstheorie und ihr Gegenstand. Beitrag der Methodischen Philosophie zu einer konstruktiven Theorie der Evolution.- Studien zur Theorie der Biologie Bd. 1, VWB-Verlag, Berlin

Haaren, v., C. & Horlitz, T. (2002): Zielentwicklung in der örtlichen Landschaftsplanung – Vorschläge für ein situationsangepasstes modulares Vorgehen.- Naturschutz und Landschaftsplanung 34 (1): 13-19.

Habermas, J. (1981): Theorie des kommunikativen Handelns, Band I: Handlungsrationalität und gesellschaftliche Rationalisierung.- Suhrkamp Verlag, Frankfurt.

Habermas, J. (1994): Faktizität und Geltung – Beiträge zur Diskurstheorie des Rechts und des demokratischen Rechtsstaats.- Suhrkamp, Frankfurt a. M.

Haemisch, M. & Kehmann, L. (1992): Naturschutzbilanzen – Definierte Umweltqualitätsziele und quantitative Umweltqualitätsstandards im Naturschutz.- Natur und Landschaft 67 (4): 143-148.

Hanisch, J. (1999): Planungstheorie, Planungs- und Entscheidungsmethodik.- 2. Aufl., VWF-Skripten, Berlin.

Hanisch, J. (2000): Die Messung des Naturwertes in komplexen Bewertungsverfahren – ein theoretisches und methodisches Problem von hoher Praxisrelevanz.- In: Kurz, H. & Haack, A. (Hrsg.): Aktuelle Bewertungssysteme in der naturschutzfachlichen Planung. VSÖ-Publikationen Bd. 4: 109-118.

Harfst, W. & Scharpf, H. (1987): Landschaftsplanerische Modelluntersuchung im Rahmen der Flurbereinigung Dill-Sohrschied (Rhein-Hunsrück-Kreis). I. A. des Ministeriums für Landwirtschaft, Weinbau und Forsten Rheinland-Pflaz.

Heidt, E. & Plachter, H. (1996): Bewerten im Naturschutz: Probleme und Wege zu ihrer Lösung.- Bewerten im Naturschutz, Beitr. Akad. Natur- u. Umweltschutz Baden-Württemberg Bd. 23.

Henle, K. (1994): Naturschutzpraxis, Naturschutztheorie und theoretische Ökologie.- Z. Ökologie u. Naturschutz 3: 139-153.

Henle, K., Vogel, B., Köhler, G. & Settele, J. (1999): Erfassung und Analyse von Populationsparametern bei Tieren.- In: Amler, K., Bahl, A., Henle, K., Kaule, G., Poschlod, P. & Settele, J. (Hrsg.): Populationsbiologie in der Naturschutzpraxis. Ulmer Verlag, Stuttgart.

Henle, K., Amler, K., Bahl, A., Finke, E., Frank, K., Settele, J. & Wissel, C. (1999): Faustregeln als Entscheidungshilfen für Planung und Management im Naturschutz.- In: Amler, K., Bahl, A., Henle, K., Kaule, G., Poschlod, P. & Settele, J. (Hrsg.): Populationsbiologie in der Naturschutzpraxis. Ulmer Verlag, Stuttgart.

Hentschel, A. (in prep.): Bürger- und Verbandsbeteiligung in der Landschaftsplanung.- Diss. Univ. Kiel im Rahmen des Graduiertenkollegs „Integrative Umweltbewertung".

Hermann, G. (1996): Zur Bearbeiterabhängigkeit faunistischer Beiträge am Beispiel der Heuschreckenfauna.- Laufener Seminarbeiträge 3/96: 143-154, Laufen/Salzach.

Herzog, C. (2002): Das Methodenpaket Ie M$\underline{A}$X mit dem Simulationsmodell FLUCS. Diss. Univ. Kiel im Rahmen des Graduiertenkollegs „Integrative Umweltbewertung".

Honnefelder, L. (1998): Welche Natur sollen wir schützen? In: BMU (Hrsg.): Ziele des Naturschutzes und einer nachhaltigen Landnutzung in Deutschland. S. 29-42.

Janich, P. & Weingarten, M. (1999): Wissenschaftstheorie der Biologie.- W. Fink Verlag, München.

Jax, K. (1999): Neun Thesen zum Naturschutz.- Veröffentlichung des Fonds für Umweltstudien, Bonn.

Jedicke, E. (1990): Biotopverbund.- Ulmer, Stuttgart.

Jellinek, G. (1913): Gesetz, Gesetzesanwendung und Zweckmäßigkeitserwägung.- Tübingen.

Jessel, B. (1994): Methodische Einbindung von Leitbildern und naturschutzfachlichen Zielvorstellungen im Rahmen planerischer Beurteilungen.- Laufener Seminarbeitr. 4/94: 53-64.

Jessel, B. (1998): Landschaften als Gegenstand von Planung. Theoretische Grundlagen ökologisch orientierten Planens.- Erich Schmidt Verlag, Berlin.

Joas, H. (1997): Die Entstehung der Werte.- Suhrkamp Verlag, Frankfurt a. M.

Kaiser, T., Bernotat, M., Kleyer, M. & Rückriem, C. (2002): Gelbdruck „Verwendung floristischer und vegetationskundlicher Daten".- In: Plachter, H., Bernotat, D., Müssner, R. & Riecken, U. (Hrsg.): Entwicklung und Festlegung von Methodenstandards im Naturschutz. Schriftenreihe für Landschaftspflege und Naturschutz 70: 219-280.

Kambartel, F. (1996): Die Vernunft und das Allgemeine. Zum Verständnis rationaler Sprache und Praxis.- In: Apel, K. O. & Kettner, M. (Hrsg.): Die eine Vernunft und die vielen Rationalitäten. S. 58-72. Suhrkamp, Frankfurt a. M.

Kaufmann, A. (1997): Rechtsphilosophie.- 2., überarbeitete u. erweiterte Aufl., C. H. Beck, München.

Kaule, G. (1991): Arten- und Biotopschutz.- 2. Auflage, UTB, Ulmer, Stuttgart.

Kaule, G., Endruweit, G. & Weinschenk, G. (1994): Landschaftsplanung, umsetzungsorientiert! Bundesamt für Naturschutz (Hrsg.), Bonn.

Kettner, M. (1996): Gute Gründe. Thesen zur diskursiven Vernunft.- In: Apel, K. O. & Kettner, M. (Hrsg.): Die eine Vernunft und die vielen Rationalitäten. S. 424-464. Suhrkamp, Frankfurt a. M.

Kiemstedt, H., Mönneke, M. & Ott, S. (1993): Methodik der Eingriffsregelung – 1. Expertenkolloquium zum Gutachten, i. A. der Länderarbeitsgemeinschaft Naturschutz, Landschaftspflege und Erholung (LANA), Hannover.

Kiemstedt, H., Ott, S. & Mönnecke, M. (1996): Methodik der Eingriffsregelung. Gutachten zur Methodik der Ermittlung, Beschreibung und Bewertung von Eingriffen in Natur und Landschaft, zur Bemessung von Ausgleichs- und Ersatzmaßnahmen, sowie von Ausgleichszahlungen, i. A. der LANA, Hannover.

Kloss, K. (1964): Beitrag zum Artbegriff in der Biologie.- Wiss. Z. EMAU Greifswald, Math.-Nat. Reihe XIII, 2/3: 283-291.

Knickrehm, B., Mönnecke, M. & Brinkmann, R. (2000): Standardisierung in Naturschutz und Landschaftspflege. Chancen und Risiken, Übersicht bestehender Standards.- Naturschutz und Landschaftsplanung 32 (1): 14-19.

Knospe, F. (1998): Handbuch zur argumentativen Bewertung – Methodischer Leitfaden zum Naturschutz und zur Landschaftsplanung.- Dortmunder Vertrieb für Bau- und Planungsliteratur.

Kraft, V. (1951): Die Grundlagen einer wissenschaftlichen Wertlehre.- 2. Aufl., Springer, Wien.

Krebs, A. (1996): „Ich würde gern mitunter aus dem Hause tretend ein paar Bäume sehen." Philosophische Überlegungen zum Eigenwert der Natur.- In: Nutzinger, H. G. (Hrsg.): Naturschutz – Ethik – Ökonomie: theoretische Begründungen und Konsequenzen. S. 31-48. Metropolis Verlag, Marburg.

Krebs, A. (1997): Naturethik im Überblick.- In: Krebs, A. (Hrsg.): Naturethik – Grundtexte der gegenwärtigen tier- und ökoethischen Diskussion, S. 337-397. Suhrkamp, Frankfurt a. M.

Koch, H.-J. & Rüßmann, H. (1982): Juristische Begründungslehre.- C. H. Beck, München.

Körner, S. (1997): Ausbildung in der Landschaftsplanung.- Teil 2 einer Diskussionsreihe in Naturschutz u. Landschaftsplanung 29 (4): 121-124.

Köppel, J., Feickert, U., Spandau, L., Straßer, H. (1998): Praxis der Eingriffsregelung: Schadensersatz an Natur und Landschaft?- Eugen Ulmer, Stuttgart.

Kuschnerus, U. (1995): Eingriffe in Natur und Landschaft und ihre Bewältigung in der Praxis. Zur praktischen Anwendung der Eingriffsregelung bei der Zulassung von Vorhaben in der Bauleitung.- Naturschutz und Bauen, Schr.R. Natur und Recht 2: 11-34.

Kurz, H. (2000): Aktuelle Entwicklungen in der Bewertung von Biotoptypen.- In: Kurz, H. & Haack, A. (Hrsg.): Aktuelle Bewertungssysteme in der naturschutzfachlichen Planung. VSÖ-Publikationen Bd. 4: 7-34.

LANU (1998): Kartierschlüssel: Die nach § 15 a Landesnaturschutzgesetz gesetzlich geschützten Biotope in Schleswig-Holstein.- Landesamt für Natur und Umwelt des Landes Schleswig-Holstein.

LANU (1999): Empfehlungen zum integrierten Seenschutz.- Landesamt für Natur und Umwelt des Landes Schleswig-Holstein.

LANU (2000a): Seenbewertung in Schleswig-Holstein – Erprobung der „Vorläufigen Richtlinie für die Erstbewertung von natürlich entstandenen Seen nach trophischen Kriterien" der LAWA an 42 schleswig-holsteinischen Seen.- Landesamt für Natur und Umwelt des Landes Schleswig-Holstein

LANU (2000b): Seenkurzprogramm 1997: Arenholzer See, Brahmsee, Wardersee, Selker Noor, Haddebyer Noor, Hemmelmarker See, Klenzauer See.- Landesamt für Natur und Umwelt des Landes Schleswig-Holstein.

Larenz, K. (1969): Methodenlehre der Rechtswissenschaft.- 2. Aufl., Springer, Berlin.

Larenz, K. & Canaris, C.-W. (1995): Methodenlehre der Rechtswissenschaft.- 3., neu bearb. Aufl., Springer, Heidelberg.

LAWA-Arbeitskreis „Gewässerbewertung – stehende Gewässer" (1998): Vorläufige Richtlinie für eine Erstbewertung von natürlich entstandenen Seen nach trophischen Kriterien.- Länderarbeitsgemeinschaft Wasser (Hrsg.).

Lehnes, P. (1994): Zur Problematik von Bewertungen und Werturteilen auf ökologischer Grundlage.- Verh. Ges. Ökologie 23: 421-426.

Leimbacher, J. (1996): Zu einem neuen Naturverhältnis. Die Rechte der Natur.- In: Nutzinger, H. G. (Hrsg.): Naturschutz – Ethik – Ökonomie: theoretische Begründungen und Konsequenzen. S. 73-92. Metropolis Verlag, Marburg.

Lenk, H. & Maring, M. (1998): Werte und Bewertung von Umweltgütern.- In: Theobald, W. (Hrsg.): Integrative Umweltbewertung – Theorie und Beispiele aus der Praxis, S. 143-174. Springer, Heidelberg.

Leopold, A. (1992): Am Anfang war die Erde – Plädoyer zur Umweltethik.- Knesebeck Verlag, Hamburg.

Link, J. (1999): Versuch über Normalismus. Wie Normalität produziert wird. Westd. Verlag, Opladen.

Löther, R. (1972): Die Beherrschung der Mannigfaltigkeit. Philosophische Grundlagen der Taxonomie. Jena.

Louis, H. W. (1997): Rechtliche Anforderungen an die Bewertung von Eingriffen.- NNA-Berichte 3/97: 18-22.

Luhmann, N. (1993): Das Recht der Gesellschaft.- Suhrkamp, Frankfurt a. M.

Luz, F., Luz, R. & Schreiner, M. (2000): Landschaftsplanung effektiver in die Tat umsetzen.- Naturschutz und Landschaftsplanung 32 (6): 176-181.

Marticke, U. (1998): Zur rechtlichen Überprüfung von Umweltbewertungen.- In: Daschkeit, A. & Schröder, W. (Hrsg.): Umweltforschung quergedacht – Perspektiven integrativer Umweltforschung und –lehre. Springer, Heidelberg.

Marzelli, S. (1994): Zur Relevanz von Leitbildern und Standards für die ökologische Planung.- Laufener Seminarbeitr. 4/94: 11-23.

Meffe, G. K., Caroll, C. R. and Contributors (1997): Principles of Conservation Biology.- 2nd. Ed., Sinauer Associates, Inc. Publ., Sunderland, Massachusetts.

Mengel, A. (2001): Stringenz und Nachvollziehbarkeit in der fachbezogenen Umweltplanung.- Schriftenr. WAR 129, Darmstadt.

Metzner, A. (1998): Construction of Environmental Issues in Scientific and Public Discourse.- In: Müller, F. & Leupelt, M. (Hrsg.): Eco Targets, Goal Functions and Orientators, S. 312-333, Springer, Heidelberg.

Meyer-Abich, K.-M. (1997): Vom Baum der Erkenntnis zum Baum des Lebens, München.

Mittelstraß, J. (1987): Leben mit der Natur.- In: Schwemmer (Hrg.): Über Natur, S. 37-62, Frankfurt.

Mühlenberg, M. (1993): Freilandökologie.- 3. Aufl., Quelle & Meyer, Heidelberg.

Mühlenberg, M. & Gottschalk, E. (1999): Wie quantifiziert man Naturschutzziele?- In: Fachliche Konzepte für die Naturschutzpraxis, NNA-Berichte 12 (2): 34-40, Schneverdingen.

Mühlenberg, M. & Hovestadt, T. (1991): Flächenanspruch von Tierpopulationen als Kriterien für Maßnahmen des Biotopschutzes und als Datenbasis zur Beurteilung von Eingriffen in Natur und Landschaft.- In: Henle, K. & Kaule, G. (Hrsg.): Arten- und Biotopschutzforschung für Deutschland. Ber. Ökol. Forschung des Forschungszentrums Jülich 4: 142-157.

Müller, F. (1994): Strukturierende Rechtslehre.- 2. Aufl., Duncker & Humblot, Berlin.

Müller, F., Müller, C. & Dierßen, K. (1997): Ökologische Gutachten – Eine kritische Aufnahme von Problem- und Konfliktfeldern.- Ecosys 6: 103-121.

Müller-Motzfeld, G. (2000): Artenschutz als aktuelles Naturschutz-Ziel.- In: Akademie für Natur und Umwelt des Landes Schleswig-Holstein (Hrsg.): Tagungsband: Naturschutz durch Engagement für Arten. S. 30-50.

Müller-Motzfeld, G., Schmidt, J. & Berg, C. (1997): Zur Raumbedeutsamkeit von Vorkommen gefährdeter Tier- und Pflanzenarten in Mecklenburg-Vorpommern. Natur u. Naturschutz in Mecklenburg-Vorpommern 33: 42-70.

Müssner, R., Jebram, J., Plachter, H., Fischer-Hüftle, P. & Riecken, U. (2002): Beurteilung des Verfahrens und der Ergebnisse.- In: Plachter, H., Bernotat, D., Müssner, R. & Riecken, U. (Hrsg.): Entwicklung und Festlegung von Methodenstandards im Naturschutz. Schriftenreihe für Landschaftspflege und Naturschutz 70: 409-422.

Mulsow, R. (1980): Untersuchungen zur Rolle der Vögel als Bioindikatoren – am Beispiel ausgewählter Vogelgemeinschaften im Raum Hamburg.- Hamburger Avifaun. Beitr. 17.

v. Mutius, A. & Stüber, S. (1998): Umweltbewertung: Rechtliche Bewertungsgrundlagen und Steuerungsmöglichkeiten des Rechts.- In: Theobald, W. (Hrsg.): Integrative Umweltbewertung - Theorie und Beispiele aus der Praxis. S. 119-142. Springer Verlag, Berlin, Heidelberg.

Nida-Rümelin, J. (1996): Theoretische und angewandte Ethik: Paradigmen, Begründungen, Bereiche.- In: Ders. (Hrsg.): Angewandte Ethik, S. 2-85. Kröner Verlag, Stuttgart.

Nussbaum, M. C. (1999): Gerechtigkeit oder Das gute Leben. Suhrkamp, Frankfurt a. M.

OECD (1982): Eutrophication of waters – Monitoring, assessment and control.- Paris.

Oles, B. (2001): Ökopunkt ist nicht gleich Ökopunkt – Ergebnisse eines quantitativen Vergleichs von Biotopwertverfahren.- Naturschutz und Landschaftsplanung 33 (7): 213-217.

Ott, H. (2000): Verständigungsprobleme im Gespräch zwischen Naturwissenschaften und Geisteswissenschaften.- In: Altner, G., Böhme, G. & Ott, H. (Hrsg.): Natur erkennen und anerkennen. Über ethikrelevante Wissenszugänge zur Natur. S. 259-278. Die Graue Edition der Prof. Dr. Alfred-Schmidt-Stiftung, SFG-Fachverlage, Kusterdingen.

Ott, K. (1997): Ipso Facto – Zur ethischen Begründung normativer Implikate wissenschaftlicher Praxis.- Suhrkamp, Frankfurt a. M.

Ott, K. (1998): Naturästhetik, Umweltethik, Ökologie und Landschaftsbewertung. Überlegungen zu einem spannungsreichen Verhältnis.- In: Theobald, W. (Hrsg.): Integrative Umweltbewertung – Theorie und Beispiele aus der Praxis, S. 221-248. Springer, Heidelberg.

Ott, K. (1999): Ethik und Naturschutz.- In: Konold, W., Böcker, R. & Hampicke, U. (Hrsg.): Handbuch Naturschutz und Landschaftspflege – ecomed, Landsberg.

Ott, K. (2000): Stand des umweltethischen Diskurses.- Naturschutz und Landschaftsplanung 32 (2-3): 39-44.

Ott, S. (1997): Methodik der Eingriffsregelung – Vorschläge zur bundeseinheitlichen Anwendung der Eingriffsregelung nach § 8 Bundesnaturschutzgesetz.- NNA-Berichte 10 (3): 2-8.

Perelman, Ch. (1967): Über die Gerechtigkeit.- C.H. Beck, München.

Peterken, G. F. & Game, M. (1984): Historical factors affecting the number and distribution of vascular plant species in the woodlands of central Lincolnshire.- J. Ecol. 72: 155-182.

Peters, H. –J. (1990): Umweltqualitätsziele und –standards aus verwaltungsrechtlicher Sicht.- UVP-report 3: 79-81.

Peters, W., Hanisch, J., Eisel, U. & Nagel, A. (1999): Naturschutzstrategie: Argumentenetz für den Naturschutz. www.tu-berlin.de/fb7/imub/pe-argumente.pdf

Plachter, H. (1992): Grundzüge der naturschutzfachlichen Bewertung.- Veröffentlichungen Naturschutz und Landschaftspflege Baden-Württemberg 67: 9-48.

Plachter, H. (1994): Methodische Rahmenbedingungen für synoptische Bewertungsverfahren im Naturschutz.- Z. Ökologie u. Naturschutz 3: 87-106.

Plachter, H., Jebram, J., Müssner, R. & Riecken, U. (2002): Standards für Methoden und Verfahren im Naturschutz- In: Plachter, H., Bernotat, D., Müssner, R. & Riecken, U. (Hrsg.): Entwicklung und Festlegung von Methodenstandards im Naturschutz. Schriftenreihe für Landschaftspflege und Naturschutz 70: 357-408.

Plachter, H., Schmidt, A., Müssner, R. & Riecken, U. (2002): Weiterführung und Ausblick.- In: Plachter, H., Bernotat, D., Müssner, R. & Riecken, U. (Hrsg.): Entwicklung und Festlegung von Methodenstandards im Naturschutz. Schriftenreihe für Landschaftspflege und Naturschutz 70: 423-434.

Poschlod, P. (1996): Moore in Oberschwaben – Entstehung, Kulturgeschichte und Gedanken zur Zukunft.- In: Konold (Hrsg.): Naturlandschaft – Kulturlandschaft, S. 161-180. Ecomed, Landsberg.

Poschmann, C., Riebenstahl, C., Schmidt-Kallert, E. (1998): Umweltplanung und -bewertung.- Klett-Perthes, Gotha.

Potthast, Th. (1996): Die Methode diskursiver Leitbildentwicklung, die Rolle der Ethik und das „Bewertungsproblem" aus einer wissenschaftsethischen Perspektive.- In: Tagungsband Die Leitbildmethode als Planungsmethode, BTUC-AR 8/96: S. 18-29, Cottbus.

Potthast, Th. (1999): Die Evolution und der Naturschutz – Zum Verhältnis von Evolutionsbiologie, Ökologie und Naturethik.- Campus Forschung, Frankfurt/New York.

Prechtl, P. & Burkard, F.-P. (1999, Hrsg.): Metzler Philosophie-Lexikon, 2. Aufl., Metzler, Stuttgart.

Prilipp, K. M (1998): Problematik von Naturschutzzielen. Problemzusammenhang und Lösungsansatz – eine Diskussion.- Naturschutz u. Landschaftsplanung 30 (4): 115- 123.

Primack, R. B. (1995): Naturschutzbiologie.- Spektrum, Heidelberg.

Raabe, E.-W. (1977): Über Unterschiede in der Naturschutz-Würdigkeit.- Die Heimat 12, 84. Jg.

Radkau, J. (2000): Natur und Macht – Eine Weltgeschichte der Umwelt. C. H. Beck, München.

Rat von Sachverständigen für Umweltfragen (1998): Umweltgutachten 1998.- Metzler-Poerschel, Stuttgart.

Ravetz, J. R. (1999): Developing principles of good practice in integrated environmental assessment.- Int. Journal Environment and Pollution 11: 243-265.

Reck, H. (1996): Bewertungsfragen im Artenschutz – Konsequenzen für biologische Fachbeiträge.- In: Biologische Fachbeiträge in der Umweltplanung – Anforderungen und Stellenwert. Laufener Seminarbeiträge 3/96, S. 37-52, Laufen/Salzach.

Reich, M. (1994): Zur Anwendung ökologischer Indizes und sogenannter Minimalprogramme im Rahmen naturschutzfachlicher Analyse- und Bewertungsverfahren.- NNA-Berichte 7 (1): 45-49.

Rescher, N. (1997): Wozu gefährdete Arten retten?- In: Birnbacher, D. (Hrsg.): Ökophilosophie. S. 178-201, Reclam, Stuttgart.

Riecken, U., Ries, U. & Ssymank, A. (1994): Rote Liste der gefährdeten Biotoptypen der Bundesrepublik Deutschland.- Kilda-Verlag, Bonn-Bad-Godesberg.

Riecken, U., Klein, M. & Schröder, E. (1997): Situation und Perspektive des extensiven Grünlandes in Deutschland und Überlegungen zu alternativen Konzepten des Naturschutzes am Beispiel der Etablierung „halboffener Weidelandschaften".- In: Klein, M., Riecken, U. & Schröder, E. (Hrsg.): Alternative Konzepte des Naturschutzes für extensiv genutzte Kulturlandschaften. Schriftenreihe f. Landschaftspflege und Naturschutz 54: 7-24.

Riedl, U. (1995): Grenzen und Möglichkeiten der Synthese biologischer Grundlagendaten zum Zweck der Flächenbewertung im Biotopschutz.- In: Riecken, U. & Schröder, E. (Hrsg.): Biologische Daten für die Planung. Schr.R. f. Landschaftspflege u. Naturschutz 43: 329-356.

Röhrs, V. (1998): Politische Implikationen der Landschaftsplanung – Legitimationsprobleme der Naturschutzpolitik.- Beiträge zur Kulturgeschichte der Natur 9, TU Berlin.

Roweck, H. (1993): Grenzen des gestaltenden Naturschutzes aus ökologischer Sicht.- Grüne Mappe des LNV Schleswig-Holstein 1993/94: 9-16.

Roweck, H. (1995): Landschaftsentwicklung über Leitbilder?- LÖBF-Mitteilungen 4/95: 25-34.

Roweck, H. (1996): Möglichkeiten der Einbeziehung von Landnutzungssystemen in naturschutzfachliche Bewertungsverfahren.- In: Bewerten im Naturschutz, Beitr. Akad. Natur- u. Umweltschutz Baden-Württemberg Bd. 23: 129-142.

Rückriem, C. & Roscher, S. (1999): Empfehlungen zur Umsetzung der Berichtspflicht gemäß Artikel 17 der Fauna-Flora-Habitat-Richtlinie.- Angewandte Landschaftsökologie, Bundesamt für Naturschutz, Bonn.

Rüthers, B. (1999): Rechtstheorie.- C. H. Beck, München.

Ruthsatz, B. (1989): Anthropogen verursachte Eutrophierung bedroht die schutzwürdigen Lebensgemeinschaften und ihre Biotope in der Agrarlandschaft unserer Mittelgebirge.- NNA-Berichte 2 (1): 30-34.

Rykiel, E. J. (1996): Testing ecological models: the meaning of validation.- Ecological modelling 90: 229-244.

Schemel, H.-J. (1994): Anforderungen an die Aufstellung von Umweltqualitätszielen auf kommunaler Ebene.- Laufener Seminarbeitr. 4/94: 39-46.

Scherner, E. R. (1995): Realität oder Realsatire der „Bewertung" von Organismen und Flächen.- Schr.R. f. Landschaftspfl. u. Natursch. 43: 377-410.

Schlüpmann, M. (1988): Bioökologische Bewertungskriterien für die Landschaftsplanung.- Natur u. Landschaft 63 (4): 155-159.

Schlumprecht, H. (2000): Arbeitshilfe Tierökologie - Tierökologischer Fachbeitrag zu inhaltlich-methodischen Standards zur Einbeziehung tierökologischer Methoden in Landschaftsplanung und Pflege- und Entwicklungsplanung.- http://staff-www.uni-marburg.de/~natursl/strtfram.htm

Schmidt, J. C. (2000): Ethische Perspektiven einer politischen Naturphilosophie.- In: Altner, G., Böhme, G. & Ott, H. (Hrsg.): Natur erkennen und anerkennen – Über ethikrelevante Wissenszugänge zur Natur. S. 73-100, Die Graue Edition der Prof. Dr. Alfred Schmid-Stiftung, Kusterdingen.

Schnädelbach, H. (1992): Über Rationalität und Begründung – Zur Rehabilitierung des animal rationale. Suhrkamp, Frankfurt a. M.

Scholles, F. (1997): Abschätzen, Einschätzen und Bewerten in der UVP – Weiterentwicklung der Ökologischen Risikoanalyse vor dem Hintergrund der neueren Rechtslage und des Einsatzes rechnergestützter Werkzeuge.- Dortmunder Vertrieb für Bau- und Planungsliteratur, Dortmund.

Scholles, F. & Putschky, M. (2000): Planungsmethoden: Gesellschaftliche Grundlagen.- Vorlesungsskript: www-user.tu-chemnitz.de/~koring/quellen/paed01/kreativitaets-techniken/ptm_ziele.htm

Scholtissek, B. (2000): Naturschutzziele in der Landschaftsplanung – Analyse des landschaftsplanerischen Leitbildbegriffs und Herleitung von Bewertungsnormen am Beispiel Schleswig-Holsteins.- Diss. Institut f. Wasserwirtschaft und Landschaftsökologie der Christian-Albrechts-Universität zu Kiel.

Schröder, E., Klein, M. & Riecken, U. (1997): Möglichkeiten und Perspektiven für ein „Biotopmanagement durch Katastrophen".- In: Klein, M., Riecken, U. & Schröder, E. (Hrsg.): Alternative Konzepte des Naturschutzes für extensiv genutzte Kulturlandschaften. Schriftenreihe f. Landschaftspflege und Naturschutz 54: 189-204.

Schröder, W. (1996): Ökologie und Umweltrecht in Forschung und Lehre – Grundlagen einer interdisziplinären Methodologie.- Habilitationsschrift an der Univ. Kiel, unveröff.

Schröder, W. (1998): Ökologie und Umweltrecht als Herausforderung natur- und sozialwissenschaftlicher Forschung und Lehre.- In: Daschkeit, A. & Schröder, W. (Hrsg.): Umweltforschung quergedacht: Perspektiven integrativer Umweltforschung und –lehre, S. 329-358, Springer Verlag, Heidelberg.

Schulze, H.-D. (1992): Äpfel und Birnen.- Garten und Landschaft 1/92: 19-22.

Schwemmer, O. (1976): Theorie der rationalen Erklärung – Zu den methodischen Grundlagen der Kulturwissenschaften.- C. H. Beck, München.

Seel, M. (1991): Eine Ästhetik der Natur.- Suhrkamp, Frankfurt a. M.

Seibert, P. (1987): Ökologische Bewertung von homogenen Landschaftsteilen, Ökosystemen und Pflanzengesellschaften.- Ber. Akademie für Naturschutz u. Landschaftspflege (ANL) 4: 10-23.

Seiffert, H. (1974): Einführung in die Wissenschaftstheorie Bd.1. Sprachanalyse, Deduktion, Induktion in Natur- und Sozialwissenschaften.- C.H. Beck, München.

Shrader-Frechette, K. & McCoy, E. D. (1993): Method in Ecology, Strategies for Conservation.- Cambridge University Press.

Soulé, M. A. (1986): Conservation Biology. The Science of scarcity and rarity.- Sunderland, USA.

Spaemann, R. (1990): Glück und Wohlwollen – Versuch über Ethik.- Klett-Cotta, Stuttgart.

Ssymank, A., Riecken, U. & Ries, U. (1993): Das Problem des Bezugssystems für eine Rote Liste Biotope – Standard-Biotoptypenverzeichnis, Betrachtungsebenen, Differenzierungsgrad und Berücksichtigung regionaler Gegebenheiten.- Schr.R. Landschaftspflege u. Naturschutz 38: 47-58.

Steiner, F. M. & Schlick-Steiner, B. C. (2002): Einsatz von Ameisen in der naturschutzfachlichen Praxis – Begründung ihrer vielfältigen Eignung im Vergleich zu anderen Tiergruppen.- Naturschutz und Landschaftsplanung 34 (1): 5-12.

Steiner, M. (2001): Normative Elemente in Verfahren zur Beschreibung des Umweltzustands.- Dissertation Universität Kiel.

Stelzer, V. (1997): Bewertungen in Umweltschutz und Umweltrecht.- Springer Berlin Heidelberg.

Strombach, W. (1970): Die Gesetze unseres Denkens – eine Einführung in die Logik.- C. H. Beck Verlag, München.

Stüßer, U. (1993): Die Zooindikation als Bewertungsinstrument innerhalb der Bauleitplanung, dargestellt am Beispiel des Landespflegerischen Planungsbeitrages nach § 17 LPflG Rheinland-Pfalz.- Natur und Landschaft 68 (1): 8-11.

Sukopp, H. (1997): Indikatoren für Naturnähe.- In: BMU (Hrsg.): Ökologie – Grundlage einer nachhaltigen Entwicklung in Deutschland. Tagungsband zum Fachgespräch, Bonn.

Syrbe, R. U. (1999): Fuzzy-Bewertungsverfahren für geoökologische Raumeinheiten am Beispiel der Gemeinde Burg/Spreewald.- In: Wiegleb, G., Schulz, F. & Bröring, U. (Hrsg.): Naturschutzfachliche Bewertungen im Rahmen der Leitbildmethode, S. 214-225, Physica-Verlag, Heidelberg.

Theobald, W. (1998): Umweltbewertung als inter- und transdisziplinärer Diskurs.- In: Theobald, W. (Hrsg.): Integrative Umweltbewertung – Theorie und Beispiele aus der Praxis, S. 7-20. Springer, Heidelberg.

Tobias, K. (1997): Defizite der Landschaftsplanung. Teil 4 einer Diskussionsreihe in Naturschutz u. Landschaftsplanung 29 (6): 185-188.

Trautner, J. (2000): Naturschutzfachliche Bewertung mit wirbellosen Tieren.- In: Kurz, H. & Haack, A. (Hrsg.): Aktuelle Bewertungssysteme in der naturschutzfachlichen Planung. VSÖ-Publikationen Bd. 4: 33-55.

Trepl, L. (1994): Geschichte der Ökologie vom 17. Jahrhundert bis zur Gegenwart.- Beltz Athenäum, Frankfurt a. M.

Trommer, G. (1997): Wilderness, Wildnis oder Verwilderung – Was können wir und was sollen wir wollen?- Laufener Seminarbeiträge 1/97: 21-30.

Usher, M. B. (1994): Erfassen und Bewerten von Lebensräumen: Merkmale, Kriterien, Werte.- In: Usher, M. B. & Erz, W. (Hrsg.): Erfassen und Bewerten im Naturschutz.- Quelle & Meyer, Heidelberg.

Vorwald, J. & Wiegleb, G. (1996): Anforderungen an Leitbilder für die Entwicklung von Bewertungsverfahren im Naturschutz.- In: Tagungsband: Die Leitbildmethode als Planungsmethode, Aktuelle Reihe BTU Cottbus 8/96: S. 38-49.

Vorwald, J. & Wiegleb, G. (1998): Beispielhafte Entwicklung von Leitbildern in der Bergbaufolgelandschaft.- Aktuelle Reihe BTU Cottbus 4/98.

Vossenkuhl, W. (1993): Normativität und Deskriptivität in der Ethik.- In: Eckersberger, L. H. & Gähde, U. (Hrsg.) Ethische Norm und empirische Hypothese. S. 133-150. Suhrkamp, Frankfurt a. M.

Wächtler, J. (1992): Leistungsfähigkeit von Wirkungsprognosen in Umweltplanungen – am Beispiel der Umweltverträglichkeitsprüfung. Werkstattberichte TU Berlin Nr. 41.

Wagner, J. M. (1997): Zur Entwicklung und Anwendung von Bewertungsverfahren im Rahmen der Kulturlandschaftspflege.- In: Schenk, W., Fehn, K. & Denecke, D. (Hrsg.): Kulturlandschaftspflege – Beiträge der Geographie zur räumlichen Planung. S. 49-59. Borntraeger, Berlin.

Ward, J., Hagemeijer, M. & Blair, M. J. (1997): The EBCC Atlas of European Breeding Birds – their Distribution and Abundance.- T & A D Poyser, London.

Weber, M. (1968a): Die „Objektivität" sozialwissenschaftlicher Erkenntnis.- In: Winckelmann, J. (Hrsg.): Max Weber, Soziologie, weltgeschichtliche Analysen, Politik. S. 186-262, Kröner, Stuttgart.

Weber, M. (1968b): Der Sinn der „Wertfreiheit" in den Sozialwissenschaften.- In: Winckelmann, J. (Hrsg.): Max Weber, Soziologie, weltgeschichtliche Analysen, Politik. S. 263-310, Kröner, Stuttgart.

Weinzierl, H. (1999): Leitbild Wildnis.- Laufener Seminarbeitr. 2/99: 57-64, Bayer. Akad. Naturschutz und Landschaftspflege, Laufen/Salzach.

Werk, K. (1999): Naturschutzbilanzen.- In: Bundesamt für Naturschutz.(Hrsg.): Naturschutzbilanzen, S. 137-150.

Wiegleb, G. (1997a): Leitbildmethode und naturschutzfachliche Bewertung.- Z. Ökologie und Naturschutz 6 (1): 43-51.

Wiegleb, G. (1997b): Beziehungen zwischen naturschutzfachlichen Bewertungsverfahren und Leitbildentwicklung.- NNA-Berichte 3/97: 40-47.

Wiegleb, G. (1999): Stellung der Bewertung im Rahmen der „guten naturschutzfachlichen Praxis".- In: Wiegleb, G., Schulz, F. & Bröring, U. (Hrsg.): Naturschutzfachliche Bewertungen im Rahmen der Leitbildmethode. S. 48-60, Physica-Verlag, Heidelberg.

Wiegleb, G., Bernotat, D., Gruehn, D., Riecken, U. & Vorwald, J. (2002): Gelbdruck „Biotope und Biotoptypen".- In: Plachter, H., Bernotat, D., Müssner, R. & Riecken, U. (Hrsg.): Entwicklung und Festlegung von Methodenstandards im Naturschutz. Schriftenreihe für Landschaftspflege und Naturschutz 70: 357-408.

Wilms, U., Behm-Berkelmann, K. & Heckenroth, H. (1997): Verfahren zur Bewertung von Vogelbrutgebieten in Niedersachsen.- Informationsdienst Naturschutz Niedersachsen 17 (6): 219-244.

Winkelbrandt, A. (1997a): Naturschutzfachliche Maßstäbe für die Bewertung des Landschaftsbildes.- NNA-Berichte 3/97: 9-17.

Winkelbrandt, A. (1997b): Inhaltlich-methodische Anforderungen an die Erfassung und Bewertung – Empfehlungen zum Vollzug der Eingriffsregelung der Landesanstalten/ämter für Naturschutz und des Bundesamtes für Naturschutz.- Mitt. NNA 2/97: 43-50.

Wiss. Beirat der Bundesregierung Globale Umweltveränderungen (1999): Welt im Wandel – Umwelt und Ethik. Metropolis Verlag, Marburg.

Wulf, A. J. (2001): Die Eignung landschaftsökologischer Bewertungskriterien für die raumbezogene Umweltplanung.- Dissertation Institut. f. Wasserwirtschaft und Landschaftsökologie der Christian-Albrechts-Universität zu Kiel, Books on Demand, Norderstedt.

Zölitz-Möller, R. (2001): Landschaftsbewertung.- In: Riedel, W. & Lange, H. (Hrsg.): Landschaftsplanung: S. 100-110, Spektrum, Gustav Fischer, Heidelberg.

Zölitz-Möller, R., Reiche, E. W. & Müller, F. (1998): Angewandte Ökosystemforschung – contradictio in adjecto?- In: Daschkeit, A. & Schröder, W. (Hrsg.): Umweltforschung quergedacht – Perspektiven integrativer Umweltforschung und –lehre, S. 395-414, Springer, Heidelberg.

Theorie in der Ökologie

Herausgegeben von Broder Breckling

Band 1 Broder Breckling / Felix Müller (Hrsg.): Der Ökologische Risikobegriff. Beiträge zu einer Tagung des Arbeitskreises „Theorie" in der Gesellschaft für Ökologie vom 4.-6. März 1998 im Landeskulturzentrum Salzau. 2000.

Band 2 Kurt Jax (Hrsg.): Funktionsbegriff und Unsicherheit in der Ökologie. Beiträge zu einer Tagung des Arbeitskreises „Theorie" in der Gesellschaft für Ökologie vom 10. bis 12. März 1999 im Heinrich-Fabri-Institut der Universität Tübingen in Blaubeuren. 2000.

Band 3 Hauke Reuter: Individuum und Umwelt. Wechselwirkungen und Rückkopplungsprozesse in individuenbasierten tierökologischen Modellen. 2001.

Band 4 Fred Jopp / Gerd Weigmann (Hrsg.): Rolle und Bedeutung von Modellen für den ökologischen Erkenntnisprozeß. 2001.

Band 5 Kurt Jax: Die Einheiten der Ökologie. Analyse, Methodenentwicklung und Anwendung in Ökologie und Naturschutz. 2002.

Band 6 Franz Hölker (ed.): Scales, Hierarchies and Emergent Properties in Ecological Models. 2002.

Band 7 Achim Lotz / Johannes Gnädinger (Hrsg.): Wie kommt die Ökologie zu ihren Gegenständen? Gegenstandskonstitution und Modellierung in den ökologischen Wissenschaften. Beiträge zur Jahrestagung des Arbeitskreises Theorie in der Gesellschaft für Ökologie vom 21.-23. Februar 2001 im Kardinal-Döpfner-Haus Freising (Bayern). 2002.

Band 8 Katrin S. Romahn: Rationalität von Werturteilen im Naturschutz. 2003.

Karin Mathes / Broder Breckling / Klemens Ekschmitt (Hrsg.): Systemtheorie in der Ökologie. Beiträge zu einer Tagung des Arbeitskreises *Theorie* in der Gesellschaft für Ökologie: Zur Entwicklung und aktuellen Bedeutung der Systemtheorie in der Ökologie. Schloss Rauischholzhausen im März 1996. 1996.

Dieser Band ist ausschließlich erhältlich bei:
Geschäftsstelle der Gesellschaft für Ökologie, Institut für Ökologie, Technische Universität Berlin, Rothenburgstr. 12, 12165 Berlin, Tel.: 030-314 713 96, Fax: 030-314 713 55, E-Mail: gfoe@tu-berlin.de

Kurt Jax

Die Einheiten der Ökologie

Analyse, Methodenentwicklung und Anwendung in Ökologie und Naturschutz

Frankfurt/M., Berlin, Bern, Bruxelles, New York, Oxford, Wien, 2002.
XII, 249 S.,12 Abb., 4 Tab.
Theorie in der Ökologie. Bd. 5. Herausgegeben von Broder Breckling
ISBN 3-631-38954-4 · br. € 40.40*

Das Buch behandelt die begrifflichen und methodologischen Grundlagen der Einheiten der Ökologie, d.h. Population, Biozönose, Ökosystem etc. Obwohl diese Begriffe, speziell das Ökosystem, zu den meistbenutzten der Ökologie gehören, herrschen über ihre genaue Bedeutung und Anwendung große Unklarheiten, die wichtige Konsequenzen für die Ökologie und für die darauf aufbauenden angewandten Disziplinen, wie den Naturschutz, haben. Wann etwa ist ein Ökosystem zerstört? Wann ist es trotz Veränderungen noch "dasselbe"? Solche Fragen lassen sich nicht rein empirisch beantworten, sondern bedürfen einer klaren theoretischen Basis. Das vorliegende Buch gibt eine umfassende wissenschaftstheoretisch fundierte Analyse des Begriffsfelds der ökologischen Einheiten. Darauf aufbauend werden Methoden zur klaren und eindeutigen Definition dieser Begriffe erarbeitet. In einem abschließenden Teil werden die Konsequenzen unterschiedlicher Verständnisse von ökologischen Einheiten für den Naturschutz anhand eines Fallbeispiels illustriert. Die Studie stellt damit eine sehr weitreichende und detaillierte Behandlung dieses wichtigen ökologischen Begriffsbereichs dar, wie sie bisher in dieser Form nicht verfügbar war.

Aus dem Inhalt: Die Vielfalt der Definitionen · Die Ideengeschichte ökologischer Einheiten · Begriffsbildung und -anwendung bei ökologischen Einheiten · Ein graphisches Modell zur Definition ökologischer Einheiten · Grenzbestimmung bei Biozönosen und Ökosystemen · Wann ist ein Ökosystem zerstört? · Ökologische Einheiten und Maßstäbe · Ökosystemmanagement im Yellowstone-Nationalpark

Frankfurt/M · Berlin · Bern · Bruxelles · New York · Oxford · Wien
Auslieferung: Verlag Peter Lang AG
Moosstr. 1, CH-2542 Pieterlen
Telefax 00 41 (0) 32 / 376 17 27

*inklusive der in Deutschland gültigen Mehrwertsteuer
Preisänderungen vorbehalten
Homepage http://www.peterlang.de